高等职业教育规划教材

电工技术基础
（第二版）

蔡大华　主　编

苏州大学出版社

图书在版编目(CIP)数据

电工技术基础 / 蔡大华主编. —2 版. —苏州：苏州大学出版社,2017.11(2023.7 重印)
高等职业教育规划教材
ISBN 978-7-5672-2298-4

Ⅰ.①电… Ⅱ.①蔡… Ⅲ.①电工技术－高等职业教育－教材 Ⅳ.①TM

中国版本图书馆 CIP 数据核字(2017)第 285642 号

电工技术基础(第二版)
蔡大华　主编
责任编辑　周建兰

苏州大学出版社出版发行
(地址：苏州市十梓街 1 号　邮编：215006)
广东虎彩云印刷有限公司印装
(地址：东莞市虎门镇黄村社区厚虎路20号C幢一楼　邮编：523898)

开本 787 mm×1 092 mm　1/16　印张 15(共两册)　字数 366 千
2018 年 4 月第 2 版　2023 年 7 月第 5 次印刷
ISBN 978-7-5672-2298-4　定价：35.00 元(共两册)

苏州大学版图书若有印装错误,本社负责调换
苏州大学出版社营销部　电话：0512—67481020
苏州大学出版社网址　http://www.sudapress.com

前言
Preface

高等职业教育的任务是培养具有高尚职业道德、适应生产建设第一线需要的高技术应用性专门人才.电工技术基础是电气、电子信息类专业的一门理论性、实践性和应用性很强的技术基础课程.通过本门课程的学习,学生能够掌握电路的基本理论和基本分析方法、电路分析及应用,并进行典型电工电路实验、仿真,为后续课程的学习准备必要的电工技术理论知识、分析方法及技能操作.

本书主要介绍了直流电路及其分析方法、单相正弦交流电路的稳态分析、三相交流电路及其应用、线性电路过渡过程的暂态分析、互感电路、非正弦周期电路的分析等内容.电路的重点是基本定律的理解及应用,从直流电阻电路入手,有助学生更快地理解电路的基本规律和电路分析的基本方法;单相、三相电路以典型分析应用为主;暂态电路、互感电路及非正弦交流电路是对电路分析应用的拓展.

电工知识很多,而教学时数有限,因此本书在保证基本概念、基本原理和基本分析方法的前提下,力求精选内容,减少了复杂电路变换,以典型电路分析应用为主,并结合实验要求强化实践技能训练.

根据高职教育的特点和培养目标,教材建设要突出实用性,本书在编写过程中始终贯彻这一主导思想,做到理论联系实际应用;同时淡化公式推导,增加典型例题分析,重在让学生学会电路的分析方法,了解典型电路在实际中的应用和掌握基本分析工具.每章后附有相应的技能训练.

为帮助学生整理本章知识结构和以后的复习巩固,每章末均有本章内容小结.书中所选习题和例题着重分析和应用,习题附有参考答案.教材力求语言通顺、文字流畅、图文并茂、可读性强.本教材有配套的《电工技术基础习题集》,便于学生学完各章节后自测.

附录介绍了 Multisim 软件的使用方法,便于学生掌握电路仿真技能.同时列出了电工元器件的型号命名方法,以便于学生掌握查阅电工元器件的选型及识别能力.

本书标注了典型电路动画及仿真的二维码,以便于学生用智能手机直接观看,拓展学生学习的手段.

本书由蔡大华老师任主编并负责全书的统稿,参加编写的老师还有刘恩华、韦银、蔡万祝、秦功慧、代昌浩、左文燕、何玲、梁励康等,南京工业职业技术学院的陈敏老师也参与了教材部分内容的编写及整理工作.

在编写过程中,编者借鉴了有关参考资料.在此,对参考资料的作者以及帮助本书出版的单位和个人一并表示感谢.

由于编者水平有限,编写时间仓促,书中难免有错误和不妥之处,恳请读者批评指正.

编　者

2017 年 11 月

目 录

第1章　直流电路及其分析方法

1.1　电路的组成及作用 …………………………………………………………… 1
1.2　电路中的主要物理量 …………………………………………………………… 3
1.3　电路的工作状态和电气设备的额定值 ………………………………………… 7
1.4　电压源和电流源及其等效变换 ………………………………………………… 9
1.5　基尔霍夫定律 …………………………………………………………………… 13
　　1.5.1　几个相关的电路名词 …………………………………………………… 13
　　1.5.2　基尔霍夫电流定律(KCL) ……………………………………………… 13
　　1.5.3　基尔霍夫电压定律(KVL) ……………………………………………… 14
1.6　电阻的连接 ……………………………………………………………………… 15
　　1.6.1　电阻 ……………………………………………………………………… 15
　　1.6.2　电阻的串联 ……………………………………………………………… 16
　　1.6.3　电阻的并联 ……………………………………………………………… 16
　　1.6.4　电阻的混联 ……………………………………………………………… 17
　　1.6.5　星形电阻网络和三角形电阻网络及其等效变换 ……………………… 17
　　1.6.6　利用等效变换的概念分析含受控源的电路 …………………………… 18
1.7　支路电流法 ……………………………………………………………………… 19
1.8　节点电压法 ……………………………………………………………………… 20
1.9　叠加定理 ………………………………………………………………………… 22
1.10　戴维南定理 …………………………………………………………………… 24
本章小结 ……………………………………………………………………………… 26
习　题 ………………………………………………………………………………… 26
技能训练1　直流电路物理电量的测量 …………………………………………… 29

第2章　单相正弦交流电路的稳态分析

2.1　正弦交流电的概念 ……………………………………………………………… 31
　　2.1.1　交流电的变化快慢 ……………………………………………………… 31
　　2.1.2　交流电的数值 …………………………………………………………… 32

2.1.3　交流电的相位 …………………………………… 33
2.2　正弦量的相量表示法 …………………………………… 35
　　2.2.1　复数 …………………………………………… 35
　　2.2.2　用复数表示正弦量 ……………………………… 37
　　2.2.3　相量图 …………………………………………… 37
2.3　单一参数正弦交流电路 ………………………………… 38
　　2.3.1　电阻元件正弦交流电路 ………………………… 38
　　2.3.2　电感元件正弦交流电路 ………………………… 39
　　2.3.3　电容元件正弦交流电路 ………………………… 43
2.4　RLC 串联与并联电路 …………………………………… 45
　　2.4.1　RLC 串联电路及复阻抗 ………………………… 45
　　2.4.2　RLC 并联电路及复导纳 ………………………… 48
　　2.4.3　复阻抗与复导纳的等效互换 …………………… 49
2.5　复阻抗的串并联电路 …………………………………… 50
　　2.5.1　复阻抗的串联电路 ……………………………… 50
　　2.5.2　复阻抗的并联电路 ……………………………… 51
　　2.5.3　复阻抗的混联电路 ……………………………… 51
2.6　正弦交流电路的功率 …………………………………… 52
　　2.6.1　瞬时功率 ………………………………………… 52
　　2.6.2　有功功率(平均功率)和功率因数 ……………… 53
　　2.6.3　无功功率 ………………………………………… 53
　　2.6.4　视在功率 ………………………………………… 53
　　2.6.5　复功率 …………………………………………… 54
2.7　功率因数的提高 ………………………………………… 56
　　2.7.1　提高功率因数的意义 …………………………… 56
　　2.7.2　提高功率因数的方法 …………………………… 56
2.8　电路的谐振 ……………………………………………… 58
　　2.8.1　串联电路的谐振 ………………………………… 58
　　2.8.2　并联电路的谐振 ………………………………… 60
本章小结 ……………………………………………………… 62
习　题 ………………………………………………………… 63
技能训练2　日光灯电路和功率因数的提高 ……………… 67

第3章　三相正弦交流电路及其应用

3.1　三相对称电源 …………………………………………… 69
　　3.1.1　三相电源的知识 ………………………………… 69
　　3.1.2　三相电源的连接 ………………………………… 70

3.2　三相负载的星形连接 …………………………………………………… 72
3.3　三相负载的三角形连接 ………………………………………………… 74
3.4　三相电路的功率 …………………………………………………………… 76
本章小结 …………………………………………………………………………… 80
习　题 ……………………………………………………………………………… 80
技能训练3　三相电路负载的测试 ……………………………………………… 82

第4章　线性电路过渡过程的暂态分析

4.1　换路定律和电压、电流初始值的确定 ………………………………… 85
　　4.1.1　过渡过程概述 …………………………………………………… 85
　　4.1.2　电路换路状态 …………………………………………………… 85
　　4.1.3　换路定律 ………………………………………………………… 87
　　4.1.4　电路初始条件的确定 …………………………………………… 88
　　4.1.5　电路稳态值的确定 ……………………………………………… 89
4.2　一阶电路的零输入响应 …………………………………………………… 90
　　4.2.1　RC 电路的零输入响应 ………………………………………… 90
　　4.2.2　RL 电路的零输入响应 ………………………………………… 91
4.3　一阶电路的零状态响应 …………………………………………………… 92
　　4.3.1　RC 电路的零状态响应 ………………………………………… 93
　　4.3.2　RL 电路的零状态响应 ………………………………………… 94
4.4　一阶电路的三要素法及全响应 …………………………………………… 95
4.5　RC 微分电路及积分电路 ………………………………………………… 100
　　4.5.1　微分电路 ………………………………………………………… 100
　　4.5.2　RC 积分电路 …………………………………………………… 101
本章小结 …………………………………………………………………………… 102
习　题 ……………………………………………………………………………… 103
技能训练4　一阶 RC 电路的暂态分析 ………………………………………… 105

第5章　互感电路分析

5.1　互感的基本概念 …………………………………………………………… 107
5.2　同名端 ……………………………………………………………………… 111
5.3　互感线圈的串并联 ………………………………………………………… 114
5.4　变压器 ……………………………………………………………………… 118
本章小结 …………………………………………………………………………… 122
习　题 ……………………………………………………………………………… 122
技能训练5　互感线圈的同名端判别 …………………………………………… 124

第6章 非正弦周期电路分析

6.1 非正弦周期量的产生 ……………………………………………… 125
6.2 非正弦周期信号的分解 …………………………………………… 126
6.3 非正弦周期量的有效值和平均功率分析 ………………………… 129
　　6.3.1 有效值 ……………………………………………………… 129
　　6.3.2 平均功率 …………………………………………………… 130
6.4 非正弦交流电路的分析和计算 …………………………………… 131
本章小结 ………………………………………………………………… 133
习　题 …………………………………………………………………… 134
技能训练6 仿真非正弦电路分析 …………………………………… 135

附录1 Multisim 10.0 介绍 …………………………………………… 136
附录2 电阻元件 ………………………………………………………… 147
附录3 电容器 …………………………………………………………… 149
习题答案 ………………………………………………………………… 152

第1章 直流电路及其分析方法

本章介绍了电路的基本概念和主要物理量、电路模型和电路的状态以及电气设备的额定值,讨论了基尔霍夫定律和电路的叠加定理及戴维南定理的分析方法.本章的概念及分析方法,同样适用于交流电路的分析,本章是全书的基础.

1.1 电路的组成及作用

1. 电路的概念

电路是电流的通路,它是由一些电工设备或元件按一定方式连接起来,具有一定功能的闭合线路.较复杂电路又称为网络.

电路根据其基本功能可以分为两大类:

一类是用来实现电能的传输和转换.如图1-1(a)所示为电力线路系统示意图.

另一类是用来实现信号的传递和处理.如图1-1(b)所示为扩音机电路示意图.

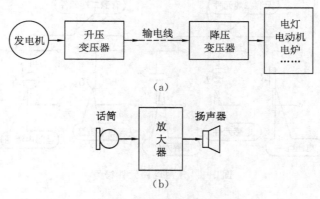

图1-1 电路功能

2. 电路组成

不管电路是简单还是复杂,电路通常由电源、负载和中间环节三部分组成.如图1-2所示手电筒电路中的电池、灯泡以及开关和导线,则分别属于电源、负载和中间环节.

电源是供给电能的设备,其作用是将其他形式的能转变成电能,如电池、发电机等.

负载是消耗、转换电能的设备,其作用是将电能转换为其他形式的能,如电灯、电炉、电动机等.

中间环节是起控制、连接、保护等作用的,如导线、开关、熔断器等.

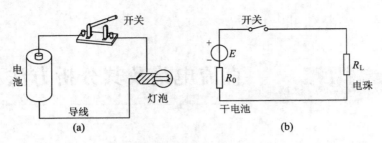

图 1-2　手电筒电路及电路模型

3. 电路原理图

实际电路是由一些按需要起不同作用的实际电路元件构成的,如电路中的电池、导线、开关、电灯等,它们的电磁关系较为复杂,为便于分析研究,常在一定条件下,将实际元件理想化,突出其主要电磁性质,忽略其次要因素,将其近似看作理想电路元件.例如,在图 1-2(a)所示手电筒电路中,灯泡不但发光而消耗电能,且在其周围还会产生一定的磁场,若只考虑其电能消耗的性质而忽略其磁场,可以将灯泡用一个只消耗电能的理想化电阻元件代替.电池不仅提供一定电压的电能,且其内部有一定电能损耗,可以用电压源元件与一个内阻串联表示.开关、导线是电路中间环节,其电阻可以忽略,用一个无电阻的理想导体表示.

电路原理图是采用国家规定的图形符号及字母符号绘制而成.图 1-3 是常用电路元件的图形及字母符号.任何实际器件都可以用理想电路元件来表示.由理想元件组成的电路称为实际电路的电路模型,又称为电路原理图.本教材所研究的电路都是指电路模型.如图 1-2(b)所示的电路为手电筒的电路原理图.

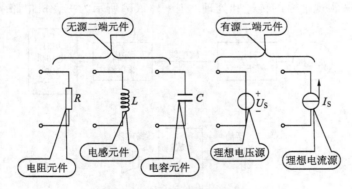

图 1-3　常用电路元件符号

1.2 电路中的主要物理量

电路中的物理量主要包括电流、电压、电位、电动势、功率以及电能.

1. 电流

电荷(电子、离子等)在电场力的作用下,有规则的定向移动形成了电流.其数值等于单位时间内通过导体某一横截面的电荷量,称为电流强度,用符号 I 或 i 表示.

当电流的大小和方向都不变时,称为直流电流,简称直流(DC),常用 I 表示,即

$$I=\frac{Q}{t} \tag{1-1}$$

当电流大小、方向随时间作周期性变化时,称为交流电流,简称交流(AC),常用 i 表示,即

$$i=\frac{\mathrm{d}q}{\mathrm{d}t} \tag{1-2}$$

在国际单位制(SI)中,电流的单位是安[培](A),此外还有千安(kA)、毫安(mA)、微安(μA).

电流是有方向的,习惯规定电流的实际方向是正电荷定向移动的方向或负电荷运动的反方向.电流的方向是客观存在的.在简单电路情况下,较容易判断电流的实际方向,如图 1-2(b)电路电流是由电源正极流向负极;在电源内部,电流则由负极流向正极.但在复杂电路中,电流的实际方向有时难以确定;对于交流电而言,其方向随时间而变,在电路图上无法用一个箭头来表示实际方向.为便于分析和计算,便引入电流参考方向的概念.

参考方向也称正方向,是任意假设方向,在电路中用箭头表示.就是在分析和计算电路时,先任意选定某一方向,作为待求电流的方向,并根据此方向进行分析和计算.当电流参考方向与电流实际方向一致时,电流为正值;当电流参考方向与电流实际方向不一致时,电流为负值.这样在选定参考方向下,根据电流的正负,可以确定电流的实际方向,如图 1-4 表示了电流的参考方向(图中实线所示)与实际方向(图中虚线所示)之间的关系.本书电路图上所标出的电流方向都是指参考方向.

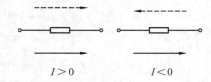

图 1-4 电流的参考方向与实际方向

> 提示
>
> (1) 电路中的电流可以用电流表串入电路中进行测量.
> (2) 人体能感知的最小电流为交流 1 mA 左右;人体能摆脱触电状态的最大电流为交流 15 mA 左右;而 50 Hz 交流电流在 30~50 mA 之间能致人死亡.

例 1-1 如图 1-5 所示,电流的参考方向已标出,并已知 $I_1=1.5$ A,$I_2=-3$ A,试指出电流的实际方向.

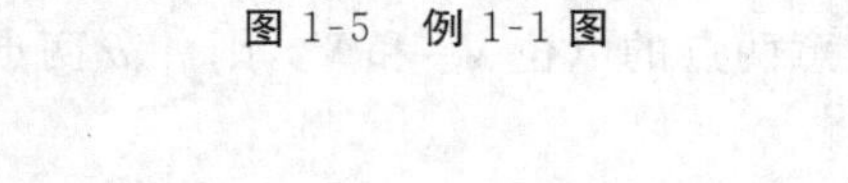

解 $I_1=1.5$ A>0,则 I_1 的实际方向与参考方

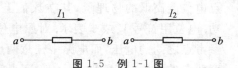

图 1-5 例 1-1 图

向一致,应由点 a 流向点 b.

$I_2=-3$ A<0,则 I_2 的实际方向与参考方向相反,由点 a 流向点 b.

2. 电压

在电场力作用下,电荷做定向移动,电场力做功,将电能转换为其他形式的能量,如光能、热能、机械能等.电压是用来描述电场力做功的物理量,电路中两点 A、B 间的电压等于电场力将单位正电荷由电路 A 点移动到 B 点所做的功,即

$$U_{AB}=\frac{W}{Q} \tag{1-3}$$

对于交流电压,则为

$$u_{AB}=\frac{\mathrm{d}w}{\mathrm{d}q} \tag{1-4}$$

电压的单位为伏(V),此外还常用千伏(kV)、毫伏(mV)、微伏(μV).

电压的实际方向则由电位能高处指向电位能低处,是电位能降低的方向.

与电流类似,在分析与计算电路时,可任意选定一个电压参考方向,或称为正方向,在电路中可用箭头、双下标或正负极性标出,如图 1-6 所示.

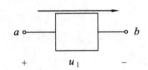

图 1-6 电压参考方向表示

电压总是针对两点而言的,因此用双下标表示电压的参考方向,由第一个下标指向第二个下标即由 a 点指向 b 点.电压的参考方向也是任意假定的,当参考方向与实际方向相同时,电压值为正;反之,电压值为负.

在分析电路时,任一电路元件的电流和电压参考方向可以任意选定,但是为了分析方便,常选定同一元件的电流参考方向与电压参考方向一致,如图 1-7(a)所示,称为关联参考方向.若同一元件的电压与电流的参考方向不一致,如图 1-7(b)所示,称为非关联方向.

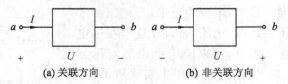

图 1-7 电压与电流参考方向选取

(1) 电路中电压可以用电压表并联在元件两端进行测量.

(2) 人体的安全电压为交流 36 V,在特别危险场所为交流 12 V.

3. 电位

在电路测试中,经常要测量各点的电位,看其是否符合设计数值.电位是表示电路中各点电位能高低的物理量,其在数值上等于电场力将单位正电荷从该点移到参考点所做的功.电位用符号 V 或 v 表示.对照电位与电压的定义,电路中任意一点的电位,就是该点与参考点之间的电压,而电路中任意两点间的电压,则等于这两点电位之差.若测出电路中任意两点的电位 V_a 和 V_b,则 a、b 两点间的电压 U_{ab} 可以表示为

$$U_{ab}=V_a-V_b \tag{1-5}$$

一般选取电路若干导线连接的公关点或机壳作为参考点,可用符号"⊥"表示.参考点是零电位点,其他各点电位与参考点比较,比参考点高为正电位,比参考点低为负电位.

电位的单位是伏[特](V).

提示

(1) 电位具有相对性和单值性.电位的相对性是指电位随参考点选择而异,参考点不同,即使是电路中的同一点,其电位值也不同.电位的单值性是指参考点一经选定,电路中各点的电位即为一确定值.

(2) 电压具有绝对性,与参考点选择无关.即对于不同的参考点,虽然各点的电位不同,但该两点间的电压始终不变,这就是电压的绝对性.

例 1-2 如图 1-8 所示电路中,已知 $V_a=3$ V, $V_b=2$ V,求 U_1 及 U_2.

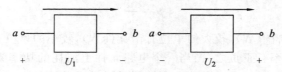

图 1-8 例 1-2 图

解
$$U_1=V_a-V_b=3\text{ V}-2\text{ V}=1\text{ V}$$
$$U_2=V_b-V_a=2\text{ V}-3\text{ V}=-1\text{ V}$$

例 1-3 如图 1-9 所示电路中,已知各元件的电压分别为 $U_1=8$ V, $U_2=6$ V, $U_3=10$ V, $U_4=-24$ V.若分别选 B 点与 C 点为参考点,试求电路中各点的电位.

解 选 B 点为参考点,则

$V_B=0$

$V_A=U_{AB}=-U_1=-8$ V

$V_C=U_{CB}=U_2=6$ V

$V_D=U_{DB}=-U_4-U_1=24$ V-8 V$=16$ V

选 C 点为参考点,则

$V_C=0$

$V_A=U_{AC}=U_4+U_3=-24$ V$+10$ V$=-14$ V

$V_B=U_{BC}=-U_2=-6$ V

$V_D=U_{DC}=U_3=10$ V

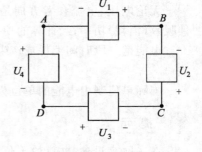

图 1-9 例 1-3 图

可见,电路中同一点电位随参考点选取不同而不同,但两点间电压是不变的.

4. 电动势

电动势是非电场力如电磁力、化学力等将单位正电荷从电源负极移到正极所做的功,用 E 或 e 表示,即

$$E=\frac{W}{Q} \tag{1-6}$$

对于交流电动势,则为

$$e = \frac{dw}{dq} \tag{1-7}$$

电动势的单位也是伏[特](V).

电动势的方向规定是电源负极指向正极.电动势与电压的物理意义不同.电压是衡量电场力做功的能力,而电动势是衡量非电场力(电磁力、化学力)做功的能力.电动势与电压的实际方向不同,电动势的方向是从低电位指向高电位,即由"一"极指向"十"极;而电压的方向则从高电位指向低电位,即由"十"极指向"一"极.此外,电动势只存在于电源的内部.

5. 功率及电能

在电路中,正电荷受电场力作用从高电位移动到低电位所减少的电能转换为其他形式的能量,被电路吸收.电能转换的快慢称为电功率,简称功率,用符号 P 表示,即

$$P = \frac{W}{t} \tag{1-8}$$

在交流电路情况下

$$p = \frac{dw}{dt} \tag{1-9}$$

功率的单位是瓦[特](W),较大的单位有千瓦(kW),较小的单位有毫瓦(mW).

在电路分析中,功率有正负之分:当一个电路元件上消耗的功率为正值时,表明这个元件是负载,是耗能元件;当一个电路元件上消耗的功率为负值时,表明这个元件起电源作用,是供能元件.因此,给出电功率的两种功率计算公式.

当元件的电压、电流选取的参考方向相同时,如图 1-7(a)所示时,有

$$P = UI \tag{1-10}$$

当元件的电压、电流选取的参考方向不一致时,如图 1-7(b)所示时,有

$$P = -UI \tag{1-11}$$

无论电压、电流参考方向是关联或非关联参考方向,都有:当计算的功率为正值,则元件吸收(消耗)功率;当计算的功率为负值,则元件发出(产生)功率.

电能是一段时间消耗或产生的电位能量,是电能转化为其他形式的能多少的量度.

$$W = Pt \tag{1-12}$$

国际单位制中电能的单位为焦耳(J).

在实际应用中,电能的单位常用千瓦·时(kW·h),即功率为 1 kW 的用电设备在 1 h 内所消耗的电能,简称 1 度电,即

$$1 \text{ kW} \cdot \text{h} = 1000 \text{ W} \times 3600 \text{ s} = 3.6 \times 10^6 \text{ J}$$

例 1-4 如图 1-10 所示,求图示各元件的功率.

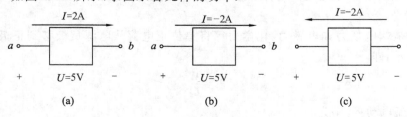

图 1-10 例 1-4 图

解 (a) 关联方向,$P=UI=5×2$ W$=10$ W,$P>0$,吸收 10 W 功率.

(b) 关联方向,$P=UI=5×(-2)$ W$=-10$ W,$P<0$,产生 10 W 功率.

(c) 非关联方向,$P=-UI=-5×(-2)$ W$=10$ W,$P>0$,吸收 10 W 功率.

1.3 电路的工作状态和电气设备的额定值

1. 电路的工作状态

电路有空载、短路及负载三种状态. 根据电路连接情况分别讨论电路的电流、电压及功率情况.

(1) 空载状态

空载又称断路或开路状态,如图 1-11 所示,当开关 S 打开时,电源与负载没有构成闭合路径,电路处于开路状态,此时电路具有下列特征:

① 电路中的电流为零,即 $I=0$.

② 电源的端电压等于电源的电动势电压 U_S.

③ 电源的输出功率和负载吸收的功率均为零.

(2) 短路状态

当电源的两个输出端由于某种原因直接相连时,会造成电源被直接短路,它是电路的一个极端运行状态,如图 1-12 所示.

电路状态分析

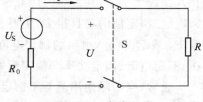
图 1-11 电路开路

短路电路具有下列特征:

① 电源中的电流最大,对负载输出的电流为零.

此时电源中的电流为

$$I_{SC}=\frac{U_S}{R_0} \quad (1-13)$$

此电流称为短路电流 I_{SC}. 由于电源的内电阻 R_0 很小,故短路电流很大,常将电源烧毁. 产生短路的原因往往是由于绝缘损坏或接线错误,为了防止短路事故引起的后果,通常在电路中接入熔断器或自动断路器,以便发生短路时,能迅速将故障电路自动断开.

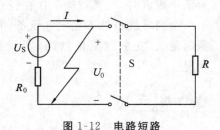
图 1-12 电路短路

② 电源和负载的端电压均为零.

③ 电源对外输出功率和负载吸收功率均为零,这时电源所发出的功率全部消耗在内阻上. 这就使电源的温度迅速上升,有可能烧毁电源及其他电气设备,甚至引起火灾. 而有时也会因某种需要,将电路中某一部分或某一元件的两端用导体直接连通,这种做法通常称为短接.

(3) 有载工作状态

如图 1-11 所示,当开关 S 闭合时,电源与负载构成闭合通路,电路便处于有载工作状态. 此时电路具有下列特征:

① 电路中的电流由负载决定.

$$I=\frac{U_S}{R_0+R} \quad (1-14)$$

当 U_S、R_0 一定时,电流由负载电阻 R 的大小来决定.

② 电源的端电压为

$$U = U_S - IR_0 \tag{1-15}$$

③ 电源输出功率为

$$P = U_S I - I^2 R_0$$

上式表明,电源发出的功率 $U_S I$ 减去内阻上的消耗 $I^2 R_0$ 才是供给外电路负载的功率,即电源发出的功率等于电路各部分所消耗的功率之和.由此可见,整个电路中功率总是平衡的.

2. 电气设备的额定值

在实际电路中,所有电气设备和元器件在工作时都有一定的使用限额,这种限额称为额定值.额定值是制造厂综合考虑产品的安全性、经济性和使用寿命等因素而制定的.额定值是使用者使用电气设备和元器件的依据.电气设备或元器件的额定值常标在铭牌上或写在其他说明书中,在使用时应充分考虑额定数据.如灯泡的电压220 V、功率40 W都是它的额定值.额定值的项目很多,主要包括额定电流、额定电压以及额定功率等.分别用 I_N、U_N 和 P_N 表示.例如,电阻的额定电流和额定电阻分别为 100 mA和1000 Ω;某电动机的额定电压、额定电流、额定功率和额定频率分别为380 V、10 A、8 kW和50 Hz等.

通常,当实际使用值等于额定值时,电气设备的工作状态称为额定状态(或满载);当实际功率或电流大于额定值时,电气设备工作在过载(或超载)状态;当实际功率或电流比额定值小很多时,电气设备工作在轻载(或欠载)状态.

金属导线虽然不是电气设备,但通过电流时也要发热,为此也规定了安全载流量.导线截面越大,安全载流量越高;明线敷设且散热条件好,安全载流量显然大于穿管敷设的状况.

提示

当环境温度高时,电路工作电流要比额定值小,或增加散热环节、缩短工作时间,以避免电气设备过热.

例 1-5 有一 220 V、60 W 的电灯,其接在 220 V 的直流电源上,试求通过电灯的电流和电灯电阻.如果每晚用 3 小时,则一个月消耗多少电能?

解

$$I = \frac{P}{U} = \frac{60}{220} \text{ A} \approx 0.273 \text{ A}$$

$$R = \frac{U}{I} = \frac{220}{0.273} \text{ Ω} \approx 806 \text{ Ω}$$

电阻也可用下式计算:

$$R = \frac{P}{I^2} \text{ 或 } R = \frac{U^2}{P}$$

一个月消耗的电能也就是所做的功为

$$W = Pt = 0.06 \times 3 \times 30 \text{ kW·h}$$
$$= 5.4 \text{ kW·h}$$

1.4 电压源和电流源及其等效变换

电源可以用两种不同的电路模型表示. 一种是用电压的形式来表示, 称为电压源; 一种是用电流的形式来表示, 称为电流源.

1. 电压源

常用的电压源有干电池、蓄电池和稳压电源、发电机等.

(1) 理想电压源

理想电压源又称恒压源, 是一个二端元件, 如图 1-13(a)所示为恒压源的电路模型符号. 恒压源具有下列特征:

① 恒压源两端的电压为恒定值 U_S, 或按一定规律随时间变化的电压 u_S, 与流过其中的电流无关; 它的电流由与之相连接的负载决定, 其伏安特性如图 1-13(b)所示.

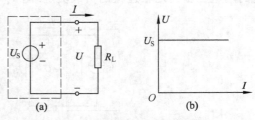

图 1-13 理想电压源及其伏安特性曲线

② 恒压源的内阻为零, 没有损耗.

(2) 实际电压源

在电路中, 一个实际电源在提供电能的同时, 必然还要消耗一部分电能. 理想电压源实际上是不存在的, 因为任何电源总存在内阻. 因此用理想电压源与电阻元件的串联组合来表征实际电压源的性能, 如图 1-14(a)虚线框内所示. 图中 R_0 为电压源的内阻, $U_0=IR_0$ 为内阻上的压降, U 为电压源的端电压. 实际电压源具有下列特征:

① 实际电压源输出电压不再恒定, 且随负载电流增大而减小. 图 1-14(b)为实际电压源的外特性曲线. 由外特性曲线可得实际电压源的端电压方程为

$$U=U_S-U_0=U_S-IR_0 \tag{1-16}$$

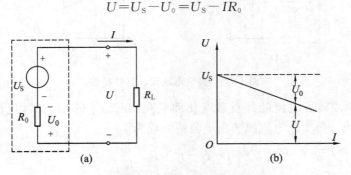

图 1-14 实际电压源及其伏安特性曲线

② 内阻越小, 伏安特性曲线越平直, 输出电压变化越小, 电源带负载能力越强.
③ 实际电压源两端不能短路.

提示

当电源开路时, $I=0$, $U=U_S=U_{OC}$, 称为开路端电压.

2. 电流源

各种光电池就是常见的电流源,如太阳能电池,它是一种把光能转换成电能的半导体器件.

(1) 理想电流源

理想电流源又称恒流源,也是一个二端元件,如图 1-15(a)所示为恒流源电路符号,框内所示为直流电流源的电路符号,其中 I_S 为其恒定电流,所标方向为电流的参考方向,U 为电流源的端电压. 恒流源具有下列特征:

① 恒流源能输出恒定不变的电流 I_S 或按一定规律变化的电流 i_S,而与其端电压无关;它的端电压由与之相连接的负载决定. 图 1-15(b)为恒流源的伏安特性曲线.

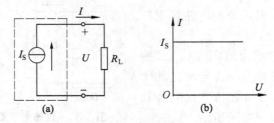

图 1-15 理想电流源及其伏安特性曲线

② 恒流源的内阻为无穷大,输出电压由外电路决定.

(2) 实际电流源

实际电流源在提供电能的同时,必然还要消耗一部分电能,因此可用理想电流源与电阻的并联组合来表征实际电流源,如图 1-16(a)虚线框内所示. 图中 R_0' 为电流源的内阻,I 为输出电流,I_0 为通过内阻中的电流,U 为端电压. 实际电流源具有下列特征:

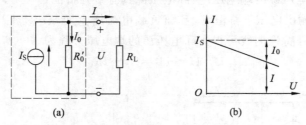

图 1-16 实际电流源及其外特性

① 实际电流源输出电流随外负载变化而变化,图 1-15(b)为实际电流源的外特性曲线. 由外特性曲线可得实际电流源输出电流的方程为

$$I = I_S - I_0 = I_S - \frac{U}{R_0'} \tag{1-17}$$

② 内阻越大,伏安特性曲线越平直,输出电流变化越小.

③ 实际电流源两端不能开路.

 提示

实际电流源短路时,输出电流 $I = I_S$.

例 1-6 如图 1-17 所示,求两电源的功率.

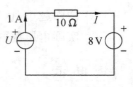

图 1-17 例 1-6 图

解 $I=1$ A，电压源的功率为 $P_1=8\times 1$ W$=8$ W>0，吸收功率.
$U=1\times 10$ V$+8$ V$=18$ V，电流源的功率为 $P_2=-18\times 1$ W$=-18$ W<0，产生功率.

3. 两种实际电源模型的等效变换

在保持输出电压 U 和输出电流 I 不变的条件下，一个实际电源既可以用电压源串电阻模型表示，又可以用电流源并电阻模型表示，二者可以相互等效.

下面讨论它们等效的条件.

对于电压源，由式(1-16)可得

$$I=\frac{U_S}{R_0}-\frac{U}{R_0} \tag{1-18}$$

为满足等效条件，比较式(1-17)、式(1-18)，两者必须相等，即

$$I_S=\frac{U_S}{R_0}, \quad R_0'=R_0 \tag{1-19}$$

或

$$U_S=I_S R_0, \quad R_0'=R_0 \tag{1-20}$$

(1) 两个电源等效变换，是对电源外电路等效，对电源内不等效.
(2) 恒压源与恒流源之间不能等效.
(3) 变换时两种电路模型的极性必须一致，即电流源流出电流的一端与电压源的正极性端相对应.

例 1-7 如图 1-18(a)所示，试求其等效电流源电路.

解 由式(1-17)和式(1-18)得

$$I_S=\frac{U_S}{R_S}=\frac{100}{47}\text{A}\approx 2.13 \text{ A}$$

其对应的等效电路如图 1-18(b)所示.

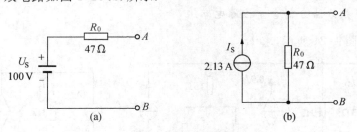

图 1-18 例 1-7 图

例 1-8 用电源模型等效变换的方法求图 1-19(a)电路的电流 I_1 和 I_2.

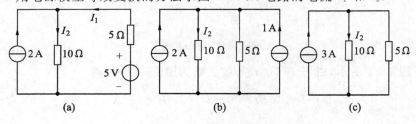

图 1-19 例 1-8 图

解 将原电路变换为图 1-19(c) 电路, 由此可得

$$I_2 = \frac{5}{10+5} \times 3 \text{ A} = 1 \text{ A}$$

$$I_1 = I_2 - 2 \text{ A} = 1 \text{ A} - 2 \text{ A} = -1 \text{ A}$$

4. 受控源

前面所讨论的电压源或电流源都是独立电源, 即电源的参数是一定的. 还有一种非独立电源, 它们的参数是受电路中另一部分电压或电流控制的, 又称为受控源. 例如, 他励直流电动机的电动势受励磁电流控制, 在半导体三极管中, 其输出电流受输入电流控制.

受控源像独立电源一样, 也具有对部分电路输出电能的能力. 它有电压源和电流源之分. 受控源的控制量可以是电压, 也可以是电流. 按受控量与控制量的不同组合, 受控源可分为四种类型, 即电压控制电压源 (VCVS)、电压控制电流源 (VCCS)、电流控制电压源 (CCVS)、电流控制电流源 (CCCS). 仍以直流电流为例, 它们的电路模型分别如图 1-20 所示. 图中用菱形符号表示受控源, 以与独立源相区别, 被控制量表达式中的 μ、γ、g 以及 β 分别为受控源的控制系数, 其中 γ 和 g 分别具有电阻和电导的量纲, 称为转移电阻或转移电导. 而 μ 和 β 无量纲.

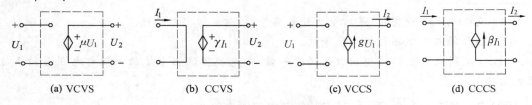

(a) VCVS   (b) CCVS   (c) VCCS   (d) CCCS

图 1-20 电路模型

提 示

对于线性受控源, μ、γ、g 和 β 均为常数.

利用等效变换方法分析含受控源电路.

例 1-9 如图 1-21 所示, 求 I_3.

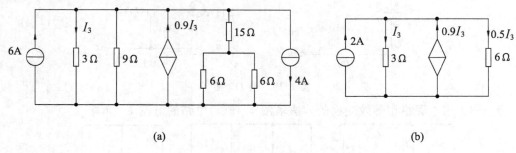

(a)   (b)

图 1-21 例 1-9 图

解 如图 1-21 所示, 由图 1-21(a) 等效变换为图 1-21(b), 则

$$I_3 + 0.5I_3 - 0.9I_3 = 2, \quad I_3 = \frac{10}{3} \text{ A}$$

等效变换中控制支路不能变动，应予以保留．

1.5 基尔霍夫定律

基尔霍夫定律包含两条定律，分别称为基尔霍夫电流定律和基尔霍夫电压定律．

1.5.1 几个相关的电路名词

1. 支路

支路是指一个二端元件或同一电流流过的几个二端元件互相连接起来组成的线路．图 1-22 中有三条支路，分别是 ACE、AB 和 ADF．

2. 节点

节点指电路中 3 条或 3 条以上支路的汇集点．图 1-22 中 A、B 为两个节点．

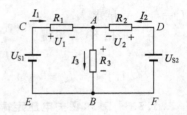

图 1-22 基尔霍夫定律分析

3. 回路

由若干条支路组成的闭合线路即是回路．图 1-22 中有三个回路，分别是 CABE、ADFB、CADFBE．

4. 网孔

网孔指内部不含支路的回路．如图 1-22 中 CABEC 和 ADFBA 都是网孔，而 CADFBEC 则不是网孔．

1.5.2 基尔霍夫电流定律(KCL)

基尔霍夫电流定律指出，任一时刻，流入电路中任一节点的电流之和等于流出该节点的电流之和．基尔霍夫电流定律简称 KCL，反映了节点处各支路电流之间的关系．

在图 1-22 所示电路中，对于节点 A 可以写出

$$I_1 + I_2 = I_3$$

或改写为

$$I_1 + I_2 - I_3 = 0$$

即

$$\sum I = 0 \tag{1-21}$$

由此，KCL 也可表述为：任一时刻，流经电路中任一节点电流的代数和恒等于零．这里讲代数和是因为式(1-21)中有的电流是流入节点，而有的是流出节点．在应用 KCL 列电流方程时，如果规定参考方向指向节点的电流取正号，则背离节点的电流取负号．

基尔霍夫电流定律不仅适用于节点，也可推广应用到包围几

基尔霍夫电流定律

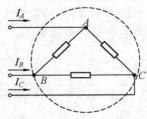

图 1-23 广义节点

个节点的闭合面(也称广义节点).如图1-23所示的电路中,可以把三角形ABC看作广义的节点,用KCL可列出

$$I_A + I_B + I_C = 0$$

即

$$\sum I = 0$$

在任一时刻,流过任一闭合面电流的代数和恒等于零.

例1-10 如图1-24所示电路,电流的参考方向已标出.若已知$I_1 = 4$ A,$I_2 = -3$ A,$I_3 = -6$ A,试求I_4.

解 根据KCL可得

$$I_1 - I_2 + I_3 - I_4 = 0$$
$$I_4 = I_1 - I_2 + I_3 = 4 \text{ A} - (-3 \text{ A}) + (-6 \text{ A}) = 1 \text{ A}$$

1.5.3 基尔霍夫电压定律(KVL)

基尔霍夫电压定律指出:在任何时刻,沿电路中任一闭合回路,各段电压的代数和恒等于零.基尔霍夫电压定律简称KVL,反映了回路中各段电压之间的关系,其一般表达式为

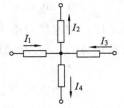

图1-24 例1-10图

$$\sum U = 0 \tag{1-22}$$

应用上式列电压方程时,首先假定回路的绕行方向,然后选择各部分电压的参考方向,凡参考方向与回路绕行方向一致者,该电压前取正号;凡参考方向与回路绕行方向相反者,该电压前取负号.

在图1-22中,对于回路CADFBEC,若按顺时针绕行方向,根据KVL可得

$$U_1 - U_2 + U_{S2} - U_{S1} = 0$$

根据欧姆定律,上式还可表示为

$$I_1 R_1 - I_2 R_2 + U_{S2} - U_{S1} = 0$$
$$I_1 R_1 - I_2 R_2 = -U_{S2} + U_{S1}$$

基尔霍夫电压定律

即

$$\sum IR = \sum U_S \tag{1-23}$$

式(1-23)表示,沿回路绕行方向,各电阻电压降的代数和等于各电源电位升的代数和.

基尔霍夫电压定律不仅应用于回路,也可推广应用于一段不闭合电路(广义回路).如图1-25所示电路中,A、B两端未闭合,若设A、B两点之间的电压为U_{AB},按逆时针绕行方向,可得

$$U_{AB} - U_S - U_R = 0$$

则

$$U_{AB} = U_S + RI$$

上式表明,开口电路两端的电压等于该两端钮之间各段电压降之和.

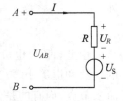

图1-25 广义回路

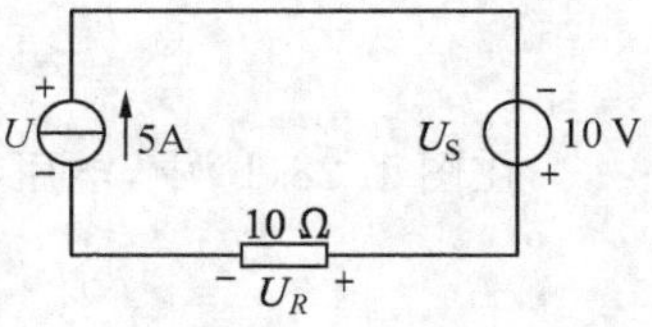

例 1-11 求图 1-26 所示电路中 10 Ω 电阻及电流源的端电压.

解 按图示参考方向,得
$$U_R = 5 \times 10 \text{ V} = 50 \text{ V}$$
按顺时针绕行方向,根据 KVL,得
$$-U_S + U_R - U = 0$$
$$U = -U_S + U_R = -10 \text{ V} + 50 \text{ V} = 40 \text{ V}$$

图 1-26 例 1-11 图

例 1-12 在图 1-27 所示的电路中,已知 $V_{CC}=9$ V,$R_C=3$ kΩ,$R_E=1$ kΩ,$I_B=30$ μA,$I_C=1$ mA,求 U_{CE} 及 c、e 点的电位.

解 $I_E = I_B + I_C = 0.03$ mA $+ 1$ mA $= 1.03$ mA
由 KVL 可得
$$I_C R_C + U_{CE} + I_E R_E = V_{CC}$$
$$\begin{aligned}U_{CE} &= V_{CC} - I_C R_C - I_E R_E \\&= 9 \text{ V} - 1 \times 10^{-3} \times 3 \times 10^3 \text{ V} - 1.03 \times 10^{-3} \times 1 \times 10^3 \text{ V} \\&= 9 \text{ V} - 3 \text{ V} - 1.03 \text{ V} = 4.97 \text{ V}\end{aligned}$$
$$V_e = I_E R_E = 1.03 \times 10^{-3} \times 1 \times 10^3 \text{ V} = 1.03 \text{ V}$$
$$V_c = V_{CC} - I_C R_C = 9 \text{ V} - 1 \times 10^{-3} \times 3 \times 10^3 \text{ V} = 6 \text{ V}$$

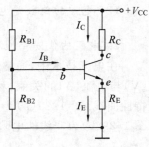

图 1-27 例 1-12 图

基尔霍夫定律既适用于线性电路,也适用于非线性电路.

1.6 电阻的连接

1.6.1 电阻

1. 电阻元件

理想电阻元件简称电阻元件,是从实际电阻器件抽象的理想模型. 例如,电炉、白炽灯、电烙铁等这类只消耗电能性质的电阻元件.

电阻分线性与非线性两种. 线性电阻的阻值为常数,其上电压、电流之间满足欧姆定律,如图 1-28 所示.

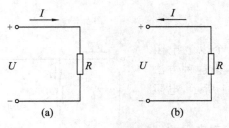

图 1-28 电阻电路

在图 1-28(a)中,电压与电流的参考方向一致,其欧姆定律表达式为

$$I = \frac{U}{R} \tag{1-24}$$

在图 1-28(b)中,电压与电流的参考方向相反,其欧姆定律表达式为

$$I = -\frac{U}{R} \tag{1-25}$$

电阻常用的单位有 Ω、kΩ、MΩ.

> **提示**
> (1) 电阻元件阻值可以用多用表测量,设备绝缘电阻可以用兆欧表测量.
> (2) 电阻的倒数是电导,即 $G = \frac{1}{R}$,单位为西门子(S).

2. 电阻的伏安特性

在电气技术中,通常也用曲线来反映元件的电压(V)与电流(A)的关系,称为伏安(V-A)特性,也称外特性曲线. 图 1-29(a)为线性电阻的伏安特性曲线,图 1-29(b)为非线性电阻的伏安特性曲线.

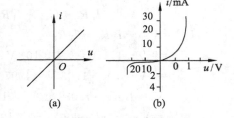

图 1-29 电阻的伏安特性曲线

> **提示**
> 电阻是一个耗能元件,它所消耗的功率为
> $$P = UI = I^2 R = \frac{U^2}{R} \tag{1-26}$$

1.6.2 电阻的串联

若电路中有两个或以上电阻顺次相连,且电阻中的电流相同,则这种电阻接法称为电阻的串联. 如图 1-30 所示,给出了两个电阻的串联电路,电阻串联具有下列特征:

① 其等效电阻等于各个电阻之和,即

$$R = R_1 + R_2 \tag{1-27}$$

② 串联电阻的电流均相同.

③ 在串联电路中,总电压等于各分电压之和,即

$$U = U_1 + U_2$$

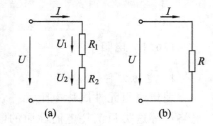

图 1-30 电阻的串联

1.6.3 电阻的并联

若电路中有两个或两个以上电阻连接在两个公共节点之间,则这种方法称为电阻的并联. 如图 1-31 所示,电阻并联具有下列特征:

① 电阻并联电路,其等效电阻的倒数等于各个电阻倒数之和,即

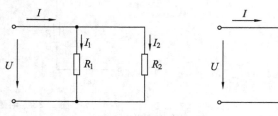

图 1-31 电阻的并联

$$\frac{1}{R}=\frac{1}{R_1}+\frac{1}{R_2} \tag{1-28}$$

② 电阻并联的特点是并联电阻的电压均相同.
③ 并联电路中的总电流等于各支路分电流之和,即

$$I_1=\frac{R_2}{R_1+R_2}I=\frac{R_2}{R}I$$

$$I_2=\frac{R_1}{R_1+R_2}I=\frac{R_1}{R}I$$

$$I=I_1+I_2$$

1.6.4 电阻的混联

所谓电阻的混联,是指电路中既有电阻的串联又有电阻的并联,电阻混联的形式多种多样,可以先对电路整理,再利用电阻串、并联公式逐步化简.

例 1-13 如图 1-32 所示,已知 $R_1=R_6=5\,\Omega$,$R_2=3\,\Omega$,$R_3=6\,\Omega$,$R_4=R_5=8\,\Omega$.试计算电路中 a、b 两端的等效电阻.

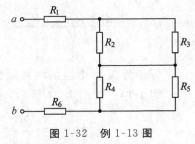

解 由 a、b 端向里看,R_2 和 R_3、R_4 和 R_5 均连接在相同的两点之间,因此是并联关系,把这 4 个电阻两两并联后,电路中除了 a、b 两点以外不再有其他节点,所以它们的等效电阻与 R_1 和 R_6 相串联.

图 1-32　例 1-13 图

$$R_{ab}=R_1+R_6+(R_2/\!/R_3)+(R_4/\!/R_5)=16\,\Omega$$

1.6.5 星形电阻网络和三角形电阻网络及其等效变换

以上所讨论的电路,都可以用串、并联等效电阻公式逐步化简,称之为简单电路.而对于复杂电路,则只能采用网络变换的方法予以化简.所谓网络变换,就是把一种连接形式的电路变换为另一种连接形式.例如,星形网络与三角形网络的等效互换.

1. 星形电阻网络与三角形电阻网络

如图 1-33(a)所示,R_1、R_2、R_3 三个电阻组成一个 Y 形,称之为星形网络或 Y 形网络. 如图 1-33(b)所示,R_{12}、R_{23}、R_{31} 三个电阻组成一个三角形,称之为三角形网络或△形网络.

一般情况下,组成 Y 形或△形网络的三个电阻可为任意值.若组成 Y 形网络的三个电阻相等,即 $R_1=R_2=R_3=R_Y$,称为对称 Y 形网络;同样,若 $R_{12}=R_{23}=R_{31}=R_\triangle$,则该△形网络称为对称△形网络.

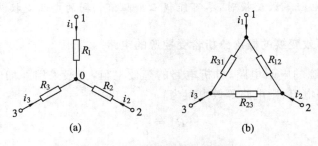

图 1-33　电阻星形及三角形连接

2. 星形电阻网络与三角形电阻网络的等效变换

在一定条件下,星形电阻网络和三角形电阻网络可以等效互换,而不影响网络之外未经变换部分的电压、电流和功率.

对于对称 Y 形和对称△形网络,等效变换的条件为

$$R_Y = \frac{1}{3} R_\triangle$$

$$R_\triangle = 3 R_Y$$
(1-29)

不对称 Y 形网络与△形网络的等效变换:

△→Y:

$$R_1 = \frac{R_{12} R_{31}}{R_{12}+R_{23}+R_{31}}, R_2 = \frac{R_{12} R_{23}}{R_{12}+R_{23}+R_{31}}, R_3 = \frac{R_{23} R_{31}}{R_{12}+R_{23}+R_{31}}$$
(1-30)

分母为△形中三个电阻之和,分子为△形中与之对应节点相连的电阻之积.

Y→△:

$$R_{12} = \frac{R_1 R_2 + R_2 R_3 + R_3 R_1}{R_3} \quad R_{23} = \frac{R_1 R_2 + R_2 R_3 + R_3 R_1}{R_1} \quad R_{31} = \frac{R_1 R_2 + R_2 R_3 + R_3 R_1}{R_2}$$
(1-31)

分子为 Y 形电阻的两两乘积之和,分母为 Y 形中与之对应两节点无关的电阻.

例 1-14 如图 1-34 所示,求 R_{ab}.

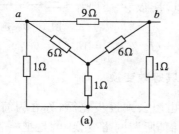
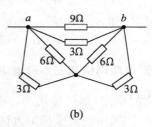

图 1-34 例 1-14 图

解 如图 1-34 所示,将图 1-34(a)等效变换为图 1-34(b),有

$$R_{ab} = \frac{1}{\frac{1}{9}+\frac{1}{3}+\frac{1}{4}} \Omega = 1.44\ \Omega$$

星形及三角形电阻等效变换时,尽可能找三个阻值相同的电阻变换为好.

1.6.6 利用等效变换的概念分析含受控源的电路

对于含有受控源的电阻电路,分析电路的等效电阻,一般采用外加电源法即外加电源电压,求出相应电路电流,则电路等效电阻为

$$R_{ab} = \frac{u}{i}$$

例 1-15 如图 1-35 所示,求等效电阻 R_{ab}.

解 如图 1-35 所示,等效输入电阻

$$R_{ab}=\frac{u}{i}=\frac{u_1+2\times 1.5u_1}{\dfrac{u_1}{2}}\Omega=8\ \Omega$$

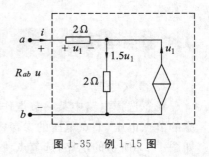

图 1-35 例 1-15 图

1.7 支路电流法

1. 支路电流法

支路电流法是以各支路电流为未知量,利用基尔霍夫定律列出方程联立求解的方法.是基尔霍夫定律的典型应用.

2. 分析步骤

① 标出各支路电流.
② 确定电路节点,根据 KCL 列出独立节点的电流方程.
③ 确定电路回路,选取网孔及其网孔电压的绕行方向,根据 KVL 列出网孔的电压方程.
④ 联立以上方程,求解各支路电流.

例 1-16 电路如图 1-36 所示,用支路电流法求图中的两台直流发电机并联电路中的负载电流 I 及每台发电机的输出电流 I_1 和 I_2. 已知: $R_1=1\ \Omega, R_2=0.6\ \Omega, R=24\ \Omega, E_1=130\ \text{V}, E_2=117\ \text{V}$.

解 (1) 选定各支路电流,如图 1-36 所示.

(2) 根据 KCL 列出独立节点的电流方程.

$$I_1+I_2=I$$

(3) 按顺时针绕行方向,根据 KVL 列出网孔电压方程:

$$R_1I_1-R_2I_2+E_2-E_1=0$$
$$R_2I_2+RI-E_2=0$$

联立求解以上方程,得

$$I_1=10\ \text{A},\quad I_2=-5\ \text{A},\quad I=5\ \text{A}$$

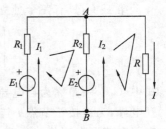

图 1-36 例 1-16 图

提示

支路电流法适合电路支路数不超过 3 个,否则分析过程较繁琐.

支路电流分析

1.8 节点电压法

1. 节点电压

任意选择电路中某一节点作为参考节点,其余节点与此参考节点间的电压分别称为对应的节点电压,节点电压的参考极性均以所对应节点为正极性端,以参考节点为负极性端.如图 1-37 所示的电路,选节点 4 为参考节点,则其余三个节点电压分别为 U_{n1}、U_{n2}、U_{n3}. 节点电压有两个特点:

① 独立性:节点电压自动满足 KVL,而且相互独立.
② 完备性:电路中所有支路电压都可以用节点电压表示.

2. 节点电压法

节点电压法是以独立节点的节点电压作为独立变量,根据 KCL 列出关于节点电压的电路方程,进行求解的过程.

建立方程的过程如图 1-37 所示.

第一步,适当选取参考点.

第二步,根据 KCL 列出关于节点电压的电路方程.

节点 1:
$$G_1(U_{n1}-U_{n2})+G_5(U_{n1}-U_{n3})-I_S=0$$

节点 2:
$$-G_1(U_{n1}-U_{n2})+G_2U_{n2}+G_3(U_{n2}-U_{n3})=0$$

节点 3:
$$-G_3(U_{n2}-U_{n3})+G_4U_{n3}-G_5(U_{n1}-U_{n3})=0$$

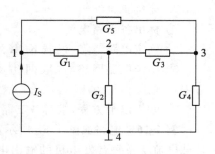

图 1-37 节点电压法

第三步,具有三个独立节点的电路的节点电压方程的一般形式为

$$\begin{cases}(G_1+G_5)U_{n1}-G_1U_{n2}-G_5U_{n3}=I_S\\-G_1U_{n1}+(G_1+G_2+G_3)U_{n2}-G_3U_{n3}=0\\-G_5U_{n1}-G_3U_{n2}+(G_3+G_4+G_5)U_{n3}=0\end{cases}$$

式中,$G_{ij}(i=j)$ 称为自电导,为连接到第 i 个节点各支路电导之和,值恒为正. $G_{ij}(i\neq j)$ 称为互电导,为连接于节点 i 与 j 之间支路上的电导之和,值恒为负. I_{Sii} 为流入第 i 个节点的各支路电流源电流值代数和,流入取正,流出取负. 如果与节点相连的支路由实际电压源构成,则为将电压源变为电流源时对应的电流.(注:电路中各电导是对应电阻的倒数)

3. 含受控源时的节点电压法

如图 1-38 所示为含有受控源的电路,可按下列步骤写出对应表达式:

第一步,选取参考节点.

第二步,先将受控源作独立电源处理,利用直接观察法列方程:

$$\left(\frac{1}{R_1}+\frac{1}{R_2}+\frac{1}{R_3+R_4}\right)U_{n1}-\frac{1}{R_3+R_4}U_{n2}=\frac{U_S}{R_1}$$

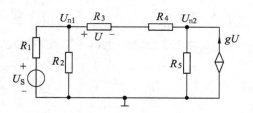

图 1-38 含受控源电路的节点电压法

$$-\frac{1}{R_3+R_4}U_{n1}+\left(\frac{1}{R_3+R_4}+\frac{1}{R_5}\right)U_{n2}=gU$$

第三步,再将控制量用未知量表示:

$$U=\frac{U_{n1}-U_{n2}}{R_3+R_4}R_3$$

第四步,整理求解:

$$\left(\frac{1}{R_1}+\frac{1}{R_2}+\frac{1}{R_3+R_4}\right)U_{n1}-\frac{1}{R_3+R_4}U_{n2}=\frac{U_S}{R_1}$$

$$-\left(\frac{gR_3+1}{R_3+R_4}\right)U_{n1}+\left(\frac{gR_3+1}{R_3+R_4}+\frac{1}{R_5}\right)U_{n2}=0$$

(注意:$G_{12}\neq G_{21}$)

4. 含电流源串联电阻时的节点电压法

含电流源串联电阻时的节点电压法如图 1-39 所示.

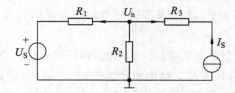

图 1-39 含电流源串联电阻时的节点电压法

$$\left(\frac{1}{R_1}+\frac{1}{R_2}\right)U_n=\frac{U_S}{R_1}+I_S$$

与电流源串联的电阻不出现在自导或互导中.

5. 弥尔曼定理

如图 1-40 所示,电路有一明显特点,即电路只有两个节点 a 和 b. 节点间的电压 U 称为节点电压,在图中设其正方向由 a 指向 b. 通过如下推导可得出节点电压的计算公式.

$$I_1=\frac{U_{S1}-U}{R_1},\ I_2=\frac{U_{S2}-U}{R_2},\ I_3=\frac{U_{S3}-U}{R_3},\ I_4=\frac{U}{R_4}$$

对于节点 a 应用 KCL,可得

$$I_1+I_2+I_3-I_4=0$$

进而有

$$\frac{U_{S1}-U}{R_1}+\frac{U_{S2}-U}{R_2}+\frac{U_{S3}-U}{R_3}-\frac{U}{R_4}=0$$

展开整理后,即得到节点电压的公式为

$$U=\frac{\dfrac{U_{S1}}{R_1}+\dfrac{U_{S2}}{R_2}+\dfrac{U_{S3}}{R_3}}{\dfrac{1}{R_1}+\dfrac{1}{R_2}+\dfrac{1}{R_3}+\dfrac{1}{R_4}}=\frac{\sum\dfrac{U_S}{R}}{\sum\dfrac{1}{R}}$$

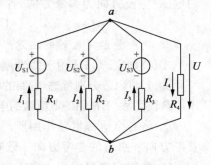

图 1-40 只有两个节点的电路

弥尔曼定理只适用于两个节点的电路.

例 1-17 如图 1-41 所示,已知 $U_{S1}=140$ V, $U_{S2}=90$ V, $R_1=20\ \Omega, R_2=5\ \Omega, R_3=6\ \Omega$,求各支路电流.

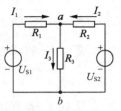

图 1-41 例 1-17 图

解 $$U=\dfrac{\dfrac{U_{S1}}{R_1}+\dfrac{U_{S2}}{R_2}}{\dfrac{1}{R_1}+\dfrac{1}{R_2}+\dfrac{1}{R_3}}=60\ \text{V}$$

$$I_1=\dfrac{U_{S1}-U}{R_1}=4\ \text{A},\quad I_2=\dfrac{U_{S2}-U}{R_2}=6\ \text{A},\quad I_3=\dfrac{U}{R_3}=10\ \text{A}$$

1.9 叠加定理

叠加定理是线性电路的一个重要定理,它体现了线性电路的重要性质.叠加定理可使线性电路分析应用更简便、有效.本节着重介绍叠加定理的内容及其应用.

1. 叠加定理的内容

在线性电路中,若有几个独立电源共同作用时,则任何一条支路中所产生的电流(或电压)等于各个独立电源单独作用时在该支路中所产生的电流(或电压)的代数和. 如图 1-42(a)为 U_S、I_S 共同作用、图 1-42(b)为 U_S 单独作用、图 1-42(c)为 I_S 单独作用.

叠加定理

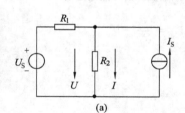

(a)

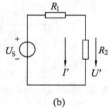

(b)

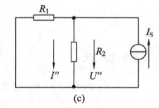

(c)

图 1-42 叠加定理电路

原电路有两个电源共同作用,可以分为两个电源单独作用的电路分别作用,其电路中的电压、电流方向为参考方向,各电压、电流间的关系为

$$U=U'+U'',\qquad I=I'+I''$$

2. 使用叠加定理时的注意点

① 叠加定理只适用于线性电路即全部由线性元件构成的电路.

② 只将电源分别考虑,电路的结构和参数不变.即不作用的电压源的电压为零,在电路图中用短路线代替;不作用的电流源的电流为零,在电路图中用开路代替,但要保留它们的内阻.

③ 将各个电源单独作用所产生的电流(或电压)叠加时,必须注意参考方向.当分量的参考方向和总量的参考方向一致时,该分量取正,反之则取负.

④ 叠加定理只能用于电压或电流的叠加,不能用来求功率.这是因为功率与电压、电流之间不存在线性关系.

3. 叠加定理的应用

叠加定理可以直接用来计算复杂电路,其优点是可以把一个复杂电路分解为几个简单电路分别进行计算,避免了求解联立方程.

例 1-18 如图 1-43 所示,求电路电流 I_2.

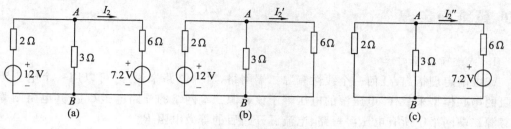

图 1-43 例 1-18 图

解 先求 12 V 电压源单独作用时所产生的电流 I_2'.此时将 7.2 V 电压源所在支路处短接,如图 1-42(b)所示.由欧姆定律,可得

$$I_2' = \frac{3}{3+6} \times \frac{12}{2+\frac{3\times 6}{3+6}} \text{A} = 1 \text{ A}$$

再求 7.2 V 电压源单独作用时所产生的电流 I_2''.此时将 12 V 电压源所在处短路,如图 1-42(c)所示.由分流公式可得

$$I_2'' = -\frac{7.2}{\frac{2\times 3}{2+3}+6} \text{A} = -1 \text{ A}$$

将图 1-43(b)与图 1-43(c)叠加,可得

$$I = I_2' + I_2'' = (1-1)\text{A} = 0 \text{ A}$$

例 1-19 电路如图 1-44(a)所示,已知 $U_{S1}=24$ V,$I_{S2}=1.5$ A,$R_1=200$ Ω,$R_2=100$ Ω.应用叠加定理计算各支路电流.

解 当电压源单独作用时,电流源不作用,以开路替代,电路如图 1-44(b)所示.则

$$I_1' = I_2' = \frac{U_{S1}}{R_1+R_2} = \frac{24}{200+100} \text{A} = 0.08 \text{ A}$$

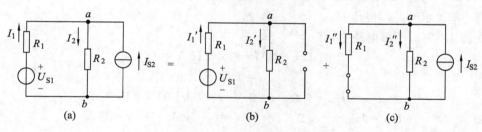

图 1-44 例 1-19 图

当电流源单独作用时,电压源不作用,以短路线替代,如图 1-43(c)所示,则

$$I_1'' = \frac{R_2}{R_1+R_2} I_{S2} = \frac{100}{200+100} \times 1.5 \text{ A} = 0.5 \text{ A}$$

$$I_2'' = \frac{R_1}{R_1+R_2} I_{S2} = \frac{200}{200+100} \times 1.5 \text{ A} = 1 \text{ A}$$

各支路电流为

$$I_1 = I_1' - I_1'' = 0.08 \text{ A} - 0.5 \text{ A} = -0.42 \text{ A}$$
$$I_2 = I_2' + I_2'' = 0.08 \text{ A} + 1 \text{ A} = 1.08 \text{ A}$$

1.10 戴维南定理

1. 戴维南定理内容

戴维南定理指出：任何一个线性有源二端网络，对外电路来说，总可以用一个电压源与电阻的串联模型来替代。电压源的电压等于该有源二端网络的开路电压 U_{OC}，其电阻则等于该有源二端网络中所有电压源短路、电流源开路后的等效电阻 R_{eq}。

戴维南定理可用图 1-45 所示框图表示。图中电压源串电阻支路称为戴维南等效电路，所串电阻则称为戴维南等效内阻。

戴维南定理
电路分析(仿真)

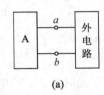   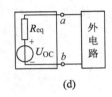

(a)　　　　　(b)　　　　　(c)　　　　　(d)

图 1-45　戴维南定理分析

2. 应用戴维南定理的步骤

① 确定线性有源二端网络。可将待求元件从图中暂去掉，形成二端网络。
② 求二端网络的开路电压。
③ 求二端网络变为无源二端网络的等效电阻。
④ 画出戴维南等效电路图。

3. 戴维南定理的应用

应用一：将复杂的有源二端网络化为最简形式。

例 1-20　用戴维南定理化简图 1-45(a)所示电路。

解　(1) 求开路端电压 U_{OC}。

在图 1.46(a)所示电路中，有

$$(3\ \Omega + 6\ \Omega)I + 9\ V - 18\ V = 0$$

$$I = 1\ A$$

$$U_{OC} = U_{ab} = 6\ \Omega \times I + 9\ V = (6 \times 1 + 9)V = 15\ V$$

或

$$U_{OC} = U_{ab} = -3\ \Omega \times I + 18\ V = (-3 \times 1 + 18)V = 15\ V$$

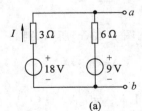 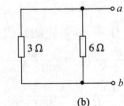 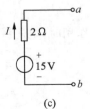

(a)　　　　　(b)　　　　　(c)

图 1-46　例 1-20 图

(2) 求等效电阻 R_{eq}.

将电路中的电压源短路,得无源二端网络,如图 1-46(b)所示. 可得

$$R_{eq}=R_{ab}=\frac{3\times 6}{3+6}\Omega=2\ \Omega$$

(3) 作等效电压源模型.

作图时,应注意使等效电源电压的极性与原二端网络开路端电压的极性一致,电路如图 1-46(c)所示.

应用二:计算电路中某一支路的电压或电流.

当计算复杂电路中某一支路的电压或电流时,采用戴维南定理比较方便.

例 1-21 用戴维南定理计算图 1-47(a)所示电路中电阻 R_L 上的电流.

解 (1) 把电路分为待求支路和有源二端网络两个部分. 移开待求支路,得有源二端网络,如图 1-47(b)所示.

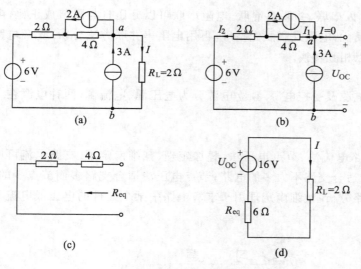

戴维南定理
电路分析(动画)

图 1-47 例 1-21 图

(2) 求有源二端网络的开路端电压 U_{OC}. 因为此时 $I=0$,由图 1-47(b)可得

$$I_1=3\ A-2\ A=1\ A$$
$$I_2=2\ A+1\ A=3\ A$$
$$U_{OC}=(1\times 4+3\times 2+6)\text{V}=16\ \text{V}$$

(3) 求等效电阻 R_{eq}.

将有源二端网络中的电压源短路、电流源开路,可得无源二端网络,如图 1-47(c)所示,则

$$R_{eq}=2\ \Omega+4\ \Omega=6\ \Omega$$

(4) 画出等效电压源模型,接上待求支路,电路如图 1-47(d)所示. 所求电流为

$$I=\frac{U_{OC}}{R_{eq}+R_L}=\frac{16}{6+2}\ \text{A}=2\ \text{A}$$

本章小结

1. 电路的组成

电路由电源、负载和中间环节三部分组成。电路有开路、短路和有载三种状态。

电流、电压均有规定的方向,称为实际方向。在分析电路时,可选定电压、电流一个方向作为参考方向,电压、电流的参考方向是为分析电路而假设的。当选定的参考方向与实际方向一致时,计算结果数值为正,反之则为负。

2. 基尔霍夫定律

基尔霍夫定律是线性及非线性电路、简单及复杂电路的基本定律,是分析电路的依据。因此,它不仅是本章的重点内容,也是分析电路的一个重点,要熟练掌握、正确运用。

3. 电阻的连接

电阻是耗能元件,可以串联、并联及混联。电阻串联可以分压且与阻值成正比;电阻并联可以分流且与阻值成反比;电阻混联要先整理,再用电阻串并联方法分析。复杂电路还有星形及三角形连接且可以相互转换。

4. 电源

电源可以分为独立电源及受控电源。独立电源分为电压源、电流源,两种电源在一定条件下可以相互转换。

5. 电路分析方法

电路分析方法有支路电流法、节点电压法、叠加定理、戴维南定理。支路电流可应用基尔霍夫定律列方程求解,适合支路不太多的电路;节点电压法适合支路多而节点少的电路;叠加定理只适合线性电路分析;戴维南定理用于求解电路中某个元件的电压或电流及功率时较简单。

习 题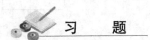

1.1 图 1-48 电路中,若各电压、电流的参考方向如图所示,并知 $I_1=2$ A, $I_2=1$ A, $I_3=-1$ A, $U_1=1$ V, $U_2=-3$ V, $U_3=8$ V, $U_4=-4$ V, $U_5=7$ V, $U_6=-3$ V。试标出各电流的实际方向和各电压的实际极性。

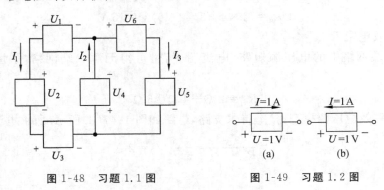

图 1-48 习题 1.1 图   图 1-49 习题 1.2 图

第1章 直流电路及其分析方法

1.2 已知某元件上的电流、电压如图1-49(a)、(b)所示,试分别求出元件的功率,并说明此元件是电源还是负载.

1.3 图1.50所示电路中,元件A消耗的功率为30 W,试问电流I应为多少?

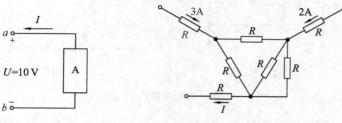

图1.50 习题1.3图　　　　图1-51 习题1.4图

1.4 求图1-51所示的电路电流I.

1.5 欲使图1-52所示电路中的电流$I=1\,A$,U_S应为多少?

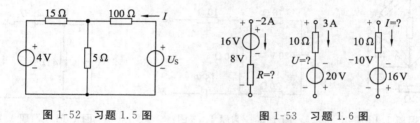

图1-52 习题1.5图　　　　图1-53 习题1.6图

1.6 求图1-53所示各支路中的未知量.

1.7 求图1-54电路中各电源的功率.

1.8 已知两个电压源并联,如图1-55所示,试求其等效电压源的电压和内阻.

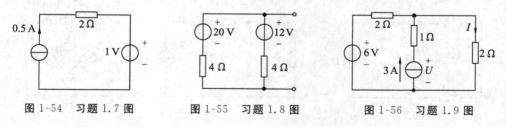

图1-54 习题1.7图　　图1-55 习题1.8图　　图1-56 习题1.9图

1.9 求图1-56所示电路中的I、U.

1.10 求图1-57所示电路的等效电阻R_{ab}.

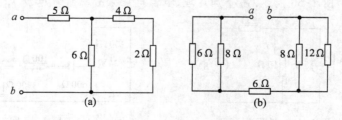

图1-57 习题1.10图

1.11 求图1-58所示电路的等效电阻R_{ab}.已知$R_1=R_2=1\,\Omega$,$R_3=R_4=2\,\Omega$,$R_5=4\,\Omega$.

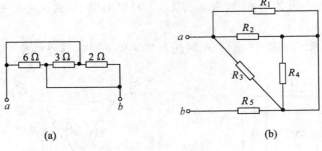

图 1-58　习题 1.11 图

1.12　用 Y 形和 △ 形网络等效变换法求图 1-59 所示电路的等效电阻 R_{ab}。

1.13　求图 1-60 所示有源二端网络的戴维南等效电路。

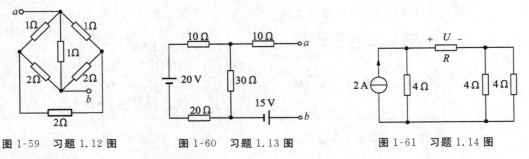

图 1-59　习题 1.12 图　　图 1-60　习题 1.13 图　　图 1-61　习题 1.14 图

1.14　如图 1-61 所示电路,已知 $R=10\ \Omega$,求电压 U。

1.15　如图 1-62 所示,求电路中的电流 I 或电压 U。

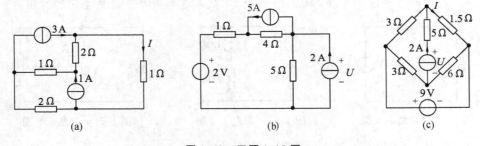

图 1-62　习题 1.15 图

1.16　电路如图 1-63 所示。用叠加定理、节点电压法分别计算电流 I。

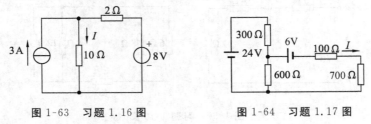

图 1-63　习题 1.16 图　　图 1-64　习题 1.17 图

1.17　如图 1-64 所示,求电流 I。

1.18　如图 1-65 所示,已知 $R_1=20\ \Omega$,$R_2=30\ \Omega$,$R_3=30\ \Omega$,$R_4=20\ \Omega$,$U=10\ V$。

求当 $R_5 = 16\ \Omega$ 时 I_5 的值.

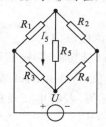

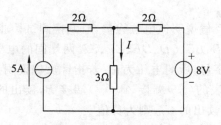

图 1-65　习题 1.18 图　　　　　图 1-66　习题 1.19 图

1.19　电路如图 1-66 所示. 试用任意一种方法计算 3 Ω 电阻中的电流.

技能训练 1　直流电路物理电量的测量

一、实验目的

1. 通过实验熟悉所用的仪器、仪表的使用方法.
2. 学会测量直流电路各点的电位及两端点间的电压,加深对电位的单值性和相对性,以及电压绝对性的理解.
3. 验证电位与电压之间的关系.

二、实验原理

直流电路中各点电位分布的情况是分析与计算电路时很重要的内容,在以后分析晶体管电路时或在专业课程中也经常会用到电位的概念.

电路中电位参考点(即电位为零的点)一经选定,则各点的电位只有一个固定的数值,这便是电位的单值性. 如果我们把电路中某点(如参考点)的电位升高(或降低)同一数值,则此电路中其他各点的电位也相应地升高(或降低)同一数值,这就是电位的相对性. 至于任意两点间的电压,仍然不变,电压与参考点的选择无关,这便是电压的绝对性.

三、实验设备

直流稳压源两个、直流毫安表一只、直流电压表一只、直流电路实验台一个.

四、实验内容和步骤

1. 按图 1-67 所示电路接线,测量 A、B、C、D、E、F 各点的电位.

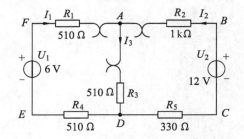

图 1-67　实验电路图

电位测量

将电压表的负端(黑表棒)与参考点 A 点相连,电压表的另一端分别与电路中的 A、B、

C、D、E、F 各点接触,这样便可测得对参考点 A 的各点电位 V_A、V_B、V_C、V_D、V_E、V_F 并填入表中.

若指针反偏说明该电位为负,应调换测试棒测量,这时该电位为负.

2. 测 AB、BC、CD、DE、EF、FA 两端间的电压,测量时应把(+)端接前面的字母,(—)端接后面的字母,所测电压为正.若指针反偏说明该电压为负,应调换测试棒测量.例如,测 U_{AB},将电压表的(+)端接 A,(—)端接 B,读出的 U_{AB} 为正值;若将电压表的(—)端接 A,(+)端接 B,读出的 U_{AB} 则为负值.

3. 改变参考点重复上述测量.

五、实验结果

电位参考点	V 与 U	V_A/V	V_B/V	V_C/V	V_D/V	V_E/V	V_F/V	U_{AB}/V	U_{BC}/V	U_{CD}/V	U_{DE}/V	U_{EF}/V	U_{FA}/V
A	计算值												
	测量值												
	相对误差												
D	计算值												
	测量值												
	相对误差												

六、实验报告

1. 根据实验测得的数据证实电位的单值性、相对性及电压的绝对性.
2. 分析误差存在的原因(允许在 5% 以内).

第 2 章 单相正弦交流电路的稳态分析

正弦交流电具有容易产生、能用变压器改变电压、便于输送及使用的特点,在生产及生活的各个领域中应用广泛,因而分析和讨论正弦交流电路具有重要意义.在交流电中,应用最多的是随时间按正弦规律变化的交流电,称为正弦交流电.正弦电流、正弦电压、正弦电动势简称为正弦量.工程中一般所说的交流电,通常都指正弦交流电.

本章主要介绍了正弦量的三要素及其相量表示;电路元件上电压、电流数值及相位关系;用相量法分析正弦交流电路;电路中的功率,如有功功率、无功功率、视在功率及功率因数的提高及电路谐振.

2.1 正弦交流电的概念

正弦交流电的大小和方向随时间按正弦规律变化,因此,正弦量的描述要比直流量复杂得多.下面以正弦交流电压为例介绍正弦交流电的有关概念.

图 2-1 所示的电压波形为正弦波,可以从三个方面来描述正弦量的变化规律.

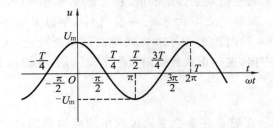

图 2-1 正弦交流电压波形

2.1.1 交流电的变化快慢

反映正弦量变化快慢的物理量有周期、频率和角频率.

1. 周期 T

周期是指正弦量交变一个循环所需要的时间.即图 2-1 所示为一个完整正弦波所对应的时间,用字母 T 表示.它的基本单位是秒(s),常用的单位还有毫秒(ms)、微秒(μs)、纳秒(ns).

周期越长,表示交流电变化越慢;周期越短,则表示交流电变化越快.

2. 频率 f

正弦量在单位时间内交变的次数,用字母 f 表示。它的基本单位是赫兹(Hz),还有常用单位千赫(kHz)、兆赫(MHz)、吉赫(GHz)。

$$1\text{ GHz}=10^3\text{ MHz}=10^6\text{ kHz}=10^9\text{ Hz}$$

周期和频率的关系是

$$f=\frac{1}{T} \tag{2-1}$$

我国和其他国家电力工业的标准频率,即所谓"工频"是指 50 Hz,它的周期是 0.02 s。一般电信号变化快,周期非常短暂,常用频率来表示较方便。如声音信号的频率(音频)大约从 20 Hz 到 20000 Hz 左右,常见收音机的中波段一般为 525~1605 kHz 等。

3. 角频率 ω

表示在单位时间内正弦量所经历的电角度,用 ω 表示。在一个周期 T 内,正弦量经历的电角度为 2π 弧度,则角频率

$$\omega=\frac{2\pi}{T}=2\pi f \tag{2-2}$$

角频率的单位为弧度每秒(rad/s)。

式(2-2)表示了 T、f、ω 三个量之间的关系,它们从不同的方面反映正弦量变化的快慢,只要知道其中的一个量,就可求出其他两个量。

2.1.2 交流电的数值

反映正弦量大小的物理量有瞬时值、最大值、有效值等。

1. 瞬时值

正弦量的瞬时值表示每一瞬间正弦量的值,在选定参考方向后,可以用带有正、负号的数值来表示正弦量在每一瞬间的大小和方向。一般用小写字母表示,如用 i、u、e 表示瞬时电流、瞬时电压、瞬时电动势。瞬时值的大小和方向随时间不断变化,为了表示每一瞬间的数值及方向必须指定参考方向,这样正弦量就用代数量来表示,并根据其正值、负值确定正弦量的实际方向。

2. 最大值

正弦量的最大值表示正弦量在整个变化过程中所能达到的最大值,又称峰值,用下标"m"标注,如 I_m、U_m、E_m。

3. 有效值

正弦量的有效值是用来反映交流电能量转换的实际效果,反映交流电做功的当量值,是根据它的热效应确定的。以交流电流为例,它的有效值定义是:设一个交流电流 i 通过电阻 R 在一个周期 T 内所产生的热量和直流 I 通过同一电阻 R 在同等时间内所产生的热量相等,则这个直流电流 I 的数值称为该交流电流 i 的有效值。根据定义,有

$$I^2RT=\int_0^T i^2R\,\mathrm{d}t$$

则

$$I=\sqrt{\frac{1}{T}\int_0^T i^2\,\mathrm{d}t} \tag{2-3}$$

式(2-3)中 I 就是交流电流的有效值,其值为其瞬时值的平方在一个周期内的积分平均值的平方根.因此,有效值也称方均根值.该定义式适用于任何周期性交流量.有效值要用大写字母来表示.

当交变电流为正弦交流时,即

$$i = I_m \sin(\omega t + \varphi_i) \tag{2-4}$$

则其有效值为

$$\begin{aligned} I &= \sqrt{\frac{1}{T}\int_0^T I_m^2 \sin^2(\omega t + \varphi_i)\mathrm{d}t} \\ &= \sqrt{\frac{1}{T}\int_0^T I_m^2 \frac{1-\cos 2(\omega t + \varphi_i)}{2}\mathrm{d}t} \\ &= \sqrt{\frac{I_m^2}{2T}\cdot T} = \frac{I_m}{\sqrt{2}} = 0.707 I_m \end{aligned}$$

即正弦量的有效值等于其最大值除以 $\sqrt{2}$,或者说正弦量的最大值等于其有效值的 $\sqrt{2}$ 倍,即 $I_m = \sqrt{2} I$.因此,式(2-4)表示的正弦电流也可写成

$$i = \sqrt{2} I \sin(\omega t + \varphi_i)$$

上述结论同样适用于正弦电压、正弦电动势,即

$$U_m = \sqrt{2} U, \quad E_m = \sqrt{2} E$$

常用的测量交流电压和交流电流的各种仪表,所指示的数字均为有效值.各种电器的铭牌上标的也都是有效值.通常所说电灯的电压为 220 V,就是指照明用电电压的有效值.

例 2-1 有一电容器,耐压为 500 V,问能否接在电压为 380 V 的交流电源上?

解 本题要注意电容器的耐压是指其峰值即最大值,而电源的电压是有效值,其最大值为 $380 \times \sqrt{2}$ V≈537.4 V,超过了电容器的耐压值,因此电容器不能接在 380 V 的电源上.

2.1.3 交流电的相位

反映正弦量状态的物理量有相位角、初相位和相位差.

1. 相位角

相位角又称相位,是表示正弦量在某一时刻所处状态的物理量,它不仅能确定瞬时值的大小和方向,还能表示出正弦量的变化趋势.

式(2-4)中 $(\omega t + \varphi_i)$ 是随时间变化的电角度即相位,反映了正弦量变化的进程,它确定了正弦量在每一瞬间的状态.

2. 初相位

初相位表示正弦量在计时起点即 $t=0$ 时的相位角.正弦量的初相位确定了正弦量在计时起点的瞬时值,反映了正弦量在计时起点的状态.一般规定初相位 $|\varphi|$ 不超过 π 弧度.相位与初相位常用弧度表示,也可用度来表示.

正弦量的相位和初相位都和计时起点的选择有关.计时起点选择不同,相位和初相位也不同.

正弦量在一个周期内瞬时值两次为零,现规定由负值向正值变化之间的一个零称为正弦量的零值.如取正弦量的零值瞬间为计时起点,则初相位 $\varphi=0$,如图 2-2(a)所示;初相位为正,即 $t=0$ 时正弦量之值为正,它在计时起点之前到达零值,即零值在坐标原点之左,如图 2-2(b)所示;同理,初相位为负,即零值在坐标原点之右,如图 2-2(c)所示.

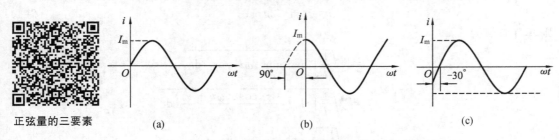

正弦量的三要素

图 2-2 不同初相位的正弦电流的波形图

提示

正弦量的频率、最大值和初相位称为正弦量的三要素.

例 2-2 已知两正弦量的解析式为 $i=-6\sin\omega t$ A,$u=10\sin(\omega t+210°)$ V,求每个正弦量的有效值和初相位.

解
$$i=-6\sin\omega t \text{ A}=6\sin(\omega t\pm 180°) \text{ A}$$

其有效值 $I=\dfrac{6}{\sqrt{2}}$ A$=4.24$ A,初相位 $\varphi=\pm 180°$,要注意最大值和有效值均为正值,解析式如有负号,要等效变到相位角中.

$$u=10\sin(\omega t+210°) \text{ V}=10\sin(\omega t+210°-360°) \text{ V}=10\sin(\omega t-150°) \text{ V}$$

其有效值 $U=\dfrac{10}{\sqrt{2}}$ V$=7.07$ V,初相位 $\varphi=-150°$.

提示

对求给定正弦量的三要素,应将正弦量的解析式变为标准形式,即最大值为正值,初相的绝对值不超过 π 或 180° 的形式.

3. 相位差

相位差描述的是两个同频率正弦量的相位之差.如两个正弦量为

$$u_1=U_{m1}\sin(\omega t+\varphi_1)$$
$$u_2=U_{m2}\sin(\omega t+\varphi_2)$$

其相位差为

$$\varphi_{12}=(\omega t+\varphi_1)-(\omega t+\varphi_2)=\varphi_1-\varphi_2$$

正弦量的相位是随时间变化的,但同频率正弦量的相位差不随时间改变,等于它们的初相位之差.规定其绝对值不超过 180°.根据 φ_{12} 的代数值可判断两正弦量到达最大值的先后顺序.如 $\varphi_{12}=0$ 表示 u_1 与 u_2 同相,即 u_1 与 u_2 同时到达零或最大值,如图 2-3(a)所示;如 $\varphi_{12}>0$ 表示 u_1 比 u_2 超前或 u_2 比 u_1 滞后,如图 2-3(b)所示;如 $\varphi_{12}=\pm 180°$ 表示 u_1 与 u_2 反相,即一个正弦量达到最大值,另一个正弦量达到负的最大值,如图 2-3(c)所示;如 $\varphi_{12}=90°$

表示 u_1 比 u_2 超前 $90°$，即一个正弦量为正弦规律变化，另一个正弦量为余弦规律变化，如图 2-3(d)所示．

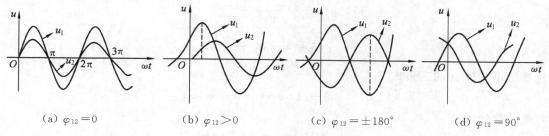

(a) $\varphi_{12}=0$　　(b) $\varphi_{12}>0$　　(c) $\varphi_{12}=\pm 180°$　　(d) $\varphi_{12}=90°$

图 2-3　正弦量的相位差

只有对同频率正弦量，讨论其相位差才有意义．

例 2-3　已知 $u=220\sqrt{2}\sin(\omega t+270°)\text{V}$，$i=5\sin(\omega t-60°)\text{A}$，$f=100\text{ Hz}$．求 u 与 i 的相位差及时间差 Δt．

解　$u=220\sqrt{2}\sin(\omega t+270°-360°)=220\sqrt{2}\sin(\omega t-90°)$，$u$ 的初相位为 $-90°$，i 的初相位为 $-60°$，$\varphi_{ui}=-90°-(-60°)=-30°<0$，表明 u 滞后 i $30°$．

因为 $\varphi_{ui}=\omega\Delta t=2\pi f\Delta t$，则 $\Delta t=\dfrac{\frac{\pi}{6}}{2\pi\times 100}\text{ s}\approx 0.00083\text{ s}=0.83\text{ ms}$．

2.2　正弦量的相量表示法

正弦量可以用解析式或波形图来表示，但用来分析正弦交流电路，将非常繁琐和困难．为了解决同频率正弦交流电的计算问题，工程上通常采用复数表示正弦量，把对正弦量的各种运算转化为复数的代数运算，从而大大简化了正弦交流电路的分析和计算过程，这种方法称为相量法．下面先对复数作一简要复习，然后再讲述相量法．

2.2.1　复数

在数学中 $\sqrt{-1}$ 称为虚单位并用 i 表示．由于在电工中 i 已代表电流，因此虚单位改用 j 表示，即 $\text{j}=\sqrt{-1}$．实数与 j 的乘积称为虚数．由实数和虚数组合而成的数，称为复数．设 A 为一个复数，其实数和虚数分别为 a 和 b，则复数 A 可用代数形式表示为 $A=a+\text{j}b$．每一个复常数在复平面上都有一个对应的点，连接这一点到复平面上的原点构成一个有向线段，即复矢量和复数 A 相对应，如图 2-4 所示．矢量 $\overrightarrow{OP}$ 在实轴和虚轴上的投影分别为复数 A 的实部和虚部．

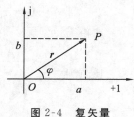

图 2-4　复矢量

矢量 $\overrightarrow{OP}$ 的长度 r 为复数 A 的模，矢量 $\overrightarrow{OP}$ 和正实轴的夹角 φ 称为复数 A 的幅角．它们之间的对应关系如下：

$$a = r\cos\varphi$$
$$b = r\sin\varphi$$
$$r = \sqrt{a^2 + b^2}$$
$$\varphi = \arctan\frac{b}{a}$$

这样可得复数 A 的三角式,即
$$A = r(\cos\varphi + j\sin\varphi)$$

根据欧拉公式,
$$\cos\varphi = \frac{e^{j\varphi} + e^{-j\varphi}}{2} \text{ 和 } \sin\varphi = \frac{e^{j\varphi} - e^{-j\varphi}}{2j}$$

可得复数 A 的指数形式为
$$A = re^{j\varphi}$$

在电工中为了书写方便,常将指数形式的复数 $A = re^{j\varphi}$ 简写为极坐标形式,即
$$A = r\angle\varphi.$$

复数形式的相互变换和运算规则,是求解交流电路的基本运算.

1. 复数的加、减法运算

复数的相加和相减,常采用复数的代数形式或三角形式进行运算.当两个或两个以上复数相加时,其和仍为复数,和的实部等于各复数的实部相加,和的虚部等于各复数的虚部相加.当多个复数相减时,其差仍为复数,差的实部等于各复数的实部相减,差的虚部等于各复数的虚部相减.例如:
$$A_1 = a_1 + jb_1, \quad A_2 = a_2 + jb_2$$

其和为
$$A = A_1 + A_2 = (a_1 + a_2) + j(b_1 + b_2)$$

其差为
$$A' = A_1 - A_2 = (a_1 - a_2) + j(b_1 - b_2)$$

2. 复数的乘、除法运算

复数的相乘和相除,常采用指数形式、极坐标形式运算比较简单.运算的规则是几个复数相乘等于各复数的模相乘,幅角相加;几个复数相除等于各复数的模相除,辐角相减.例如:
$$A_1 = a_1 + jb_1 = r_1 e^{j\varphi_1} = r_1\angle\varphi_1, \quad A_2 = a_2 + jb_2 = r_2 e^{j\varphi_2} = r_2\angle\varphi_2$$

其积为
$$A = A_1 A_2 = r_1 e^{j\varphi_1} r_2 e^{j\varphi_2} = r_1 r_2 e^{j(\varphi_1 + \varphi_2)} = r_1 r_2 \angle\varphi_1 + \varphi_2$$

其商为
$$A' = \frac{A_1}{A_2} = \frac{r_1 e^{j\varphi_1}}{r_2 e^{j\varphi_2}} = \frac{r_1}{r_2} e^{j(\varphi_1 - \varphi_2)} = \frac{r_1}{r_2}\angle\varphi_1 - \varphi_2$$

3. j 的意义

在电工计算中,常遇到与算符 j 的相乘运算,如 jA.
$$j = e^{j\frac{\pi}{2}} = \cos\frac{\pi}{2} + j\sin\frac{\pi}{2} = 1\angle 90°$$

$$-j = e^{-j\frac{\pi}{2}} = \cos\left(-\frac{\pi}{2}\right) + j\sin\left(-\frac{\pi}{2}\right) = 1\angle -90°$$

提示

一个复矢量乘以$+j$后,矢量的长度仍不变,但其辐角则从原矢量的位置逆时针方向转过$90°$. 同理,若乘以$-j$则矢量顺时针方向转过$90°$.

2.2.2 用复数表示正弦量

用来表示正弦量的复数称为相量,相量用大写字母上面加黑点表示,用以表明该复数表示正弦量,与一般的复数不同. 例如,$\dot{I}$、$\dot{U}$和$\dot{E}$分别为正弦电流、电压和电动势有效值的相量,正弦交流电流$i = \sqrt{2}I\sin(\omega t + \varphi_0)$的相量为

$$\dot{I} = I\angle \varphi_0 \tag{2-5}$$

这种用复数表示正弦量的方法叫做相量法. 应用相量法可以把同频率的正弦量的运算转化为复数的运算.

提示

相量只是正弦量的一种表示,两者间是对应关系,而不是相等关系.

2.2.3 相量图

和复数一样,正弦量的相量也可以在复平面上用一有方向的线段表示,并称之为相量图. 如图 2-5 所示即为式(2-5)所表示的正弦电流的相量图.

作相量图时实轴和虚轴通常可省略不画,且习惯上选取初相位为零的正弦量为参考正弦量.

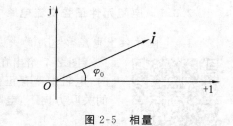

图 2-5 相量

提示

只有同频率正弦量才能画在一个图中,在画相量图时,为了使图形更清楚,可不画出实轴、虚轴.

例 2-4 已知 $u = 141\sin(\omega t + 60°)$ V,$i = 70.7\sin(\omega t - 60°)$ A. 试写出它们的相量式,画相量图,并说明二者的相位关系.

解 $\dot{U} = \dfrac{141}{\sqrt{2}} \angle 60°$ V $= 100\angle 60$ V

$\dot{I} = \dfrac{70.7}{\sqrt{2}} \angle -60°$ A $= 50\angle -60$ A

相量图见图 2-6. 由相量图可知,二者的相位差即为两相量的夹角,即 $\varphi = 120°$,且电压超前.

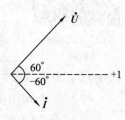

图 2-6 例 2-4 图

例 2-5 设已知 $u_1 = 100\sqrt{2}\sin\omega t$ V,$u_2 = 150\sqrt{2}\sin(\omega t - 120°)$ V. 求 $u = u_1 + u_2$,$u' = u_1 - u_2$.

解 $\dot{U}_1 = 100\angle 0° = 100$ V, $\dot{U}_2 = 150\angle -120°$ V $= [150\cos(-120°) + j150\sin(-120°)]$ V
$\qquad = (-75 - j129.9)$ V

$\dot{U} = \dot{U}_1 + \dot{U}_2 = [100 + (-75 - j129.9)]$ V $= (25 - j129.9)$ V $= 134.6\angle -79.1°$ V

$\dot{U}' = \dot{U}_1 - \dot{U}_2 = [100 - (-75 - j129.9)] = (175 + j129.9)$ V $= 217.9\angle 36.6°$ V

则有

$$u = 134.6\sqrt{2}\sin(\omega t - 79.1°) \text{ V}$$

$$u' = 217.9\sqrt{2}\sin(\omega t + 36.6°) \text{ V}$$

正弦量和的相量等于各正弦量对应的相量之和. 同理, 正弦量差的相量等于各正弦量对应的相量之差.

2.3 单一参数正弦交流电路

电阻元件、电感元件、电容元件是交流电路中的基本电路元件. 本节着重研究这三个元件上的电压和电流的数值和相位关系、能量的转换及储存内容.

2.3.1 电阻元件正弦交流电路

1. 电阻元件上电压和电流的关系

图 2-7 给出在线性电阻 R 两端加上正弦电压 u 时,电阻中就有正弦电流 i 通过. 在图示电压和电流的关联方向下, 电阻元件中通过的电流

$$i = \frac{u}{R} \qquad (2-6)$$

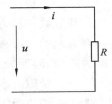

图 2-7 电阻元件正弦交流电路

RLC 元件的交流特性

RLC 交流特性（动画）

如选取电压为参考正弦量, 即其初相位为零:

$$u = U_m\sin\omega t = \sqrt{2}U\sin\omega t$$

则

$$i = \frac{u}{R} = \frac{U_m\sin\omega t}{R} = \frac{U_m}{R}\sin\omega t = I_m\sin\omega t$$

$$I_m = \frac{U_m}{R} \quad \text{或} \quad I = \frac{U}{R} \qquad (2-7)$$

式(2-7)是正弦量电压、电流的最大值及有效值的欧姆定律形式, 由于有效值、最大值只是正值, 不是代数量, 因此该式只表示大小关系而不表示方向关系.

综上所述, 得出电阻元件上电压和电流的关系有:

① 电压和电流均是同频同相的正弦量, 其波形图如图 2-8 所示.

② 电压和电流的瞬时值、有效值、最大值均符合欧姆定

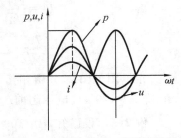

图 2-8 电压、电流、功率波形图

律形式.

注意:若电压 u 的初相位不为零,而是某一角度 φ,则电流的初相位也应是 φ 角.

2. 电阻元件上电压与电流的相量关系

根据上面已经研究的线性电阻元件上电压与电流的关系,考虑到一般性,设电阻两端电压具有初相位 φ,则电压的解析式为 $u=\sqrt{2}U\sin(\omega t+\varphi)$,其对应相量 $\dot{U}=U\angle\varphi$;经过电阻的电流为 $i=\sqrt{2}I\sin(\omega t+\varphi)$,其对应相量 $\dot{I}=I\angle\varphi$,即

$$\frac{\dot{U}}{\dot{I}}=\frac{U}{I}\angle\varphi-\varphi=R$$

有

$$\dot{I}=\frac{\dot{U}}{R} \qquad (2-8)$$

式(2-8)就是电阻元件电压和电流的相量关系式. 其相量图如图 2-9 所示. 相量关系式既能表示电压与电流的有效值关系,又能表示其相位关系.

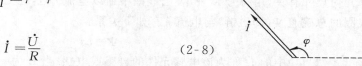

图 2-9 相量图

3. 电阻元件的功率

在交流电路中,在关联方向下,任意瞬间电阻元件上的电压瞬时值与电流瞬时值的乘积称为该元件的瞬时功率,以小写字母 p 表示. 即

$$p=ui=\sqrt{2}U\sin\omega t\times\sqrt{2}I\sin\omega t=2UI\sin^2\omega t=2UI\frac{1-\cos2\omega t}{2}=UI-UI\cos2\omega t \qquad (2-9)$$

由图 2-8 可知瞬时功率在变化过程中始终在坐标轴上方,即 $p\geqslant 0$,所以电阻元件是吸收功率,是一个耗能元件.

由于瞬时功率时刻在变化,不便计算,通常都是计算一个周期内消耗功率的平均值,即平均功率,又称为有功功率,用大写字母 P 来表示. 周期性交流电路中的平均功率就是瞬时功率在一个周期内的平均值. 即

$$P=\frac{1}{T}\int_0^T p\,\mathrm{d}t=\frac{1}{T}\int_0^T (UI-UI\cos2\omega t)\,\mathrm{d}t=UI$$

因为 $U=IR$ 或 $I=\frac{U}{R}$,则有

$$P=I^2R=\frac{U^2}{R}. \qquad (2-10)$$

功率的单位为瓦(W),工程上也常用千瓦(kW). 一般用电器上标的功率,电灯的功率为 40 W,电动机的功率为 3 kW,电阻的功率为 0.5 W 等都指的是平均功率.

例 2-6 一电阻 R 为 100 Ω,通过 R 的电流 $i=14.1\sin(\omega t+30°)$ A,求:

(1) 电阻 R 两端的电压 U 及 u;

(2) 电阻 R 消耗的功率 P.

解 (1) $i=14.1\sin(\omega t+30°)$,其相量 $\dot{I}=10\angle30°$ A,而 $\dot{U}=\dot{I}R=10\angle30°\times100$ V $=1000\angle30°$ V,则 $U=1000$ V,$u=1000\sqrt{2}\sin(\omega t+30°)$ V.

(2) $P=UI=1000\times10$ W $=10000$ W 或 $P=I^2R=10^2\times100$ W $=10000$ W.

2.3.2 电感元件正弦交流电路

1. 电感元件

电感元件是从实际的电感器(又称电感线圈,如变压器线圈、日光灯镇流器的线圈、收

音机中的天线线圈等)抽象出来的理想化模型.实际电感器通常由导线绕制而成,因此总存在电阻,若忽略线圈本身的电阻,可以把线圈看作一理想电感元件.

若线圈匝数为 N,而且绕制得非常紧密,可认为穿过线圈的磁通与各匝线圈像链条一样彼此交链,穿过各匝的磁通的代数和称为磁通链,用 Ψ 表示,单位也是韦伯(Wb).即 $\Psi = N\Phi$.

当线圈中间和周围没有铁磁物质时,线圈的磁通链 Ψ 与产生磁场的电流 i 成正比,比例常数为此线圈的自感系数,简称自感或电感,并称为线性电感,其只与线圈的形状、匝数和几何尺寸有关,用符号 L 表示.当线圈中通以电流 i 时,在元件内部将产生磁通,此时穿过线圈的总磁通 Ψ(即磁链)与电流 i 有如下关系:

$$\Psi = Li \tag{2-11}$$

式(2-11)中的 L 称为该电感元件的自感或电感.当 L 为一常数时,该电感为线性元件,否则为非线性电感元件.线性电感元件的电感量只取决于元件的几何形状、大小以及磁介质.

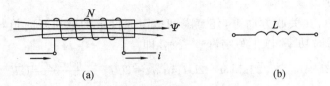

图 2-10 理想电感元件及其符号

电感的单位是亨利(H),常用的单位有毫亨(mH)或微亨(μH).图 2-11 所示为理想电感元件及其符号.

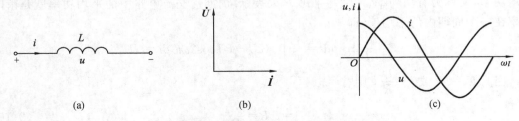

图 2-11 电感电路及电压、电流波形图

当电感中有交流电流通过时,线圈两端产生的感应电压与通过它的电流对时间的变化率成正比.其数学表达式为

$$u = -e_L = L\frac{di}{dt} \tag{2-12}$$

式(2-12)说明电感元件上的电压与流过电流的变化率成正比,因此电感是动态元件.在直流电路中,电流不变化,理想电感元件上的电压为零,相当于短路,所以在稳定直流电路中没有考虑电感元件的作用.

2.电感元件上电压与电流的关系

若设线圈中的电流参考正弦量为

$$i = I_m \sin\omega t = \sqrt{2} I \sin\omega t$$

根据式(2-12)可求得其端电压为

$$u = L\frac{di}{dt} = L\frac{d}{dt}\sqrt{2}I\sin\omega t = \omega L\sqrt{2}I\cos\omega t$$
$$= \omega L\sqrt{2}I\sin(\omega t + 90°) = \sqrt{2}U\sin(\omega t + 90°)$$

式中,$U = I\omega L$,$\varphi_u = \varphi_i + 90°$. 取 $X_L = \omega L = 2\pi f L$ 称为电感电抗(简称感抗),它的单位是欧姆. 它反映了电感元件在正弦交流电路中阻碍电流通过的能力.

感抗与频率成正比,当 $\omega \to \infty$ 时,$X_L \to \infty$,即电感相当于开路,电感常用作高频扼流线圈. 在直流电路中,$\omega \to 0$,$X_L \to 0$,即电感相当于短路. 电压 u 与电流 i 的波形图如图 2-11(c)所示.

由上面分析可得出如下结论:
① 电感元件的电压与电流是同频率正弦量,且电压超前电流 90°.
② 电感元件的电压与电流的有效值或最大值符合欧姆定律,即
$$I = \frac{U}{X_L}, \quad I_m = \frac{U_m}{X_L}$$

瞬时电压与瞬时电流间不符合欧姆定律,即 $i \neq \dfrac{u}{X_L}$.

3. 电感元件上电压与电流的相量关系

将上面 u、i 表达式分别用相量表示,则有
$$\dot{I} = I\angle\varphi_i, \quad \dot{U} = U\angle\varphi_u$$

则
$$\frac{\dot{U}}{\dot{I}} = \frac{Ue^{j\varphi_u}}{Ie^{j\varphi_i}} = \frac{U}{I}e^{j(\varphi_u - \varphi_i)} = X_L e^{j90°} = jX_L$$

即
$$\dot{I} = \frac{\dot{U}}{jX_L} \tag{2-13}$$

式(2-13)为纯电感元件上电压与电流的相量形式欧姆定律,该表达式既能反映电压与电流之间的数值关系,也能反映电压与电流之间的相位关系. 对应的相量图如图 2-11(b)所示.

例 2-7 已知 $L = 31.8$ mH,端电压 $u = 311\sin(314t + 60°)$ V,电压和电流的参考方向相关联. 试计算感抗 X_L、电路中的电流,并画相量图. 如把此线圈接于 220 V、1000 Hz 的电源上,问通过线圈的电流等于多少?

解 (1) $X_L = \omega L = 2\pi f L = 314 \times 31.8 \times 10^{-3}\ \Omega \approx 10\ \Omega$
$$\dot{I} = \frac{\dot{U}}{jX_L} = \frac{220\angle 60°}{j10}\ A = 22\angle -30°\ A$$
$$i = 22\sqrt{2}\sin(314t - 30°)\ A$$

相量图见图 2-12.

(2) $X_L = \omega L = 2\pi f L = 2 \times 3.14 \times 1000 \times 31.8 \times 10^{-3}\ \Omega \approx 200\ \Omega$
$$\dot{I} = \frac{\dot{U}}{jX_L} = \frac{220\angle 60°}{j200}\ A = 1.1\angle -30°\ A$$
$$i = 1.1\sqrt{2}\sin(6280t - 30°)\ A$$

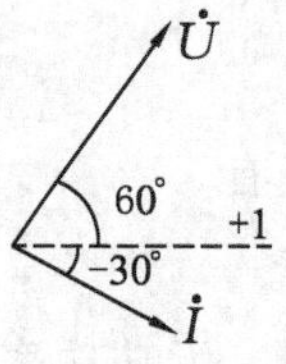

图 2-12 相量图

由上面分析可知,在相同电源电压下,频率越高感抗越大,电路中电流越小.

4. 电感元件的功率

为了分析方便,设经过电感的电流的初相位为零,即为参考相量,则电感元件两端的电压初相位为90°.其表达式为

$$u=\sqrt{2}U\sin(\omega t+90°), \quad i=\sqrt{2}I\sin\omega t$$

(1) 瞬时功率

由电感元件上瞬时电压与瞬时电流相乘所得,用小写字母 p 表示,即

$$p=ui=\sqrt{2}U\sin(\omega t+90°)\sqrt{2}I\sin\omega t=UI\sin2\omega t \qquad (2-14)$$

由上式可见,瞬时功率 p 是以 UI 为幅值,并以频率 2ω 随时间交变的正弦量,其波形图如图 2-13 所示.

图 2-13 表明:在第一和第三个四分之一周期内,u 和 i 同为正值或同为负值,瞬时功率 p 为正.由于电流 i 是从零增加到最大值,电感元件建立磁场,将从电源吸收的电能转换为磁场能量,储存在磁场中.在第二个和第四个四分之一周期内,u 和 i 一个为正值,另一个为负值,故瞬时功率为负值.在此期间,电流 i 是从最大值下降为零,电感元件中建立的磁场在消失.这期间电感中储存的磁场能量释放出来,转换为电能返送给电源.在以后的每个周期中都重复上述过程.

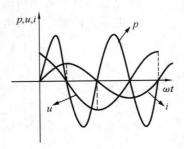

图 2-13 瞬时功率波形图

(2) 平均功率

平均功率指电感元件瞬时功率在一个周期内的平均值,即

$$P=\frac{1}{T}\int_0^T p\,\mathrm{d}t=\frac{1}{T}\int_0^T UI\sin2\omega t\,\mathrm{d}t=0$$

电感元件的平均功率为零,即纯电感元件不消耗能量,是储能元件.

(3) 电感的无功功率

电感的无功功率描述的是电源与电感元件之间的能量交换,为了衡量这种能量交换的规模,取瞬时功率的最大值,即电压和电流有效值的乘积.用大写字母 Q_L 表示,即 $Q_L=UI=I^2X_L=\dfrac{U^2}{X_L}$,单位为乏(var)及千乏(kvar).

例 2-8 把一个 0.5 H 的电感元件接到 $u=220\sqrt{2}\sin(314t+45°)$ V 的电源上,求通过该元件的电流 i 及电感的无功功率.

解 已知电压对应的相量为

$$\dot{U}=220\angle 45°\text{V}, \quad X_L=\omega L=314\times 0.5\ \Omega=157\ \Omega$$

$$\dot{I}=\frac{\dot{U}}{jX_L}=\frac{220\ \mathrm{e}^{j45°}}{157\ \mathrm{e}^{j90°}}\approx 1.4\angle-45°\text{A}$$

则有

$$i=1.4\sqrt{2}\sin(314t-45°)\text{A}$$

无功功率为

$$Q_L=UI=220\times 1.4\ \text{var}=308\ \text{var}$$

一般求瞬时电压或电流时,最好用相量来求,这样可同时求出大小和初相位.

2.3.3 电容元件正弦交流电路

1. 电容元件

在电路中经常用到一种称为电容器的电气元件.电容器通常由两个导体中间隔以介质(空气、纸、云母等)组成.它可用于功率因数补偿、调谐、耦合、滤波等.电容器加上电源后,极板上分别聚集起等量异号电荷.此时,在介质中建立起电场,并储存了电场能量,因此电容器是一种储能元件.如忽略介质损耗和漏电流,电容器可称为理想电容器.电容器的重要参数有两个:一个是电容量;另一个是工作电压,但该电压是最大电压而不是有效值.电容器的符号如图 2-14(a)所示.电容元件的电容量简称电容,并用 C 表示,由电容元件的极板上所带电荷量 q 与电容元件两端电压 u 的比值来确定,在选定参考方向规定由正极板指向负极板时,有

$$C=\frac{q}{u}$$

C 的单位是法[拉](F),由于法拉这个单位太大,实际应用中常用微法与皮法作为电容的计算单位. $1\,\mu F(微法)=10^{-6}\,F(法),1\,pF(皮法)=10^{-12}\,F(法)$.

当 C 为常量,与电压无关时,该电容元件称为线性电容元件,这里只研究线性电容元件.

2. 电容元件上电压与电流的关系

如图 2-14(a)所示,选取电容上电压 u 与电流 i 的参考方向为关联.在直流电路中,由于端电压不变,电容器中没有电流通过,电容相当于开路;而在交流电路中,由于电源电压的大小和方向在不断变化,电容器不断被充电又不断被放电,电路中始终有电流通过.也就是说,变化的电压产生电流.线性电容元件的电流与电容端电压对时间的变化率成正比,其数学表达式为

$$i=C\frac{\mathrm{d}u}{\mathrm{d}t} \tag{2-15}$$

设加在电容 C 的端电压为正弦电压,且为参考正弦量,即

$$u=\sqrt{2}U\sin\omega t$$

由式(2-15)得电容的电流

$$i=C\frac{\mathrm{d}u}{\mathrm{d}t}=\sqrt{2}U\omega C\cos\omega t=\sqrt{2}I\sin(\omega t+90°)$$

式中 $I=U\omega C$.

由上面分析可得出如下结论:

① 电容元件中的电压和电流是同频率的正弦量,且电压比电流滞后 $90°$.

② 取 $X_C=\dfrac{1}{\omega C}=\dfrac{1}{2\pi fC}$,为电容的电抗,简称容抗.它反映了电容元件在正弦电路中限制电流通过的能力,单位为欧姆(Ω).容抗与频率成反比,当 $f \to 0$ 时,$X_C \to \infty$,电容相当于开

路,即隔直作用;当 $f \to \infty$ 时, $X_C \to 0$,电容相当于短路.

③ 电容元件上电压和电流的有效值、最大值符合欧姆定律形式.即

$$I = \frac{U}{X_C}, \quad I_m = \frac{U_m}{X_C}$$

电容元件上电压和电流的瞬时值不符合欧姆定律形式,即 $i \neq \frac{u}{X_C}$.

3. 电容元件上电压与电流的相量形式

将 u 和 i 用相量表示,则有

$$\dot{U} = U\angle 0°\text{V}, \quad \dot{I} = I\angle 90°\text{A}$$

$$\frac{\dot{U}}{\dot{I}} = \frac{U}{I}\angle -90° = -jX_C,$$

即

$$\dot{I} = \frac{\dot{U}}{-jX_C} \tag{2-16}$$

式(2-16)为电容元件上电压和电流的相量形式欧姆定律.

图 2-14(c)为电容元件的波形,图 2-14(b)为其相量图.

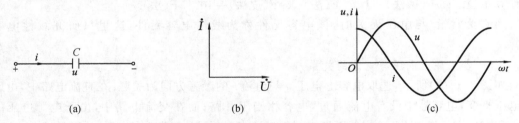

图 2-14 电容电路及电压、电流波形图

4. 电容元件的功率

纯电容电路的瞬时功率为

$$p = ui = \sqrt{2}U\sin\omega t \sqrt{2}I\sin(\omega t + 90°) = UI\sin 2\omega t$$

图 2-15 也画出了 p 的变化曲线.从图中可以看出,在第一和第三个四分之一周期内,电容器上的电压分别从零增加到正的最大值和负的最大值,电容器中的电场增强,此时电容器被充电,从电源处吸取电能,并把它储藏在电容器的电场中.在第二和第四个四分之一周期内,电容器上的电压分别从正的最大值和负的最大值减小到零,电容器中的电场减弱,这时电容器在放电,它就把储藏在电场中的能量又送回电源.因此在纯电容电路中,时而储进能量,时而放出能量,在一个周期内纯电容消耗的平均功率等于零,即 $P=0$,因此纯电容也是一种储存能量的器件.

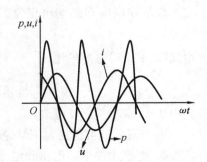

图 2-15 电容电路瞬时功率

同样为描述电容元件与电源之间能量转换的大小,纯电容电路的无功功率为

$$Q_C = UI = I^2 X_C = \frac{U^2}{X_C}$$

其单位为乏(var).

例 2-9 在 $U=220$ V, $f=50$ Hz 的正弦交流电路中,接入 $C=40$ μF 的电容器.试计算该电容器的容抗 X_C 以及电路中的电流 I.如电源改为 $V=220$ V, $f=1000$ Hz,则电容的容抗和电路中的电流 I 又为多少?

解 电容的容抗为

$$X_C = \frac{1}{\omega C} = \frac{1}{2\pi \times 50 \times 40 \times 10^{-6}}\ \Omega \approx 79.6\ \Omega$$

电路中的电流为

$$I = \frac{U}{X_C} = \frac{220}{79.6}\ \text{A} \approx 2.76\ \text{A}$$

$$Q_c = I^2 X_C \approx 606.4\ \text{var}$$

$$X_C = \frac{1}{\omega C} = \frac{1}{2\pi \times 1000 \times 40 \times 10^{-6}}\ \Omega \approx 4\ \Omega$$

$$I = \frac{U}{X_C} = \frac{220}{4}\ \text{A} = 55\ \text{A}$$

$$Q_c = I^2 X_C = 12100\ \text{var}$$

可见频率变化时电容的容抗也跟着变化,在相同电源电压时,电流、无功功率也会变化.

2.4 RLC 串联与并联电路

2.4.1 RLC 串联电路及复阻抗

图 2-16 所示为 RLC 串联电路,图 2-16(b)为其相量电路图,各部分电压与电流的参考方向如图所示.

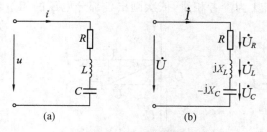

图 2-16 RLC 串联电路

根据基尔霍夫定律,电路的总电压为

$$\dot{U} = \dot{U}_R + \dot{U}_L + \dot{U}_C = R\dot{I} + jX_L\dot{I} - jX_C\dot{I}$$
$$= [R + j(X_L - X_C)]\dot{I} = (R + jX)\dot{I} = Z\dot{I} \qquad (2\text{-}17)$$

式中

$$Z = R + jX$$

$$X = X_L - X_C$$

由式(2-17)可知，Z 是一个复数，其实部 R 为电路的电阻；虚部 X 为感抗和容抗之差，称为电抗，用 X 表示，其值可正可负。此外，Z 也具有阻碍电流的作用，因此称之为复阻抗，复阻抗和电抗的单位都是欧姆。

必须注意的是，复阻抗只是一个复数，而不是正弦量，因而也不是相量。

式(2-17)表示了复阻抗的电压和电流的相量关系，与电阻电路中欧姆定律的形式相同，称之为相量形式的欧姆定律。复阻抗 Z 综合反映了电阻、电感和电容三个元件对电流的阻力，也可看作一个二端元件，其图形符号如图 2-17 所示。

理想电阻、电感和电容元件都可看成是复阻抗的特例，它们对应的复阻抗分别为 $Z=R$、$Z=j\omega L$、$Z=-j\dfrac{1}{\omega C}$。

图 2-17 复阻抗电路

复阻抗也可以用复数的极坐标形式表示，即

$$Z = \sqrt{R^2 + X^2} \angle \arctan \frac{X}{R} = |Z| \angle \varphi \tag{2-18}$$

式中 $|Z| = \sqrt{R^2 + X^2}$ 为复阻抗的模，称为阻抗；$\varphi = \arctan \dfrac{X}{R}$ 为复阻抗的辐角，称为阻抗角。阻抗角的大小取决于 R、L、C 三个元件的参数以及电源的频率。

由 $|Z| = \sqrt{R^2 + X^2}$ 可见，RLC 串联电路中的电阻、电抗和阻抗可构成一个直角三角形，称为阻抗三角形，如图 2-18 所示。阻抗三角形在正弦交流电路的分析和计算中有重要的辅助作用。

在 RLC 串联电路中，由于 $X = X_L - X_C$，$\varphi = \arctan \dfrac{X}{R}$，因此端口电压与电流的相位关系，也即电路负载的性质，有以下三种不同的情况：

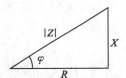

图 2-18 阻抗三角形

(1) 电感性负载

当 $X > 0$，即 $X_L > X_C$ 时，$\varphi > 0$。此时 $U_L > U_C$，电感作用大于电容作用，电路呈感性，称之为感性电路。若以电流 $\dot{I}$ 为参考相量，依次画出各部分电压的相量，如图 2-19(a)所示。

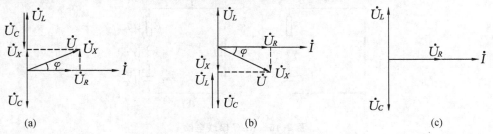

图 2-19 RLC 串联电路的三种情况

由图可知，$\dot{U}$、$\dot{U}_R$、$\dot{U}_X$ 三个电压相量构成一个直角三角形，称为电压三角形。感性电路的电压三角形位于第一象限，$\varphi > 0$，表示端电压超前总电流。

(2) 电容性负载

当 $X<0$，即 $X_L<X_C$ 时，$\varphi<0$. 此时 $U_L<U_C$，电容作用大于电感作用，电路呈容性，称之为容性电路. 在容性电路中，由 $\dot{U}$、$\dot{U}_R$、$\dot{U}_X$ 三个电压相量构成的电压三角形位于第四象限. $\varphi<0$，表示端电压滞后总电流. 相量图如图 2-19(b)所示.

(3) 电路谐振（电阻性负载）

当 $X=0$，即 $X_L=X_C$ 时，$\varphi=0$，表示端电压与总电流同相，电路呈电阻性. 这是一种特殊情况，也称谐振，如图 2-19(c)所示.

以上讨论的 RLC 串联电路是一种具有代表性的电路. 纯电阻电路、纯电容电路、纯电感电路、RC 串联电路、RL 串联电路以及 LC 串联电路都可以看成是它的特例. 这些由不同元件组合而成的电路，均可用 RLC 串联电路的分析方法进行分析和计算.

例 2-10 某 RLC 串联电路，其中 $R=13.7\ \Omega$，$L=3\ \text{mH}$，$C=100\ \mu\text{F}$，外加电压 $u=220\sqrt{2}\sin(\omega t+60°)\text{V}$，电源频率 $f=1000\ \text{Hz}$. 试求电流 i、电压超前电流的相位 φ.

解
$$X_L=\omega L=2\pi\times 1000\times 3\times 10^{-3}\ \Omega\approx 18.8\ \Omega$$
$$X_C=\frac{1}{\omega C}=\frac{1}{2\pi\times 1000\times 100\times 10^{-6}}\ \Omega\approx 1.59\ \Omega$$
$$X=X_L-X_C=(18.8-1.59)\Omega\approx 17.2\ \Omega$$

则有
$$Z=R+\text{j}X=13.7+\text{j}17.2=22\angle 51.5°\ \Omega$$
$$\dot{I}=\frac{\dot{U}}{Z}=\frac{220\angle 60°}{22\angle 51.5°}\ \text{A}=10\angle 8.5°\ \text{A}$$
$$i=10\sqrt{2}\sin(\omega t+8.5°)\ \text{A}$$
$$\varphi=51.5°$$

例 2-11 如图 2-20 所示，在 RLC 串联电路中，已知 $R=150\ \Omega$，$U_R=150\ \text{V}$，$U_{RL}=180\ \text{V}$，$U_C=150\ \text{V}$. 试求电流 I、电源电压 U 及它们之间的相位差，并画出电压、电流相量图.

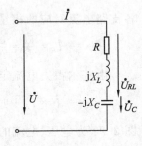

图 2-20 例 2-11 图

解
$$I=\frac{U_R}{R}=\frac{150}{150}\ \text{A}=1\ \text{A}$$
$$X_C=\frac{U_C}{I}=150\ \Omega$$
$$|Z_{RL}|=\frac{U_{RL}}{I}=180\ \Omega=\sqrt{R^2+X_L^2}$$
$$X_L=\sqrt{180^2-150^2}\ \Omega=99.5\ \Omega$$
$$X_L-X_C=-50.5\ \Omega$$
$$z=|Z|=\sqrt{R^2+(X_L-X_C)^2}=\sqrt{150^2+50.5^2}\ \Omega\approx 158.3\ \Omega$$
$$U=|Z|I=158.3\ \text{V}$$

电路的阻抗角 $\varphi=\tan^{-1}\dfrac{X_L-X_C}{R}=-18.6°$.

其相量图如图 2-21 所示，选取电流为参考正弦量，其他电压参照元件性质及计算数值而得.

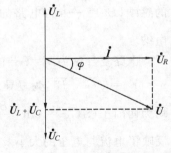

图 2-21 相量图

2.4.2 RLC 并联电路及复导纳

如图 2-22 所示是 RLC 并联电路。在正弦电压 u 的作用下,各支路的电流 i_R、i_L、i_C 为同频率的正弦量。

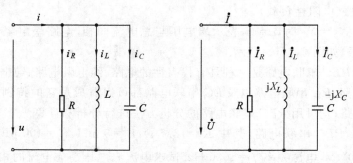

图 2-22 RLC 并联电路

设电源电压为

$$u=\sqrt{2}U\sin\omega t$$

则各支路电流为

$$i_R=\frac{\sqrt{2}U}{R}\sin\omega t$$

$$i_L=\frac{\sqrt{2}U}{X_L}\sin(\omega t-90°)$$

$$i_C=\frac{\sqrt{2}U}{X_C}\sin(\omega t+90°)$$

各支路电流对应的相量为

$$\dot{I}_R=\frac{\dot{U}}{R}=\frac{U}{R}\angle 0°,\quad \dot{I}_L=\frac{\dot{U}}{jX_L}=\frac{U}{X_L}\angle-90°,\quad \dot{I}_C=\frac{\dot{U}}{-jX_C}=\frac{U}{X_C}\angle 90°$$

由基尔霍夫电流定律,可得出并联电路的电流相量方程为

$$\dot{I}=\dot{I}_R+\dot{I}_L+\dot{I}_C=\dot{U}\left(\frac{1}{R}-j\frac{1}{X_L}+j\frac{1}{X_C}\right)=\dot{U}[G-j(B_L-B_C)]=\dot{U}Y \quad (2-19)$$

图 2-23 为电压、电流的相量图。

式(2-19)中取 $G=\frac{1}{R}$,为电路的电导;$B_L=\frac{1}{X_L}$,为电路的感纳;$B_C=\frac{1}{X_C}$,为电路的容纳;$B=B_L-B_C$,为电路的电纳。

电路复导纳为 $Y=G-j(B_L-B_C)=G-jB=|Y|\angle\varphi_y$,$y=|Y|=\sqrt{G^2+B^2}$,为复导纳的模,$G$、$B_L$、$B_C$、$B$、$y$ 的单位均为西门子(S),$\varphi_y=\tan^{-1}\frac{B_L-B_C}{G}$,为导纳角。复导纳综合反映了电流与电压的大小及相位。

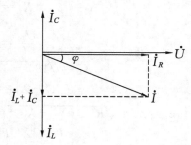

图 2-23 相量图

2.4.3 复阻抗与复导纳的等效互换

一个无源二端元件,不考虑其内部结构,可以用复阻抗 Z 表示,也可以用复导纳 Y 表示. 由

$$\dot{I} = \frac{\dot{U}}{Z}, \quad \dot{I} = Y\dot{U}$$

则

$$Y = \frac{1}{Z} \quad \text{或} \quad Z = \frac{1}{Y}$$

若已知 $Z = R + jX = |Z|\angle\varphi$,则其等效复导纳为

$$Y = \frac{1}{Z} = \frac{1}{R + jX} = \frac{R}{R^2 + X^2} - j\frac{X}{R^2 + X^2} = G - jB$$

又 $Y = \frac{1}{Z} = \frac{1}{|Z|\angle\varphi} = \frac{1}{|Z|}\angle-\varphi = |Y|\angle-\varphi$,则有 $|Y| = \frac{1}{|Z|}$, φ 的数值不变. 且

$$G = \frac{R}{R^2 + X^2}, \quad B = \frac{X}{R^2 + X^2}$$

当已知 $Y = G - jB = |Y|\angle-\varphi$ 时,其等效复阻抗为

$$Z = \frac{1}{Y} = \frac{1}{G - jB} = \frac{G}{G^2 + B^2} + j\frac{B}{G^2 + B^2} = R + jX$$

又 $Z = \frac{1}{Y} = \frac{1}{|Y|\angle-\varphi} = \frac{1}{|Y|}\angle\varphi$,则有 $|Z| = \frac{1}{|Y|}$, φ 的数值不变. 且

$$R = \frac{G}{G^2 + B^2}, \quad X = \frac{B}{G^2 + B^2}$$

以上说明复阻抗与复导纳在数值上互为倒数,幅角大小相等,符号相反,但其实部、虚部不互为导数,可由相应公式转换.

例 2-12 已知 RLC 并联电路中,$R = 20\ \Omega$,$L = 0.1\ \text{H}$,$C = 80\ \mu\text{F}$,接在 110 V、50 Hz 的电源上,求各支路电流、总电流,画出相量图.

解 取电压 u 为参考正弦量,其相量为 $\dot{U} = 110\angle 0°\ \text{V}$.

$$G = \frac{1}{R} = 0.05\ \text{S}, \quad B_L = \frac{1}{X_L} = \frac{1}{314 \times 0.1}\ \text{S} \approx 0.0318\ \text{S}$$

$$B_C = \frac{1}{X_C} = 314 \times 80 \times 10^{-6}\ \text{S} \approx 0.0251\ \text{S}$$

$$B = B_L - B_C = 0.0318\ \text{S} - 0.0251\ \text{S} = 0.0067\ \text{S}$$

$$Y = G - jB = (0.05 - j0.0067)\ \text{S} = 0.0504\angle -7.6°\ \text{S}$$

$$\dot{I}_R = G\dot{U} = 0.05 \times 110\angle 0°\ \text{A} = 5.5\angle 0°\ \text{A}$$

$$\dot{I}_L = -jB_L\dot{U} = -j0.0318 \times 110\angle 0°\ \text{A} \approx 3.5\angle -90°\ \text{A}$$

$$\dot{I}_C = jB_C\dot{U} = j0.0251 \times 110\angle 0°\ \text{A} \approx 2.76\angle 90°\ \text{A}$$

$$\dot{I} = Y\dot{U} = 0.0504\angle -7.6° \times 110\angle 0°\ \text{A} \approx 5.54\angle -7.6°\ \text{A}$$

从例题可知,电导、电纳、导纳数值不大,至少取三位有效数字,不得随意省略,否则会引起很大误差.

其相量图如图 2-24 所示.

例 2-13 已知 $Z=6+\mathrm{j}8\ \Omega$,求等效复导纳.

解 $Y=\dfrac{1}{Z}=\dfrac{1}{6+\mathrm{j}8}\ \mathrm{S}=\left(\dfrac{6}{100}-\mathrm{j}\dfrac{8}{100}\right)\ \mathrm{S}$

$\qquad=(0.06-\mathrm{j}0.08)\ \mathrm{S}=0.1\angle-53.1°\ \mathrm{S}$

可见

$$Y=G-\mathrm{j}B\neq\dfrac{1}{6}-\mathrm{j}\dfrac{1}{8}$$

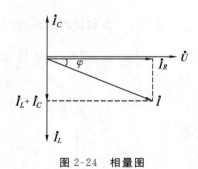

图 2-24 相量图

2.5 复阻抗的串并联电路

2.5.1 复阻抗的串联电路

如图 2-25(a)所示为两个复阻抗串联电路,根据基尔霍夫电压定律,电路的总电压相量 $\dot{U}$ 等于各串联复阻抗电压的相量和. 即

$$\dot{U}=\dot{U}_1+\dot{U}_2=\dot{I}Z_1+\dot{I}Z_2=\dot{I}Z$$

等效复阻抗为

$$Z=Z_1+Z_2 \qquad (2\text{-}20)$$

但一般 $|Z|\neq|Z_1|+|Z_2|$,即在交流电路中,复阻抗的模不等于各串联复阻抗模的和.

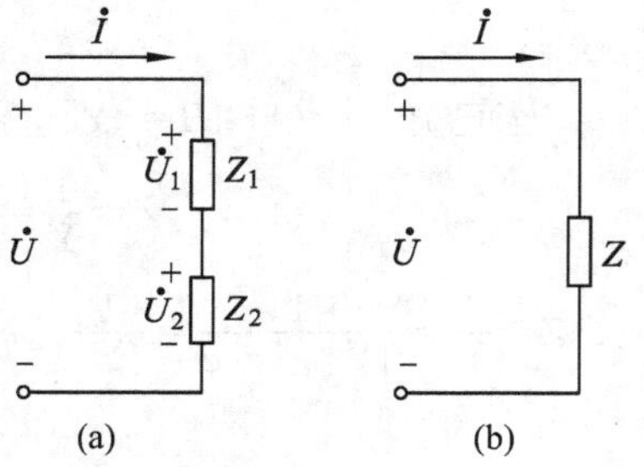

其等效电路如图 2-25(b)所示.

两个复阻抗串联时的分压公式为

$$\dot{U}_1=\dfrac{Z_1}{Z_1+Z_2}\dot{U},\qquad \dot{U}_2=\dfrac{Z_2}{Z_1+Z_2}\dot{U} \qquad (2\text{-}21)$$

若有 n 个复阻抗串联,等效复阻抗为

$$Z=\sum_{k=1}^{n}Z_k=\sum_{k=1}^{n}R_k+\mathrm{j}\sum_{k=1}^{n}X_k=|Z|\angle\varphi \qquad (2\text{-}22)$$

式(2-22)中

$$|Z|=\sqrt{\left(\sum_{k=1}^{n}R_k\right)^2+\left(\sum_{k=1}^{n}X_k\right)^2}$$

$$\varphi=\arctan\dfrac{\sum X_k}{\sum R_k}$$

在以上各式中 R_k、X_k 为各复阻抗的实部、虚部.

例 2-14 如图 2-25(a)所示的电路中各复阻抗分别是: $Z_1=10\angle 60°\ \Omega$,$Z_2=15\angle 45°\ \Omega$. 电源电压为 220 V. 求:

(1) 电路中的电流 I;

(2) 各复阻抗上的电压;

图 2-25 复阻抗串联电路

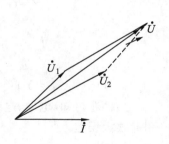

图 2-26 相量图

(3) 画出电路的相量图.

解 电路总的复阻抗为

$$Z = Z_1 + Z_2 = (10\angle 60° + 15\angle 45°) \ \Omega$$
$$= (15.61 + j19.27) \ \Omega = 24.8\angle 51° \ \Omega$$

(1) 电路电流

$$I = \frac{U}{|Z|} = \frac{220}{24.8} \ \text{A} \approx 8.87 \ \text{A}$$

(2) 设电路电流为参考相量,即 $\dot{I} = 8.87\angle 0°$ A. 各复阻抗上的电压为

$$\dot{U}_1 = \dot{I} Z_1 = 8.87\angle 0° \times 10\angle 60° \ \text{V} = 88.7\angle 60° \ \text{V}$$
$$\dot{U}_2 = \dot{I} Z_2 = 8.87\angle 0° \times 15\angle 45° \ \text{V} \approx 133.1\angle 45° \ \text{V}$$

(3) 电路的相量图如图 2-26 所示.

2.5.2 复阻抗的并联电路

如图 2-27(a)所示是两个复阻抗的并联电路,根据基尔霍夫电流定律,电路总电流的相量 $\dot{I}$ 等于各并联复阻抗支路的电流相量之和. 即

$$\dot{I} = \dot{I}_1 + \dot{I}_2 = \frac{\dot{U}}{Z_1} + \frac{\dot{U}}{Z_2} = \dot{U}\left(\frac{1}{Z_1} + \frac{1}{Z_2}\right) = \frac{\dot{U}}{Z} \tag{2-23}$$

式(2-23)表示两个复阻抗的并联可用一个等效复阻抗 Z 来代替,且有

$$\frac{1}{Z} = \frac{1}{Z_1} + \frac{1}{Z_2} \text{ 或 } Z = \frac{Z_1 Z_2}{Z_1 + Z_2}$$

等效复阻抗 Z 如图 2-27(b)所示.

若 n 个复阻抗并联,则有

$$\frac{1}{Z} = \sum_{k=1}^{n} \frac{1}{Z_k}$$

两个并联复阻抗的分流公式为

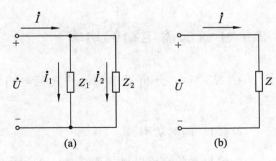

图 2-27 复阻抗并联电路

$$\dot{I}_1 = \frac{Z_2}{Z_1 + Z_2} \dot{I}, \quad \dot{I}_2 = \frac{Z_1}{Z_1 + Z_2} \dot{I}$$

(2-24)

2.5.3 复阻抗的混联电路

由复阻抗串联和并联组合的电路称为混联电路. 通常采用阻抗串联与并联的分析方法及相应公式进行分析和计算.

例 2-15 如图 2-28 所示,设 $Z_1 = j100 \ \Omega$, $Z_2 = -j100 \ \Omega$, $Z_3 = 100 + j100 \ \Omega$, $\dot{U} = 220\angle 0°$ V.

(1) 试求 $\dot{I}$、$\dot{I}_2$、$\dot{I}_3$ 及 $\dot{U}_1$、$\dot{U}_2$;

(2) 画出相量图.

解 (1) $Z = Z_1 + Z_2 // Z_3 = \left[j100 + \frac{-j100(100 + j100)}{-j100 + 100 + j100}\right] \Omega = 100 \ \Omega$

各电流的相量分别是

$$\dot{I} = \frac{\dot{U}}{Z} = \frac{220}{100} \angle 0° \text{ A} = 2.2 \angle 0° \text{ A}$$

$$\dot{I}_2 = \frac{Z_3}{Z_2 + Z_3} \dot{I} = \frac{100 + \text{j}100}{-\text{j}100 + 100 + \text{j}100} \times 2.2 \angle 0° \text{ A} = (2.2 + \text{j}2.2) \text{ A} = 3.11 \angle 45° \text{ A}$$

$$\dot{I}_3 = \dot{I} - \dot{I}_2 = (2.2 - 2.2 - \text{j}2.2) \text{ A} = 2.2 \angle -90° \text{ A}$$

各电压分别是

$$\dot{U}_1 = Z_1 \dot{I} = \text{j}100 \times 2.2 \text{ V} = 220 \angle 90° \text{ V}$$

$$\dot{U}_2 = Z_2 // Z_3 \dot{I} = (100 - \text{j}100) \times 2.2 \text{ V} = 311 \angle -45° \text{ V}$$

(2) 相量图如图 2-29 所示.

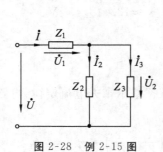

图 2-28 例 2-15 图　　　　图 2-29 相量图

2.6 正弦交流电路的功率

在 2.3 节中,分析了单一元件交流电路的功率,本节将讨论一般交流负载情况下的功率.

2.6.1 瞬时功率

一般负载的交流电路如图 2-30(a)所示.交流负载的端电压 u 和 i 之间存在相位差为 φ.φ 的正负、大小由负载具体情况确定.因此负载的端电压 u 和 i 之间的关系可表示为

$$i = \sqrt{2} I \sin \omega t, \quad u = \sqrt{2} U \sin(\omega t + \varphi)$$

负载的瞬时功率为

$$p = ui = \sqrt{2} U \sin(\omega t + \varphi) \sqrt{2} I \sin \omega t$$
$$= UI \cos \varphi - UI \cos(2\omega t + \varphi)$$

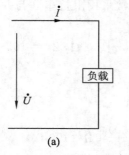
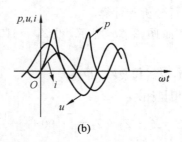

图 2-30 一般负载的交流电路和功率、电压、电流的波形图

瞬时功率是随时间变化的,变化曲线如图 2-30(b)所示. 可以看出瞬时功率有时为正, 有时为负. 正值时,表示负载从电源吸收功率;负值时,表示从负载中的储能元件(电感、电容)释放出能量送回电源.

2.6.2 有功功率(平均功率)和功率因数

上述瞬时功率的平均值称为平均功率,也叫有功功率,即

$$P=\frac{1}{T}\int_0^T p\mathrm{d}t=\frac{1}{T}\int_0^T [UI\cos\varphi-UI\cos(2\omega t+\varphi)]\mathrm{d}t=UI\cos\varphi \qquad (2\text{-}25)$$

上式表明,有功功率等于电路端电压有效值 U 和流过负载的电流有效值 I 的乘积,再乘以 $\cos\varphi$.

式(2-25)中 $\cos\varphi$ 称为功率因数,其值取决于电路中总的电压和电流的相位差. 由于一个交流负载总可以用一个等效复阻抗或复导纳来表示,因此它的阻抗角决定电路中的电压和电流的相位差,即 $\cos\varphi$ 中的 φ 也就是复阻抗的阻抗角.

由上述分析可知,在交流负载中只有电阻部分才消耗能量,在 RLC 串联电路中电阻 R 是耗能元件,则有 $P=U_R I=I^2 R$;在 RLC 并联电路中电阻 R 是耗能元件,则有 $P=UI_R=\dfrac{U^2}{R}$. 这些计算公式在分析和计算时常很有用.

有功功率是电路实际消耗的功率,可以用功率表测量.

2.6.3 无功功率

由于电路中有储能元件电感和电容,它们虽不消耗功率,但与电源之间要进行能量交换. 用无功功率 Q 表示这种能量交换的规模,对于任意一个无源二端网络的无功功率可定义为

$$Q=UI\sin\varphi \qquad (2\text{-}26)$$

式(2-26)中的 φ 角为电压和电流的相位差,也是电路等效复阻抗的阻抗角. 对于电感性电路,$\varphi>0$,则 $\sin\varphi>0$,无功功率 Q 为正值;对于电容性电路,$\varphi<0$,则 $\sin\varphi<0$,无功功率 Q 为负值.

在电路中既有电感元件又有电容元件时,无功功率相互补偿,它们在电路内部先相互交换一部分能量后,不足部分再与电源进行交换,则无源二端网络的无功功率为

$$Q=Q_L+Q_C \qquad (2\text{-}27)$$

上式表明,二端网络的无功功率是电感元件的无功功率与电容元件的无功功率的代数和. 式中的 Q_L 为正值,Q_C 为负值,Q 为一代数量,可正可负,单位为乏,符号为 var.

2.6.4 视在功率

在交流电路中,端电压与电流的有效值乘积称为视在功率,又称容量,用 S 表示. 即

$$S=UI \qquad (2\text{-}28)$$

视在功率的单位为伏·安(V·A)或千伏·安(kV·A).

虽然视在功率 S 具有功率的量纲,但它与有功功率和无功功率是有区别的. 视在功率 S 通常用来表示电气设备的容量. 容量说明了电气设备可能转换的最大功率. 电源设备如变压器、发电机等所发出的有功功率与负载的功率因数有关,不是一个常数,因此电源设备通常只用视在功率表示其容量,而不用有功功率表示.

交流电气设备的容量是按照预先设计的额定电压和额定电流来确定的,用额定视在功率 S_N 来表示,即

$$S_N = U_N I_N$$

交流电气设备应在额定电压 U_N 条件下工作,因此电气设备允许提供的电流为

$$I_N = \frac{S_N}{U_N}$$

可见设备的运行要受 U_N、I_N 的限制.

由上所述,有功功率 P、无功功率 Q、视在功率 S 三者之间存在如下关系:

$$P = UI\cos\varphi = S\cos\varphi, \quad Q = UI\sin\varphi = S\sin\varphi$$
$$S = \sqrt{P^2 + Q^2} = UI$$
$$\varphi = \arctan\frac{Q}{P}$$

(2-29)

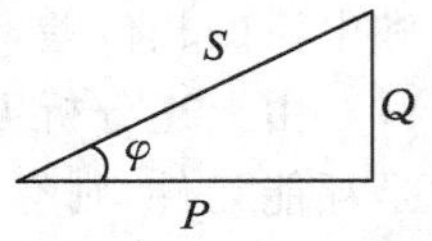

图 2-31 功率直角三角形

显然,S、P、Q 构成一个直角三角形,如图 2-31 所示. 此三角形成为功率直角三角形,它与同电路的电压三角形、阻抗三角形相似.

2.6.5 复功率

由上述可知,二端网络的有功功率、无功功率和视在功率存在联系,为了方便功率的计算,引入了复功率的概念. 为了区别一般的复数和相量,用 $\widetilde{S}$ 表示复功率,即为

$$\begin{aligned}
\widetilde{S} &= P + jQ = UI\cos\varphi + jUI\sin\varphi \\
&= UI\angle\varphi = UI\angle(\varphi_u - \varphi_i) = U\angle\varphi_u \times I\angle-\varphi_i \\
&= \dot{U}\dot{I}^*
\end{aligned}$$

(2-30)

式(2-30)中,$\dot{I}^*$ 为电流相量 $\dot{I}$ 的共轭复数. 复功率的单位也为伏·安(V·A). 复功率 $\widetilde{S}$ 不代表正弦量,也无物理意义,它只是一个辅助计算功率的复数.

显然,正弦交流电路中总的有功功率是电路中各部分有功功率之和. 总的无功功率是电路各部分无功功率之和,即有功功率和无功功率分别守恒. 电路中的复功率也守恒,但视在功率不守恒. 用公式表示如下:

$$\begin{aligned}
P &= P_1 + P_2 + \cdots \\
Q &= Q_1 + Q_2 + \cdots \\
S &\neq S_1 + S_2 + \cdots \\
S &= \sqrt{P^2 + Q^2},\ \cos\varphi = \frac{P}{S} \\
\widetilde{S} &= \widetilde{S}_1 + \widetilde{S}_2 + \cdots
\end{aligned}$$

(2-31)

例 2-16 设有一台有铁芯的工频加热炉,其额定功率为 100 kW,额定电压为 380 V,功率因数为 0.707.

(1) 设电炉在额定电压和额定功率下工作,求它的额定视在功率和无功功率;

(2) 设负载的等效电路由串联元件组成,求出它的等效 R 和 L.

解 (1) 由 $P_N = S_N \cos\varphi$,则

$$S_N = \frac{P_N}{\cos\varphi} = \frac{100}{0.707} \text{ kV} \cdot \text{A} \approx 141.4 \text{ kV} \cdot \text{A}$$

$$Q_N = S_N \sin\varphi = 141.4 \times 0.707 \text{ kvar} \approx 100 \text{ kvar}$$

(2) 由 $P_N = U_N I_N \cos\varphi$,则

$$I_N = \frac{P_N}{U_N \cos\varphi} = \frac{100 \times 10^3}{380 \times 0.707} \text{ A} \approx 372 \text{ A}$$

由 $P_N = I_N^2 R$,则等效电阻 R 为

$$R = \frac{P}{I_N^2} = \frac{100 \times 10^3}{372^2} \text{ Ω} \approx 0.72 \text{ Ω}$$

等效电感 L 为

$$|Z| = \frac{U_N}{I_N} \approx 1.02 \text{ Ω}, \quad X_L = \sqrt{|Z|^2 - R^2} = \sqrt{1.02^2 - 0.72^2} \text{ Ω} \approx 0.72 \text{ Ω}$$

$$L = \frac{X_L}{2\pi f} = \frac{0.72}{314} \text{ H} \approx 2.3 \text{ mH}$$

例 2-17 已知电路的阻抗 $Z = 6 + j8$ Ω,外加电压 $\dot{U} = 220\angle 0°$ V. 试求该电路的有功功率、无功功率、视在功率和功率因数.

解 由

$$\dot{I} = \frac{\dot{U}}{Z} = \left(\frac{220}{10}\angle 0° - 53.1°\right) \text{ Ω} = 22\angle -53.1° \text{ Ω}$$

$$P = I^2 R = 22^2 \times 6 \text{ W} = 2904 \text{ W}$$

$$Q = I^2 X_L = 22^2 \times 8 \text{ var} = 3872 \text{ var}$$

$$S = UI = 220 \times 22 \text{ V} \cdot \text{A} = 4840 \text{ V} \cdot \text{A}$$

$$\cos\varphi = \cos 53.1° = 0.6$$

例 2-18 如图 2-32 所示为利用三表法测线圈参数的实验. 已知电压表读数为 220 V,电流表读数为 5 A,功率表读数为 800 W,电源频率为 50 Hz. 求线圈的等效电阻 R 和电感 L.

解 由 $P = I^2 R$,得

$$R = \frac{P}{I^2} = \frac{800}{5^2} \text{Ω} = 32 \text{ Ω}$$

$$|Z| = \frac{U}{I} = \frac{220}{5} \text{Ω} = 44 \text{ Ω}$$

$$X_L = \sqrt{|Z|^2 - R^2} = \sqrt{44^2 - 32^2} \text{Ω} \approx 30.2 \text{ Ω}$$

$$X_L = 2\pi f L = 314 L, \quad L = \frac{30.2}{314} \text{H} \approx 0.1 \text{ H}$$

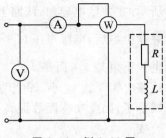

图 2-32 例 2-18 图

2.7 功率因数的提高

2.7.1 提高功率因数的意义

在交流电力系统中,负载多为感性.例如,常用的感应电动机、照明日光灯等,接上电源时,负载除了要从电源取得有功功率外,还要从电源取得建立磁场的能量,并与电源作周期性的能量交换.在交流电路中,负载从电源接受的有功功率 $P=S\cos\varphi$,因此运行中的电源设备发出的有功功率还取决于负载的功率因数.功率因数低会引起下列不良影响.

1. 电源设备的容量不能充分利用

电源设备如发电机、变压器等是按照它的额定电压与额定电流设计的.例如,一台容量为 $100 \text{ kV} \cdot \text{A}$,额定电压为 220 V 的单相变压器,若负载的功率因数为 1,则供给负载的有功功率为 100 kW;若从变压器向功率因数仅为 0.1 的负载供电,则有功功率仅为 $P=S\cos\varphi=100\times 0.1=10 \text{ kW}$.两种负载情况,变压器发出了同样的电压和电流,而有功功率相差 10 倍.显然功率因数越低,发电设备发出的视在功率就不能较多地形成有功功率供给负载,这样发电设备的能力就不能得到充分利用.

2. 输电线路的电压降和功率损失大

由式 $I=\dfrac{P}{U\cos\varphi}$ 知,在 P、U 一定时,$\cos\varphi$ 越小时,电流 I 必然增大.当电流 I 增大后,线路上的电压降也要增大,在电源电压一定时,负载的端电压将减小,这要影响负载的正常工作.同时,电流增加,线路中的功率损耗也要增加.从以上分析可知,提高功率因数具有重要意义.我国电力部门规定电力用户功率因数不应低于 0.9,否则影响供电.

2.7.2 提高功率因数的方法

提高功率因数就是在不改变感性负载原有电压、电流和功率的前提下,通过在感性负载两端并联电容来提高整个电路的功率.这样就可以使电感中的磁场能量与电容器的电场能量交换,从而减少电源与负载间能量的互换.具体电路及各电学量相量关系如图 2-33(a)所示.在并联电容前,线路上的电流 $\dot{I}$ 就是感性负载电流 $\dot{I}_L$,这时电路的功率因数是 $\cos\varphi_L$;并联电容后,电源电压 $\dot{U}$ 一定,感性负载中电流不变,电容支路中电流超前 $\dot{U}$ $\dfrac{\pi}{2}$.线路上的电流不再是 $\dot{I}_L$,而是 $\dot{I}_L$ 与 $\dot{I}_C$ 的相量和 $\dot{I}$.线路电流 $\dot{I}$ 滞后电压 $\dot{U}$ φ 角.从图 2-33(b)可知线路电流 I 比 I_L 小,即线路中总电流减小了,线路中的电流 $\dot{I}$ 与电压 $\dot{U}$ 之间的相位差 φ 角减小了,因此功率因数提高了.由于电容是不消耗能量的,因此并联电容后,有功功率并不改变.

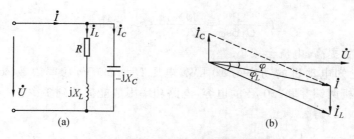

图 2-33 感性负载与电容器并联电路

由图 2-33(b)可得

$$I_C = I_L\sin\varphi_L - I\sin\varphi = \frac{P}{U\cos\varphi_L}\sin\varphi_L - \frac{P}{U\cos\varphi}\sin\varphi = \frac{P}{U}(\tan\varphi_L - \tan\varphi)$$

因为

$$I_C = \frac{U}{X_C} = \omega C U = \frac{P}{U}(\tan\varphi_L - \tan\varphi)$$

得

$$C = \frac{P}{\omega U^2}(\tan\varphi_L - \tan\varphi) \tag{2-32}$$

式(2-32)即为将原有功率因数 $\cos\varphi_L$ 提高到新的功率因数 $\cos\varphi$ 所需并联的电容值 C 的计算方法。如果电容选择适当，还可以使 $\varphi=0$，即 $\cos\varphi=1$。但是电容太大，也会使 I_C 电流过大，这时总电流相量 $\dot{I}$ 超前电压相量 $\dot{U}$，造成过补偿。过补偿太大，又会使功率因数变低。因此，必须合理地选择补偿电容器的容量。

提 示

供电部门对不同的用电大户，规定功率因数的指标分别为 0.9、0.85 或 0.8。凡功率因数达不到指标的新用户，供电局可拒绝供电。凡用户实际月平均功率因数超过或低于指标的，供电部门可按一定的百分比减收或增收电费。对长期低于指标又不增加无功补偿设备的用户，供电局可停止或限制供电。

例 2-19 一台工频变压器，额定容量为 100 kV·A，输出额定电压为 220 V，供给一组电感性负载，其功率因数为 0.5。要使功率因数提高到 0.9，求所需的电容量为多少？电容并联前，变压器满载。问并联电容前后输出电流各为多少？

解
$$P_N = S_N\cos\varphi_L = 100\times 0.5 \text{ kW} = 50 \text{ kW}$$
$$\cos\varphi_L = 0.5, \ \tan\varphi_L = 1.732$$
$$\cos\varphi = 0.9, \ \tan\varphi = 0.484, \ U = 220 \text{ V}, \ \omega = 2\pi f = 314$$

可得

$$C = \frac{P}{\omega U^2}(\tan\varphi_L - \tan\varphi) = \frac{50\times 10^3\times(1.732-0.484)}{314\times 220^2} \text{ F} \approx 4106 \text{ μF}$$

并联电容前，变压器输出电流为

$$I = I_L = \frac{P}{U\cos\varphi_L} = \frac{50\times 10^3}{220\times 0.5} \approx 454.5 \text{ A}$$

并联电容后，变压器输出电流为

$$I = \frac{P}{U\cos\varphi} = \frac{50 \times 10^3}{220 \times 0.9} \approx 252.5 \text{ A}$$

可见电路功率因数提高,电流会减小.

例 2-20 已知电动机的功率为 10 kW,电压 $U = 220$ V,功率因数 $\cos\varphi_L = 0.6$,$f = 50$ Hz,若在电动机两端并联 250 μF 的电容,电路功率因数能提高到多少?

解 由式(2-32)得

$$C = \frac{P}{\omega U^2}(\tan\varphi_L - \tan\varphi), \quad \cos\varphi_L = 0.6, \quad \tan\varphi_L = 1.33$$

$$\tan\varphi = 1.33 - \frac{314 \times 220^2 \times 250 \times 10^{-6}}{10 \times 10^3} \approx 1.33 - 0.38 = 0.95$$

则电路功率因数提高之后变为 $\cos\varphi = 0.72$.

2.8 电路的谐振

含有电感和电容元件的无源二端网络,在一定条件下,电路呈现电阻性,即网络的电压与电流为同相位,这种工作状态称为谐振.在工程技术中,对工作在谐振状态下的电路常称为谐振电路.谐振电路在电子技术中有着广泛的应用.例如,在收音机和电视机中,利用谐振电路的特性来选择所需的电台信号,抑制某些干扰信号.在电子测量仪器中,利用谐振电路的特性来测量线圈和电容器的参数等.

谐振电路可分为:RLC 串联电路发生的谐振称为串联谐振;RLC 并联电路及感性负载与电容并联电路发生的谐振称为并联谐振.本节重点讨论串联谐振电路、感性负载与电容并联的并联谐振电路.

2.8.1 串联电路的谐振

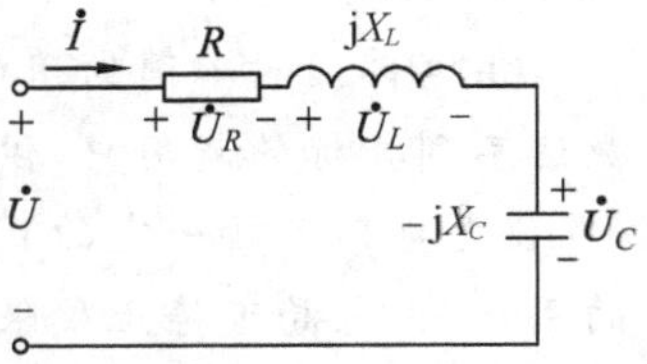

图 2-34 所示的 RLC 串联电路,在角频率为 ω 的正弦电压作用下,该电路的复阻抗为

图 2-34 串联谐振电路

$$Z = R + j(X_L - X_C) = R + j\left(\omega L - \frac{1}{\omega C}\right)$$

$$= R + jX = |Z|\angle\varphi \tag{2-33}$$

RLC 串联谐振

其中

$$\varphi = \arctan\frac{\omega L - \dfrac{1}{\omega C}}{R}$$

由以上分析可见,串联电路发生谐振的条件是

$$X_L = X_C \quad 即 \quad \omega L = \frac{1}{\omega C}$$

在电路参数 L、C 一定时,调节电源的频率使电路发生谐振时的角频率称为谐振角频率,用 ω_0 表示,则有

$$\omega_0 = \frac{1}{\sqrt{LC}} \tag{2-34}$$

相应的谐振频率为

$$f_0 = \frac{\omega_0}{2\pi} = \frac{1}{2\pi\sqrt{LC}} \qquad (2\text{-}35)$$

由式(2-35)可见,串联电路的谐振角频率和谐振频率取决于电路本身的参数,是电路所固有的,也称电路的固有角频率和固有频率.因此,当外加信号电压的频率等于电路的固有频率时,电路发生谐振.

在实际工作中,为了使电路对某频率的信号发生谐振,可以通过调节电路参数(L 或 C),使电路的固有频率和该信号频率相同.例如,收音机就是通过改变可变电容的方法,使接收电路对某一电台的发射频率发生谐振,从而接收该电台的广播节目.

RLC 串联电路处于谐振状态时,其有如下特点:

① 电路复阻抗 Z 就等于电路中的电阻 R,复阻抗的模达到最小值,即 $|Z|=R$.

② 在一定电压 U 作用下,电路中的电流 I 达到最大值,用 I_0 表示,并称为谐振电流.即

$$I_0 = \frac{U}{R}.$$

③ 串联谐振时,各元件上的电压分别为

$$U_R = I_0 R = \frac{U}{R} \times R = U$$

即电阻上的电压就是电源电压 U.

$$U_L = U_C = I_0 X_L = I_0 X_C = \frac{\omega_0 L}{R} U = \frac{1}{\omega_0 CR} U$$

RLC 串联谐振（动画）

取 $Q_P = \frac{\omega_0 L}{R} = \frac{1}{\omega_0 CR}$,称为谐振电路的品质因数. Q_P 是一个仅与电路参数有关的常数.由于一般线圈的电阻较小,因此 Q_P 值往往很高.质量较好的线圈, Q_P 值可高达 $200 \sim 300$.这样,即使外加电压不高,谐振时,电感或电容的端电压仍然会很高.因此,串联谐振也称为电压谐振.

串联谐振时的电压、电流相量图如图 2-35 所示.

例 2-21 已知一 RLC 串联电路, $R=4\ \Omega$, $L=300\ \text{mH}$, $C=3.38\ \mu\text{F}$,电源电压为 $1\ \text{V}$.试计算 f_0、I_0、Q 以及谐振时各个元件的电压、电路消耗的功率.

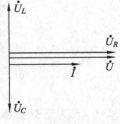

图 2-35 串联谐振电路的相量图

解 $f_0 = \frac{1}{2\pi\sqrt{LC}} = \frac{1}{2\times 3.14 \times \sqrt{300\times 10^{-3}\times 3.38\times 10^{-6}}}\ \text{Hz} \approx 159.2\ \text{Hz}$

$$I_0 = \frac{U}{R} = \frac{1}{4}\ \text{A} = 0.25\ \text{A}$$

$$X_L = \omega_0 L = 2\pi f_0 L = 2\times 3.14 \times 159.2 \times 300 \times 10^{-3}\ \Omega \approx 300\ \Omega$$

$$Q_P = \frac{X_L}{R} = \frac{300}{4} = 75$$

$$U_R = U = 1\ \text{V}$$

$$U_L = U_C = Q_P U = 75\ \text{V}$$

$$P = UI_0 = 0.25\ \text{W}$$

例 2-22 某收音机的输入回路,可简化为由一电阻元件、电感元件及可变电容元件串联组成的电路,已知电感 $L=300\ \mu H$,今欲接收中央人民广播电台中波信号,其频率范围为 $525\sim1605\ kHz$. 试求电容 C 的变化范围.

解 由式(2-34)可得

$$C=\frac{1}{(2\pi f_0)^2 L}$$

当 $f_{01}=525\ kHz$ 时,电路谐振,则

$$C_1=\frac{1}{(2\times 3.14\times 525\times 10^3)^2\times 300\times 10^{-6}}\approx 306\ pF$$

当 $f_{02}=1605\ kHz$ 时,电路谐振,则

$$C_2=\frac{1}{(2\times 3.14\times 1605\times 10^3)^2\times 300\times 10^{-6}}\approx 32.8\ pF$$

因此 C 的变化范围为 $32.8\sim 306\ pF$.

2.8.2 并联电路的谐振

串联谐振电路适用于电源低内阻的情况. 如果电源内阻很大,采用串联谐振电路将严重地降低回路的品质因数,从而使电路的选择性变坏,因此宜采用并联谐振电路.

由 RLC 并联电路发生的谐振现象称为并联谐振. 如图 2-36 所示,并联电路的等效复导纳为

$$Y=G-jB=G+j\left(\omega C-\frac{1}{\omega L}\right)$$

该电路发生谐振的条件为

$$\omega_0 C=\frac{1}{\omega_0 L}$$

则

$$\omega_0=\frac{1}{\sqrt{LC}},\quad f_0=\frac{1}{2\pi\sqrt{LC}}$$

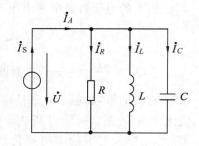

图 2-36 并联谐振电路

式中,f_0 为谐振频率,与串联电路谐振条件相同. 并联谐振时,复导纳最小,为 $Y=G=\frac{1}{R}$,在一定幅值的电流源 I_S 作用下,电路的端电压为最大值,即 $U=\frac{I_S}{G}$.

实际应用中是电感线圈和电容器组成的并联谐振电路. 在不考虑电容器的介质损耗时,该并联装置的电路模型如图 2-37(a)所示. 电路的复导纳为

$$Y=\frac{1}{R+j\omega L}+j\omega C=\frac{R}{R^2+(\omega L)^2}-j\frac{\omega L}{R^2+(\omega L)^2}+j\omega C$$

电路谐振时,复导纳的虚部应为零,即

$$C=\frac{L}{R^2+(\omega L)^2}$$

谐振角频率为

$$\omega_0=\sqrt{\frac{1}{LC}-\left(\frac{R}{L}\right)^2} \tag{2-36}$$

第2章 单相正弦交流电路的稳态分析

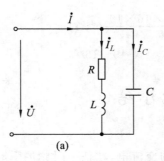
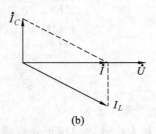

图 2-37 感性负载与电容并联电路

当线圈电阻 R 很小时,$\dfrac{R}{L}$ 可忽略,则谐振角频率 ω_0 与前面介绍的是一致的.并联电路的品质因数 Q_P 仍定义为在谐振时电路的感抗值或容抗值与电路的总电阻的比值.即

$$Q_P = \frac{\omega_0 L}{R} = \frac{1}{\omega_0 CR}$$

并联谐振具有如下特征:
① 谐振时,电路阻抗为纯电阻性,电路端电压与电流同相.
② 谐振时,电路阻抗为最大值,电路电流最小.
谐振阻抗模值为

$$|Z_0| = \frac{L}{RC}$$

其值一般为几十至几百千欧.
由

$$I_0 = \frac{U}{|Z_0|}$$

知 $|Z_0|$ 最大,则 I_0 最小.
③ 谐振时,电感支路电流与电容支路电流近似相等并为电路总电流的 Q_P 倍.
电感支路和电容支路的电流分别为

$$I_{C0} = \frac{U_0}{\dfrac{1}{\omega_0 C}} = I_0 Q_P, \quad I_{L0} = \frac{U_0}{\sqrt{R^2 + (\omega_0 L)^2}} \approx \frac{U_0}{\omega_0 L} = Q_P I_0$$

由于 $Q_P \gg 1$,则 $I_{C0} = I_{L0} \gg I_0$,因此并联谐振又称为电流谐振.
图 2-37(b)为并联谐振电路电压、电流的相量图.

例 2-23 由 $R=40\ \Omega$、$L=16\ \text{mH}$ 的电感线圈和 $C=100\ \text{pF}$ 的电容器组成并联谐振电路.求谐振角频率、电路的品质因数.若电源采用 $\dot{I}_S = 1\angle 0°\ \text{mA}$ 的电流源供电,求通过电容的电流.

解 $X_L = \sqrt{\dfrac{L}{C}} = \sqrt{\dfrac{16 \times 10^{-3}}{100 \times 10^{-12}}}\ \Omega = \sqrt{160 \times 10^6}\ \Omega \approx 12.6\ \text{k}\Omega$

电路满足 $R \ll X_L$ 的条件,故谐振角频率为

$$\omega_0 \approx \frac{1}{\sqrt{LC}} = \frac{1}{\sqrt{16 \times 10^{-3} \times 100 \times 10^{-12}}}\ \text{rad/s} = 790.5 \times 10^3\ \text{rad/s}$$

$$Q_P = \frac{\omega_0 L}{R} = \frac{790.5 \times 10^3 \times 16 \times 10^{-3}}{40} \approx 316$$

$$I_C = QI_S = 316 \times 1 \times 10^{-3} \text{ A} = 0.316 \text{ A}$$

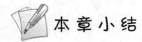 本章小结

1. 正弦交流电及三要素

正弦交流电是大小和方向按正弦规律变化的交流电,在任一时刻的瞬时值 i 或 u 是由幅值、角频率和初相位这三个特征量即正弦量的三要素确定的. 可以用瞬时值三角函数式、正弦波形图、相量式及相量图四种方式来表示正弦交流电. 四种表达方式各有所长,应按具体情况而定,但最常用的是相量表示法.

2. 相量表示法

由于正弦交流电频率一定,只要确定幅值和初相位,其瞬时值即确定了. 因此用具有幅值和初相位的相量(复数)即可表示正弦量的瞬时值. 在电工技术中常用有效值表示正弦量的大小. 正弦量有效值的相量形式可表示为

$$\dot{I} = I \angle \varphi = I \mathrm{e}^{\mathrm{j}\varphi}$$

正弦量用相量表示后,就可以根据复数的运算关系来进行运算,即将正弦量的和差运算换成复数的和差运算.

相量还可以用相量图表示. 相量图能形象、直观地表示各电学量的大小和相位的关系,并可以用相量图的几何关系求解电路. 只有同频率正弦量才能画在同一个相量图中.

相量与正弦量之间是一一对应的关系,它们之间是一种表示关系,而不是相等关系.

3. 单一参数的正弦交流电路

单一参数的交流电路,是交流电路分析的基础. 电阻、电感和电容的交流电路的电压和电流关系在表 2-1 中进行了小结.

表 2-1 电阻、电感和电容元件的性质及其电压和电流的关系

电路元件		电阻 R	电感 L	电容 C
元件性质		R 为耗能元件,电能与热能间转换	L 为储能元件,电能与磁场能间转换	C 为储能元件,电能与电场能间转换
频率特性		R 与频率无关	感抗与频率成正比	容抗与频率成反比
电压与电流的关系	瞬时值	$u_R = iR$	$u_L = L\dfrac{\mathrm{d}i}{\mathrm{d}t}$	$i = C\dfrac{\mathrm{d}u_C}{\mathrm{d}t}$
	有效值	$U_R = IR$	$U_L = IX_L$	$U_C = IX_C$
	相量关系	$\dot{U}_R = \dot{I}R$	$\dot{U}_L = \mathrm{j}\dot{I}X_L$	$\dot{U}_C = -\mathrm{j}\dot{I}X_C$
有功功率		$P = UI = I^2 R$	0	0
无功功率		0	$Q_L = I^2 X_L$	$Q_C = U_C I = I^2 X_C$

4. RLC 串联电路和并联电路

在分析 RLC 串联电路时,由 KVL 的相量形式可导出相量形式的欧姆定律,即 $\dot{U} = \dot{I}Z$. 阻抗 Z 是推导出的参数,它可表示为

$$Z = \frac{\dot{U}}{\dot{I}} = R + jX = |Z| \angle \varphi$$

其中 R 为电路的电阻,$X = X_L - X_C$ 为电路的电抗,复阻抗的模 $|Z|$ 称为电路的总阻抗. 其辐角 φ 称为阻抗角,也是电路总电压与电流之间的相位差. $|Z|$、φ 与电路参数的关系为

$$|Z| = \sqrt{R^2 + X^2}, \quad \varphi = \arctan \frac{X}{R}$$

它们之间的数值关系可用阻抗三角形来表示.

当 $\varphi > 0$ 时,电路呈电感性;当 $\varphi < 0$ 时,电路呈电容性;当 $\varphi = 0$ 时,电路呈电阻性,此时电路发生串联谐振.

在对 RLC 并联电路进行分析时,应用 KCL 的相量式,也可用电路等效复导纳来描述,即 $\dot{I} = Y\dot{U}$. 复导纳可表示为

$$Y = G - jB = |Y| \angle \varphi_y$$

其中 $G = \dfrac{1}{R}$ 为电路的电导,$B = B_L - B_C$ 为电路的电纳. 复导纳的模 $|Y|$ 为电路的导纳,其辐角为 φ_y,称为导纳角,也是电路总电流与电压的相位差. 阻抗角与导纳角的大小相等,符号相反.

5. 有功功率、无功功率、视在功率、功率因数

正弦交流电路吸收的有功功率用 P 来表示,$P = UI\cos\varphi$,$\cos\varphi$ 称为功率因数.

反映电路与电源之间能量交换规模的物理量用无功功率 Q 来表示,$Q = UI\sin\varphi$. 电感元件的 Q 为正数,电容元件的 Q 为负数.

视在功率 $S = UI = \sqrt{P^2 + Q^2}$. P、Q 与 S 可用功率三角形来表示.

功率因数 $\cos\varphi$ 的大小取决于负载本身的性质. 提高电路的功率因数对充分发挥电源设备的潜力、减少线路的损耗有重要意义. 在感性负载两端并联适当的电容元件可以提高电路的功率因数,并联电容后,负载的端电压和负载吸收的有功功率不变,而电路上电流的无功分量减少了,总电流也减少了.

6. 谐振

在含有电感和电容元件的电路中,总电压相量和总电流相量同相时,电路就发生谐振. 按发生谐振的电路不同,可分为串联谐振和并联谐振.

RLC 串联谐振时,电路阻抗最小,电流最大,谐振频率为 $f_0 = \dfrac{1}{2\pi\sqrt{LC}}$,电路呈电阻性,品质因数 $Q_P = \dfrac{\omega_0 L}{R} = \dfrac{1}{\omega_0 CR}$,$U_L = U_C = Q_P U$,因此串联谐振又称为电压谐振.

感性负载与电容元件并联谐振时,电路阻抗最大,总电流最小,电路呈电阻性,$I_{C0} = I_{L0} = Q_P I$,因此并联谐振又称为电流谐振.

无论是串联谐振还是并联谐振,电源提供的能量全部是有功功率,并全被电阻所消耗. 无功能量互换仅在电感与电容元件之间进行.

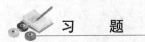

习 题

2.1 今有一正弦交流电压 $u = 311\sin\left(314t + \dfrac{\pi}{4}\right)$ V. 求其角频率、频率、周期、幅值和初

相位. 并求当 $t=0$ 时 u 的值; 当 $t=0.01$ s 时 u 的值.

2.2 判断下列各组正弦量哪个超前, 哪个滞后? 相位差等于多少?

(1) $i_1=8\sin(\omega t+60°)$ A, $i_2=12\sin(\omega t+75°)$ A;

(2) $u_1=120\sin(\omega t-45°)$ V, $u_2=220\sin(\omega t+120°)$ V;

(3) $u_1=U_{1m}\sin(\omega t-30°)$ V, $u_2=U_{2m}\sin(\omega t-70°)$ V.

2.3 将下列各正弦量用相量形式表示.

(1) $u=110\sin 314t$ V;

(2) $u=20\sqrt{2}\sin(628t-30°)$ V;

(3) $i=5\sin(100\pi t-60°)$ A;

(4) $i=50\sqrt{2}\sin(1000t+90°)$ A.

2.4 把下列各电压相量和电流相量转换为瞬时值函数式 (设 $f=50$ Hz).

(1) $\dot{U}=100e^{j30°}$ V, $\dot{I}=5e^{-j45°}$ A;

(2) $\dot{U}=200\angle 45°$ V, $\dot{I}=\sqrt{2}\angle -30°$ A;

(3) $\dot{U}=(60+j80)$ V, $\dot{I}=(-1+j2)$ A.

2.5 指出下列各式的错误, 并加以改正.

(1) $u=100\sin(\omega t-30°)$ V$=100e^{-j30°}$ V;

(2) $I=10\angle 45°$ A;

(3) $\dot{I}=20e^{60°}$ A.

2.6 试求下列两正弦电压之和 $u=u_1+u_2$ 及之差 $u=u_1-u_2$, 并画出对应的相量图:

$$u_1=100\sqrt{2}\sin\left(\omega t+\frac{\pi}{3}\right) \text{V}, \quad u_2=150\sqrt{2}\sin(\omega t-30°) \text{V}$$

2.7 如图 2-38 所示相量图, 已知 $U=100$ V, $I_1=5$ A, $I_2=5\sqrt{2}$ A, 角频率为 628 rad/s, 试写出各正弦量的瞬时值表达式及相量.

2.8 在 50 Ω 的电阻上加上 $u=50\sqrt{2}\sin(1\,000t+30°)$ V 的电压, 写出通过电阻的电流瞬时值表达式, 并求电阻消耗功率的大小, 且画出电压和电流的相量图.

2.9 已知一线圈通过 50 Hz 电流时, 其感抗为 10 Ω, 试问电源频率为 10 kHz 时, 其感抗为多少?

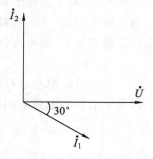

图 2-38 习题 2.7 图

2.10 具有电感 80 mH 的电路上, 外加电压 $u=170\sin 314t$ V, 选定 u、i 参考方向一致时, 写出电流的解析式、电感的无功功率, 并作出电流与电压的相量图.

2.11 电容为 20 μF 的电容器, 接在电压 $u=600\sin 314t$ V 的电源上, 写出电流的瞬时值表达式, 计算无功功率, 并画出电压与电流的相量图.

2.12 如图 2-39 所示电路中, 电压表 V_1、V_2、V_3 的读数都是 50 V, 试求电路中电压表 V 的读数.

2.13 已知一电阻和电感串联电路, 接到 $u=220\sqrt{2}\sin(314t+30°)$ V 的电源上, 电流 $i=5\sqrt{2}\sin(314t-15°)$ A, 试求电阻 R、电感 L 和有功功率 P.

2.14 日光灯的等效电路如图2-40所示,已知灯管电阻 $R_1=280\,\Omega$,镇流器的电阻 $R=20\,\Omega$,电感 $L=1.65\,\text{H}$,电源电压为 220 V,频率为 50 Hz,求电路电流 I 及各部分电压 U_1、U_2.

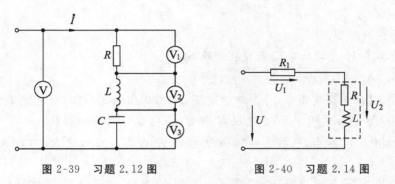

图 2-39 习题 2.12 图   图 2-40 习题 2.14 图

2.15 将电阻 $R=30\,\Omega$、电感 $L=4.78\,\text{mH}$ 的串联电路接到 $u=220\sqrt{2}\sin(314t+30°)$ V 的电源上,求 i、P、Q 及 S.

2.16 如图 2-41 所示,如果电容 $C=0.1\,\mu\text{F}$,输入电压 $U_1=10\,\text{V}$,$f=50\,\text{Hz}$,要使输出电压 U_2 较输入电压 U_1 滞后 60°,问输出电压 U_2、电阻 R 应为多少?

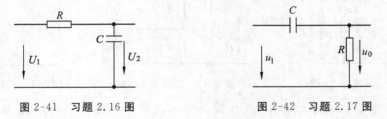

图 2-41 习题 2.16 图   图 2-42 习题 2.17 图

2.17 如图 2-42 所示电路中,已知 $u_1=10\sqrt{2}\sin(2\pi\times1180t)$ V,$R=5.1\,\text{k}\Omega$,$C=0.01\,\mu\text{F}$.试求:

(1) 输出电压 u_0;

(2) 输出电压较输入电压超前的相位差;

(3) 如果电源频率增高,输出电压比输入电压超前的相位差是增大还是减少?

2.18 一电阻与一电抗相串联,已知外加电压 $u=100\sin(314t+15°)$ V,电流为 $i=5\sin(314t+45°)$ A,求电阻 R 与电抗 X,说明电路呈感性还是容性.

2.19 如图 2-43 所示电路中,根据(a)、(b)、(c)三幅图的条件,试分别求出 A_0 表和 V_0 表上的读数,并作出相量图.

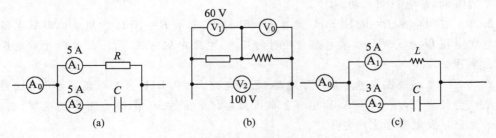

图 2-43 习题 2.19 图

2.20 一个 $100\,\Omega$ 的电阻、一个 $20\,\mu\text{F}$ 的电容与一个 $2\,\text{H}$ 的电感串联,问电源频率为多少时,电压与电流相量的相位差为 $30°$.

2.21 在 RLC 串联电路中,已知电路电流 $I=1\,\text{A}$,各电压为 $U_R=15\,\text{V}$,$U_L=60\,\text{V}$,$U_C=80\,\text{V}$. 求:

(1) 电路总电压 U;

(2) 有功功率 P、无功功率 Q 及视在功率 S;

(3) R、X_L、X_C.

2.22 在 RLC 串联电路中,已知外加电压 $u=220\sqrt{2}\sin 314t\,\text{V}$,当电流 $I=10\,\text{A}$ 时,电路功率 $P=200\,\text{W}$,$U_C=80\,\text{V}$. 试求电阻 R、电感 L、电容 C 及功率因数.

2.23 如图 2-44 所示,已知 $I_1=10\,\text{A}$,$I_2=10\sqrt{2}\,\text{A}$,$U_1=200\,\text{V}$,$R=5\,\Omega$,$R_2=X_L$. 试求 I、X_C、X_L.

2.24 如图 2-45 所示电路中,线圈 Z 与电阻 R 串联,电压表的读数 $U=20\,\text{V}$,$U_1=15\,\text{V}$,$U_2=12\,\text{V}$,$R=120\,\Omega$. 求电路中消耗的有功功率.

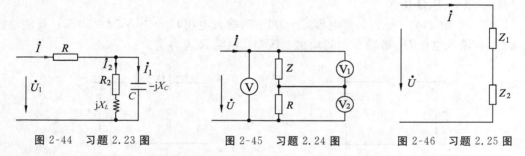

图 2-44 习题 2.23 图　　图 2-45 习题 2.24 图　　图 2-46 习题 2.25 图

2.25 如图 2-46 所示电路中,已知 $\dot{U}=50\angle 4°\,\text{V}$,$\dot{I}=2.5\angle -15°\,\text{A}$,$Z_1=5-\text{j}8\,\Omega$,求 Z_2.

2.26 有一台单相异步电动机,输入功率为 $1.21\,\text{kW}$,再接入 $220\,\text{V}$ 的工频交流电源上,通入电动机的电流为 $11\,\text{A}$,试计算电动机的功率因数. 要把电路的功率因数提高到 0.9,问应该与电动机并联多大电容量的电容器?并联电容器后,电动机的功率因数、电动机中的电流、线路中的电流及电路的有功功率和无功功率有无变化?

2.27 某车间有三个感性负载并联在 $220\,\text{V}$ 降压变压器上,已知 $P_1=2\,\text{kW}$,$\cos\varphi_1=0.65$;$P_2=1.5\,\text{kW}$,$\cos\varphi_2=0.6$;$P_3=1\,\text{kW}$,$\cos\varphi_3=0.866$. 求总的复功率,应选用多大容量的变压器?如把整个电路的功率因数提高到 0.9,应并联多大电容器?变压器容量应选多大?

2.28 一负载的视在功率为 $20\,\text{kV}\cdot\text{A}$,$\cos\varphi=0.8(\varphi>0)$,当一电阻炉与之并联时,功率因数为 0.85,求电阻炉的功率.

2.29 在由电感 $L=0.13\,\text{mH}$、电容 $C=588\,\text{pF}$、电阻 $R=10\,\Omega$ 所组成的串联电路中,已知电源电压 $U_S=5\,\text{mV}$. 试求电路谐振时的频率、电路中的电流、元件 L 和 C 上的电压、电路的品质因数.

2.30 一电感线圈与电容器串联电路,已知电感 $L=0.1\,\text{H}$,当电源频率为 $50\,\text{Hz}$ 时,电路中电流为最大值,$I_0=0.5\,\text{A}$,而电容上电压为电源电压的 30 倍. 求电容器的电容、电感线圈上的电阻以及电容器上的电压.

2.31 如图 2-47 所示电路中,$I_1=I_2=10\,\text{A}$,$U=100\,\text{V}$,$\dot{U}$ 与 $\dot{I}$ 同相,试求 I、R、X_C、X_L.

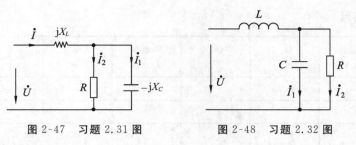

图 2-47　习题 2.31 图　　　　图 2-48　习题 2.32 图

2.32　如图 2-48 所示电路,在谐振时 $I_1=I_2=5$ A,$U=50$ V,求 R、X_L 及 X_C.

技能训练 2　日光灯电路和功率因数的提高

一、实验目的

1. 了解日光灯电路的组成及基本工作原理,掌握其安装方法.
2. 研究并联于感性负载的电容 C 对提高功率因数的影响.

二、实验设备（型号、规格同前）

交流电压表一只、交流电流表一只、功率表一只、电容箱一只、日光灯套件一套.

日光灯电路与功率因数的提高(动画)

三、实验内容和步骤

1. 按图 2-49 接线并经检查后,接通电源,电压增加至 220 V.

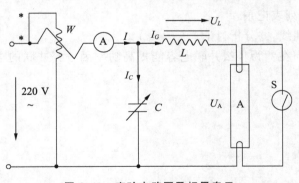

日光灯电路分析

图 2-49　实验电路图及相量表示

2. 改变可变电容箱的电容值,先使 $C=0$,测日光灯单元(灯管、镇流器)二端的电压及电源电压,读取此时的电流及功率表读数 P.

3. 逐渐增加电容 C 的数值,测量各支路的电流和总电流.当电容值超过 6 μF 时,会出现过补偿,请同学们仔细观察.

4. 绘出 $I=f(C)$ 的曲线,并分析讨论.

四、实验结果

电容/μF	总电压 U/V	U_L/V	U_A/V	总电流 I/mA	功率 P/W	$\cos\varphi$	相位角 φ
0							
0.47							
1.0							
1.47							
2.0							
3.0							
4.0							
4.47							
5.0							
5.47							
6.0							
7.0							
8.0							

五、实验报告

1. 完成上述数据测试,并列表记录.
2. 绘出总电流 $I=f(C)$ 曲线,并分析讨论.
3. 提高功率因数的意义何在?为什么并联电容能提高功率因数?并联的电容 C 是否越大越好?

第 3 章　三相正弦交流电路及其应用

第 2 章所研究的正弦交流电路为单相交流电路.日常生活和生产中的用电,基本上是由三相交流电源供给的,至于 220 V 单相交流电,实际上是三相交流发电机发出来的三相交流电中的一相.因此,三相电路可以看成是由三个频率相同但相位不同的单相电源的组合.对本章研究的三相电路而言,前面讨论的单相电流电路的所有分析和计算方法完全适用.

本章重点介绍三相电源的连接及三相四线制的概念,对称三相电路的分析与计算方法以及三相电路功率的分析.

3.1　三相对称电源

3.1.1　三相电源的知识

1. 三相电动势的产生

三相正弦交流电压是由三相交流发电机产生的.在三相交流发电机中,若定子中放三个线圈(绕组):$A \to X$、$B \to Y$、$C \to Z$,由首端(起始端)指向末端,三线圈空间位置各差 $120°$,转子装有磁极并以 ω 的速度旋转,则在三个线圈中便产生三个单相电动势.每一个绕组称为一相,合称三相绕组,分别称为 A 相、B 相和 C 相绕组,如图 3-1 所示.三相绕组的始端分别用 A、B、C 表示,末端分别用 X、Y、Z 表示.

三相对称交流电源

2. 对称三相电源电压

振幅相等、频率相同、在相位上彼此相差 $120°$ 的三个电动势称为对称三相电动势.三相线圈首末端间电压称为三相对称电源电压,其瞬时值的数学表达式为

$$\begin{cases} u_A = U_m \sin \omega t \\ u_B = U_m \sin(\omega t - 120°) \\ u_C = U_m \sin(\omega t + 120°) \end{cases}$$

式中 U_m 为每相电源电压的最大值.

若以 A 相电压 U_A 作为参考,则三相电压的相量形式为

$$\begin{cases} \dot{U}_A = U_m \angle 0° \\ \dot{U}_B = U_m \angle -120° \\ \dot{U}_C = U_m \angle 120° \end{cases}$$

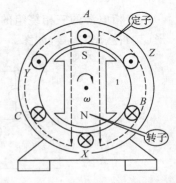

图 3-1　三相对称电动势的产生

其波形图如图 3-2 所示,相量图如图 3-3 所示.

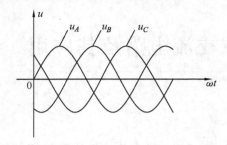
图 3-2 对称三相电源的波形图

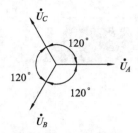
图 3-3 对称三相电源电压相量图

由图 3-3 可以看出:三相对称电压满足 $\dot{U}_A+\dot{U}_B+\dot{U}_C=0$,即三相对称电压的相量之和为零.通常三相发电机产生的都是三相对称电压.本书今后若无特殊说明,提到三相电源时均指三相对称电源.

三相对称电源电压有效值相等、频率相同、各相之间的相位差为 120°.

3. 相序

三相电源电压达到最大值(振幅)的先后次序叫作相序. u_A 比 u_B 超前 120°, u_B 比 u_C 超前 120°,这种相序称为正相序或顺相序,即 $A-B-C-A\cdots$;反之,如果三相电的变化顺序是 $A-C-B-A\cdots$,称这种相序为负相序或逆相序.

相序是一个十分重要的概念,为使电力系统能够安全可靠地运行,通常统一规定技术标准,一般在配电盘上用黄色标出 A 相,用绿色标出 B 相,用红色标出 C 相.

提 示

现在三相电除了用 A、B、C 表示外,还可以用 U、V、W 来表示.

3.1.2 三相电源的连接

三相电源的三相绕组的连接方式有两种:一种是星形(又叫 Y 形)连接,另一种是三角形(又叫 △ 形)连接,如图 3-4 所示.

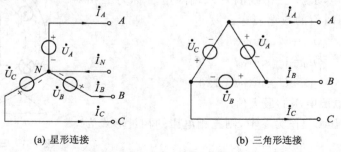

(a) 星形连接　　　　　　　　　(b) 三角形连接

图 3-4 三相电源的两种连接方式

1. 三相电源的星形连接

图 3-4(a)所示的星形连接中,星形公共连结点 N 叫作中点,从中点引出的导线称为中线或零线,从端点 A、B、C 引出的三根导线称为端线或相线,俗称火线,这种由三根火线和一根中线向外供电的方式称为三相四线制供电方式(通常在低压配电中采用).除了三相四线制连接方式以外,其他连接方式均属三相三线制.

端线之间的电压称为线电压,分别用 $\dot{U}_{AB}$、$\dot{U}_{BC}$、$\dot{U}_{CA}$ 表示,其值常用 U_L 表示.每一相线与中线间的电压称为相电压,分别为 $\dot{U}_A$、$\dot{U}_B$、$\dot{U}_C$,通常用 U_P 表示.

根据分析,星形连接中各线电压 U_L 与对应的相电压 U_P 的相量关系如下:

$$\begin{cases} \dot{U}_{AB}=\dot{U}_A-\dot{U}_B=\sqrt{3}\dot{U}_A\angle 30° \\ \dot{U}_{BC}=\dot{U}_B-\dot{U}_C=\sqrt{3}\dot{U}_B\angle 30° \\ \dot{U}_{CA}=\dot{U}_C-\dot{U}_A=\sqrt{3}\dot{U}_C\angle 30° \end{cases}$$

即各线电压 U_L 相位均超前其对应的相电压 U_P 相位 $30°$,且满足 $U_L=\sqrt{3}U_P$.

线电压和相电压的相量关系如图 3-5 所示.

结论:① 三相四线制的相电压和线电压都是对称的.

② 线电压是相电压的 $\sqrt{3}$ 倍,线电压的相位超前对应的相电压 $30°$.

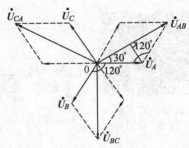

图 3-5 三相电源星形连接时电压相量图

提示

我国低压三相四线制供电系统中,电源相电压有效值为 220 V,线电压有效值为 380 V.

2. 三相电源的三角形连接

图 3-4(b)所示的三角形连接中,是把三相电源依次按首末端连接成一个回路,再从端子 A、B、C 引出导线.三角形连接的三相电源的相电压和线电压相等,即

$$\dot{U}_{AB}=\dot{U}_A, \dot{U}_{BC}=\dot{U}_B, \dot{U}_{CA}=\dot{U}_C$$

这种没有中线、只有三根相线的输电方式叫作三相三线制.

特别需要注意的是,在工业用电系统中如果只引出三根导线(三相三线制),那么就都是火线(没有中线),这时所说的三相电压大小均指线电压 U_L;而民用电源则需要引出中线,所说的电压大小均指相电压 U_P.

例 3-1 已知发电机三相绕组产生的电压大小均为 $U=220$ V.试求:

(1) 三相电源为 Y 形接法时的相电压 U_P 与线电压 U_L;

(2) 三相电源为△形接法时的相电压 U_P 与线电压 U_L.

解 (1) 三相电源 Y 形接法:

相电压　$U_P=U=220$ V,

线电压　$U_L=\sqrt{3}U_P=380$ V.

(2) 三相电源△形接法:

相电压　$U_P=U=220$ V,

线电压　$U_L = U_P = 220$ V.

3.2 三相负载的星形连接

三相负载可以是三相负载,如三相交流电动机等,也可以是单向负载的组合,如电灯.对于三相线路而言,一般单相负载应该尽量均匀分布在各相上.至于连接在火线与零线之间还是连接在两根火线之间,取决于负载的额定电压.三相负载接入电路的原则是:按对称原则,电源加在负载上的电压要等于负载额定电压.三相负载的三个接线端总与三根火线相连,对于三相电动机而言,负载的连接形式由内部结构决定.三相负载的连接方式也有两种:星形连接和三角形连接.根据三相电源与负载的不同连接方式可以组成 Y－Y[图 3-6(a)]、Y－△[图 3-6(b)]、△－Y、△－△连接的三相电路.本节主要介绍 Y－Y 连接方式.

三相负载星形连接(动画)

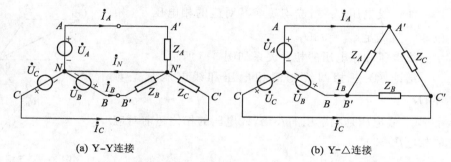

(a) Y-Y连接　　　　　　　　(b) Y-△连接

图 3-6　电源与负载的不同连接方式

三相负载中的相电压和线电压、相电流和线电流的定义为:相电压、相电流是指各相负载的电压、电流.三相负载的三个端子 A'、B'、C' 向外引出的导线中的电流称为电路的线电流,任意两个端子之间的电压称为负载的线电压.

1. 连接方式

在三相四线制系统中,三相电源的一根相线和零线之间的电压(相电压)为 220 V.负载如果接成图 3-6(a)的形式,则每相负载的电压为 220 V,这种接法称为星形连接.如图 3-6(a)所示,Z_A、Z_B、Z_C 表示三相负载,若 $Z_A = Z_B = Z_C = Z$,称其为对称负载;否则,称其为不对称负载.三相电路中,若电源和负载都对称,称为三相对称电路.

2. 电路计算

在三相四线制星形电路中,负载相电流等于对应的线电流,如果忽略导线阻抗,则各相电流为

$$\begin{cases} \dot{I}_A = \dfrac{\dot{U}'_A}{Z_A} = \dfrac{\dot{U}_A}{Z_A} \\ \dot{I}_B = \dfrac{\dot{U}'_B}{Z_B} = \dfrac{\dot{U}_B}{Z_B} \\ \dot{I}_C = \dfrac{\dot{U}'_C}{Z_C} = \dfrac{\dot{U}_C}{Z_C} \end{cases}$$

所谓三相负载对称,即 $Z_A = Z_B = Z_C = Z$,包含 $|Z_A| = |Z_B| = |Z_C| = |Z|$ 和 $\varphi_A = \varphi_B = \varphi_C = \varphi$,也就是各相的负载数值及性质均相同.

如果作星形连结的三相负载对称,则有

$$\dot{I}_A = \frac{\dot{U}_A}{Z} = \frac{\dot{U}_B}{|Z|} \angle -\varphi$$

$$\dot{I}_B = \frac{\dot{U}_B}{Z} = \frac{\dot{U}_B}{|Z|} \angle -\varphi$$

$$\dot{I}_C = \frac{\dot{U}_C}{Z} = \frac{\dot{U}_C}{|Z|} \angle -\varphi$$

三相负载星形
连接(仿真)

故三相电流也是对称的.这时只需算出任一相电流,便可知另外两相的电流.

三相负载对称时,中性线电流

$$\dot{I}_N = \dot{I}_A + \dot{I}_B + \dot{I}_C = 0$$

由于电路对称,三相电流瞬时值的代数和也为零.因此,中性线便可以省去不用,电路变成三相三线制传输.如在发电厂与变电站、变电站与三相电动机等之间,由于负载对称,便采用三相三线制传输.

例 3-2 在负载作 Y 形连接的对称三相电路中,已知每相负载均为 $|Z| = 50\ \Omega$,设线电压为 380 V,试求各相电流和线电流.

解 在对称 Y 形负载中,相电压

$$U_{YP} = \frac{U_L}{\sqrt{3}} \approx 220\ \text{V}$$

相电流为

$$I_{YP} = \frac{U_{YP}}{|Z|} = \frac{220}{50}\ \text{A} = 4.4\ \text{A}$$

负载作星形连接时线电流与相电流相等.

由本例可见:三相对称电路的计算可归结为一相进行,即只要求出其中一相的电压或电流,而其他两相就可以根据其对称关系直接写出.

3. 三相不对称电路的分析

在三相电路中,三相电源、三相输电线阻抗总是对称的,因此三相负载不对称是引起三相电路不对称的主要原因.例如,由单相用电器或照明设备组成的三相负载.分析电路时,要求分别算出每相电流及中线电流.

例 3-3 电路如图 3-7 所示,$U_L = 380\ \text{V}$,求各相电流、线电流和中线电流.

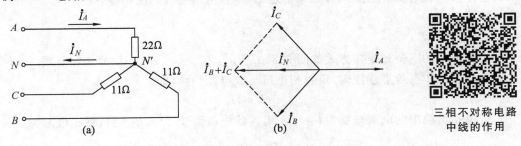

三相不对称电路
中线的作用

图 3-7 例 3-3 图

解 电路为不对称三相负载,但装设中线.显而易见,三相负载分别载承各相电源电压.若设 $\dot{U}_A = \dfrac{380}{\sqrt{3}} \angle 0° \text{ V} = 220 \angle 0° \text{ V}$,则 $\dot{U}_B = 220 \angle -120° \text{ V}, \dot{U}_C = 220 \angle 120° \text{ V}.$

可得

$$\dot{I}_A = \dfrac{\dot{U}_A}{Z_A} = \dfrac{220\angle 0°}{22} \text{ A} = 10\angle 0° \text{ A}$$

$$\dot{I}_B = \dfrac{\dot{U}_B}{Z_B} = \dfrac{220\angle -120°}{11} \text{ A} = 20\angle -120° \text{ A}$$

$$\dot{I}_C = \dfrac{\dot{U}_C}{Z_C} = \dfrac{220\angle 120°}{11} \text{ A} = 20\angle 120° \text{ A}$$

$$\dot{I}_N = \dot{I}_A + \dot{I}_B + \dot{I}_C = -10 \text{ A}$$

三相负载在很多情况下是不对称的,最常见的照明电路就是不对称负载作星形连接的三相电路.若无中性线,可能使某一相电压过低,该相用电设备不能正常工作;某一相电压过高,烧毁该相用电设备.因此,中性线对于电路的正常工作及安全是非常重要的,它可以保证星形连结的不对称负载的相电压对称,使各用电器都能正常工作,而且互不影响.

在三相四线制供电线路中,规定中性线上不允许安装熔断器、开关等装置.为了增强机械强度,有的还加有钢芯;另外,通常还要把中性线接地,使它与大地电位相同,以保障安全.

负载作星形连结时,可得出如下结论:

① 三相对称电路电源线电压是负载两端相电压的 $\sqrt{3}$ 倍.
② 每一相相线的线电流等于流过负载的相电流.
③ 对于对称负载,可去掉中性线,变为三相三线制传输.
④ 对于不对称负载,则必须加中性线,采用三相四线制传输.

3.3 三相负载的三角形连接

1. 电路连接方式

把三相负载分别接到三相交流电源的每两根相线之间,负载的这种连接方法叫作三角形连接,用符号"△"表示,如图 3-6(b)所示.

三角形连结中的各相负载全都接在了两根相线之间,因此,电源的线电压等于负载两端的电压,即负载的相电压,则有三角形连结中,相电压与线电压相等,即

$$U_P = U_L$$

2. 电路计算

三相负载的三角形连接方式如图 3-8(a)所示,Z_{AB}、Z_{BC}、Z_{CA} 分别为三相负载.

显然负载作三角形连接时,负载相电压与线电压相同,即

$$U_L = U_P$$

设每相负载中的电流分别为 $\dot{I}_{AB}$、$\dot{I}_{BC}$、$\dot{I}_{CA}$,线电流为 $\dot{I}_A$、$\dot{I}_B$、$\dot{I}_C$,则负载相电流为

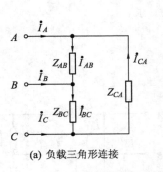 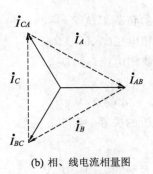 

(a) 负载三角形连接　　　　(b) 相、线电流相量图

图 3-8　负载三角形连接及相、线电流相量图

$$\begin{cases} \dot{I}_{AB}=\dfrac{\dot{U}_{AB}}{Z_{AB}} \\ \dot{I}_{BC}=\dfrac{\dot{U}_{BC}}{Z_{BC}} \\ \dot{I}_{CA}=\dfrac{\dot{U}_{CA}}{Z_{CA}} \end{cases}$$

如果三相负载为对称负载，即 $Z_{AB}=Z_{BC}=Z_{CA}=Z$，则有

$$\begin{cases} \dot{I}_{AB}=\dfrac{\dot{U}_{AB}}{Z} \\ \dot{I}_{BC}=\dfrac{\dot{U}_{BC}}{Z} \\ \dot{I}_{CA}=\dfrac{\dot{U}_{CA}}{Z} \end{cases}$$

三角形连接相电流和线电流的相量图如图 3-8(b) 所示，由相量图可知相电流与线电流的关系为

$$\begin{cases} \dot{I}_A=\dot{I}_{AB}-\dot{I}_{CA}=\sqrt{3}\dot{I}_{AB}\angle-30° \\ \dot{I}_B=\dot{I}_{BC}-\dot{I}_{AB}=\sqrt{3}\dot{I}_{BC}\angle-30° \\ \dot{I}_C=\dot{I}_{CA}-\dot{I}_{BC}=\sqrt{3}\dot{I}_{CA}\angle-30° \end{cases}$$

由于相电流是对称的，所以线电流也是对称的，即 $\dot{I}_A+\dot{I}_B+\dot{I}_C=0$。只要求出一个线电流，其他两个可以依次写出。线电流有效值是相电流有效值的 $\sqrt{3}$ 倍，相位依次滞后对应相电流相位 30°。

当三相对称负载作三角形连接时，可得出如下结论：

① 相电压等于线电压。

② 当三相对称负载作三角形连接时，线电流的大小为相电流的 $\sqrt{3}$ 倍。

提示

在三相不对称负载作三角形连接时，相电流是不对称的，线电流也是不对称的，各相电流必须分别计算。

例 3-4　如图 3-9 所示三相对称电路，电源线电压为 380 V，星形连接的负载阻抗 $Z_Y=$

$22\angle-30°\ \Omega$,三角形连接的负载阻抗 $Z_\triangle=38\angle60°\ \Omega$. 求:

(1) 三角形连接的各相电压 $\dot{U}_A$、$\dot{U}_B$、$\dot{U}_C$;

(2) 三角形连接的负载相电流 $\dot{I}_{AB}$、$\dot{I}_{BC}$、$\dot{I}_{CA}$;

(3) 传输线电流 $\dot{I}_A$、$\dot{I}_B$、$\dot{I}_C$.

解 根据题意,设 $\dot{U}_{AB}=380\angle0°$ V.

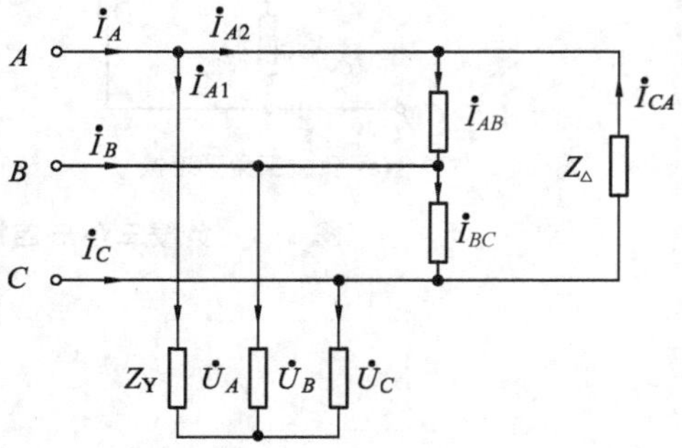

(1) 由线电压和相电压的关系,可得出星形连接的负载各相电压为

$$\dot{U}_A=\frac{380\angle(0°-30°)}{\sqrt{3}}\text{ V}=220\angle-30°\text{ V}$$

$$\dot{U}_B=220\angle-150°\text{ V}$$

$$\dot{U}_C=220\angle90°\text{ V}$$

(2) 三角形连接的负载相电流为

$$\dot{I}_{AB}=\frac{\dot{U}_{AB}}{Z_\triangle}=\frac{380\angle0°\text{ V}}{38\angle60°\ \Omega}=10\angle-60°\text{ A}$$

因为电路对称,所以

$$\dot{I}_{BC}=10\angle-180°\text{ A}$$

$$\dot{I}_{CA}=10\angle60°\text{ A}$$

(3) 传输线 A 线上的电流为星形负载的线电流 $\dot{I}_{A1}$ 与三角形负载的线电流 $\dot{I}_{A2}$ 之和. 其中:

$$\dot{I}_{A1}=\frac{\dot{U}_A}{Z_Y}=\frac{220\angle-30°\text{ V}}{22\angle-30°\ \Omega}=10\angle0°\text{ A}$$

$\dot{I}_{A2}$ 是相电流 $\dot{I}_{AB}$ 的 $\sqrt{3}$,相位滞后 $\dot{I}_{AB}$ 相位 30°,即

$$\dot{I}_{A2}=\sqrt{3}\dot{I}_{AB}\angle-30°=\sqrt{3}\times10\angle(-60°-30°)\text{ A}=10\sqrt{3}\angle-90°\text{ A}$$

$$\dot{I}_A=\dot{I}_{A1}+\dot{I}_{A2}=10\angle0°\text{ A}+10\sqrt{3}\angle-90°\text{ A}=(10-\text{j}10\sqrt{3})\text{ A}=20\angle-60°\text{ A}$$

因为电路对称,所以

$$\dot{I}_B=20\angle-180°\text{ A}$$

$$\dot{I}_C=20\angle60°\text{ A}$$

图 3-9 例 3-4 图

3.4 三相电路的功率

1. 有功功率的计算

无论三相负载是否对称,也无论负载是星形连接还是三角形连接,一个三相电源发出的总有功功率等于电源每相发出的有功功率之和,一个三相负载接受的总有功功率等于每相负载接受的有功功率之和,即

$$P=P_A+P_B+P_C=U_AI_A\cos\varphi_A+U_BI_B\cos\varphi_B+U_CI_C\cos\varphi_C$$

式中,电压 U_A、U_B、U_C 分别为三相负载的相电压,I_A、I_B、I_C 分别为三相负载的相电流,φ_A、φ_B、φ_C 分别为三相负载的阻抗角或该负载所对应的相电压与相电流的相位差.

当负载对称时,各相的有功功率是相等的,所以总的有功功率可表示为

$$P = 3U_P I_P \cos\varphi$$

实际上,三相电路的相电压和相电流有时难以获得,但在三相对称电路中,负载作星形连接时,$U_L=\sqrt{3}U_P$,$I_L=I_P$;负载作三角形连接时,$U_L=U_P$,$I_L=\sqrt{3}I_P$. 所以,无论负载是哪种接法,都有

$$3U_P I_P = \sqrt{3} U_L I_L$$

所以上式又可表示为

$$P = \sqrt{3} U_L I_L \cos\varphi$$

式中,U_L、I_L 分别是线电压和线电流,$\cos\varphi$ 仍是每相负载的功率因数. 因为线电压或线电流便于实际测量,而且三相负载铭牌上标识的额定值也均是指线电压和线电流,所以上式是计算有功功率的常用公式. 但需注意的是:该公式只适用于三相对称电路.

2. 无功功率的计算

三相负载的无功功率等于各项无功功率之和,即

$$Q = Q_A + Q_B + Q_C = U_A I_A \sin\varphi_A + U_B I_B \sin\varphi_B + U_C I_C \sin\varphi_C$$

当负载对称时,各相的无功功率是相等的,所以总的无功功率可表示为

$$Q = 3U_P I_P \sin\varphi = \sqrt{3} U_L I_L \sin\varphi$$

三相电路的功率

3. 视在功率的计算

三相负载的视在功率为

$$S = \sqrt{P^2 + Q^2}$$

三相对称电路的视在功率为

$$S = 3U_P I_P = \sqrt{3} U_L I_L$$

4. 瞬时功率的计算

三相电路的瞬时功率也为三相负载瞬时功率之和,三相对称电路各相的瞬时功率分别为

$$p_A = u_A i_A = \sqrt{2} U_P \sin\omega t \times \sqrt{2} I_P \sin(\omega t - \varphi) = U_P I_P [\cos\varphi - \cos(2\omega t - \varphi)]$$

$$p_B = u_B i_B = \sqrt{2} U_P \sin(\omega t - 120°) \times \sqrt{2} I_P \sin(\omega t - 120° - \varphi)$$
$$= U_P I_P [\cos\varphi - \cos(2\omega t - 240° - \varphi)]$$

$$p_C = u_C i_C = \sqrt{2} U_P \sin(\omega t + 120°) \sqrt{2} I_P \sin(\omega t + 120° - \varphi)$$
$$= U_P I_P [\cos\varphi - \cos(2\omega t + 240° - \varphi)]$$

由于 $\cos(2\omega t - \varphi) + \cos(2\omega t - 240° - \varphi) + \cos(2\omega t + 240° - \varphi) = 0$,所以

$$p = p_A + p_B + p_C = 3U_P I_P \cos\varphi = \sqrt{3} U_L I_L \cos\varphi = P$$

上式表明,三相对称电路的瞬时功率是定值,且等于平均有功功率,这是三相对称电路的一个优越性能. 如果三相负载是电动机,由于三相瞬时功率是定值,因而电动机的转矩是恒定的,因为电动机转矩的瞬时值是和总瞬时功率成正比的,从而避免了由于机械转矩变化引起的机械振动,因此电动机运转非常平稳.

5. 三相交流电路功率的测量

三相交流电路的功率可用单相功率表或三相功率表测量.

用单相功率表测量时,根据三相负载的情况,可采用一瓦计法、二瓦计法或三瓦计法.

(1) 一瓦计法

用一个单相功率表测量三相功率的方法称为一瓦计法,这种方法适用于三相对称电路,三相负载的总功率应为该表读数的三倍.

(2) 二瓦计法

用两个功率表测三相功率的方法称为二瓦计法,其接线方式如图 3-10 所示.这种方法适用于对称或不对称、三角形连接或星形连接的三相三线制负载.三相电路总功率应为两功率表读数的代数和.

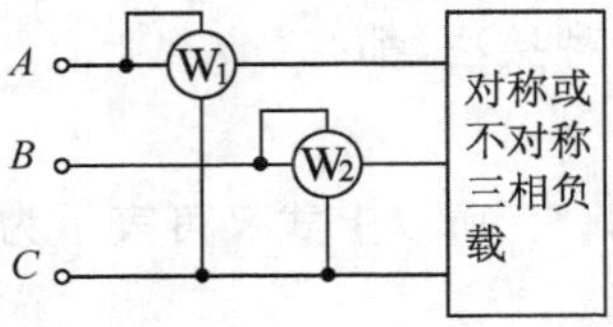

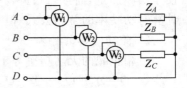

图 3-10　二瓦计法

(3) 三瓦计法

用三个功率表测量三相功率的方法称为三瓦计法,接线如图 3-11 所示.这种方法适用于三相四线制不对称负载的功率测量.三相总功率等于三个功率表读数之和,即

$$P = P_1 + P_2 + P_3$$

图 3-11　三瓦计法

例 3-5　如图 3-12 所示的电路中,已知一组星形连接的对称负载,接在线电压为 380 V 的对称三相电源上,每相负载的复阻抗 $Z=(12+\text{j}16)\,\Omega$.

(1) 求各负载的相电压及相电流;

(2) 计算该三相电路的 P、Q 和 S.

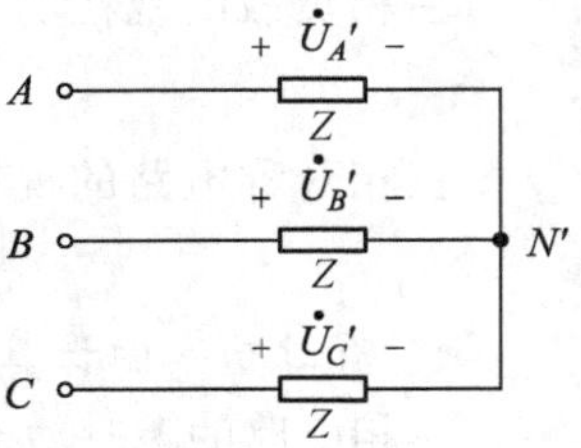

解　(1) 令线电压 $\dot{U}_{AB}=380\angle 0°$ V,在对称三相三线制电路中,负载电压与电源电压对应相等,且三个相电压也对称,即

$$\dot{U}_A' = \frac{380\angle(0°-30°)}{\sqrt{3}}\,\text{V} = 220\angle -30°\,\text{V}$$

$$\dot{U}_B' = 220\angle -150°\,\text{V}$$

$$\dot{U}_C' = 220\angle 90°\,\text{V}$$

负载相电流也对称,即

$$\dot{I}_A = \frac{\dot{U}_A'}{Z} = \frac{220\angle -30°}{12+\text{j}16}\,\text{A} = 11\angle -83°\,\text{A}$$

$$\dot{I}_B = \frac{\dot{U}_B'}{Z} = 11\angle -203°\,\text{A} = 11\angle 157°\,\text{A}$$

$$\dot{I}_C = \frac{\dot{U}_C'}{Z} = 11\angle 37°\,\text{A}$$

图 3-12　例 3-5 图

(2) 根据有功功率、无功功率和视在功率的计算公式,可得

$$P = 3U_A'I_A\times\cos\varphi = 3\times 220\times 11\times\cos 53°\,\text{W} = 4370\,\text{W}$$

$$Q = 3U_A'I_A\times\sin\varphi = 3\times 220\times 11\times\sin 53°\,\text{var} = 5800\,\text{var}$$

$$S = \sqrt{P^2+Q^2} \approx 7262\,\text{V}\cdot\text{A}$$

例 3-6　一台三相异步电动机,定子绕组按 Y 形连接方式与线电压为 380 V 的三相交流电源相连.测得线电流为 6 A,总有功功率为 3 kW.试计算各相绕组的等效电阻 R 和等效感抗 X_L 的数值.

解　$\cos\varphi = \dfrac{3000}{3\times 220\times 6} \approx 0.758$,　$|Z| = \dfrac{380}{\sqrt{3}\times 6}\,\Omega \approx 36.6\,\Omega$

$R = 36.6 \times 0.758 \ \Omega \approx 27.7 \ \Omega$, $X_L = 36.6 \times \sin(\arccos 0.758) \ \Omega \approx 23.9 \ \Omega$.

例 3-7 一对称三相负载，每相等效电阻 $R = 6 \ \Omega$，等效感抗 $X_L = 8 \ \Omega$，接于电压为 380 V（线电压）的三相电源上，试问：

(1) 当负载作星形连接时，消耗的功率是多少？

(2) 若误将负载连接成三角形，消耗的功率又是多少？

解 每相绕组的阻抗为

$$|Z| = \sqrt{R^2 + X_L^2} = \sqrt{6^2 + 8^2} \ \Omega = 10 \ \Omega$$

(1) 负载作星形连接时，负载相电压为

$$U_{YP} = \frac{U_L}{\sqrt{3}} = \frac{380}{\sqrt{3}} \ \text{V} = 220 \ \text{V}$$

因此流过负载的相电流为

$$I_P = \frac{U_P}{|Z|} = \frac{220}{10} \ \text{A} = 22 \ \text{A}$$

负载的功率因数为

$$\cos\varphi = \frac{R}{|Z|} = \frac{6}{10} = 0.6$$

负载作星形连接时三相总有功功率为

$$P = 3U_P I_P \cos\varphi_P = 3 \times 220 \times 22 \times 0.6 \ \text{kW} \approx 8.7 \ \text{kW}$$

(2) 负载作三角形连接时，负载相电压等于电源线电压，即

$$U_P = U_L = 380 \ \text{V}$$

负载的相电流为

$$I_P = \frac{U_P}{|Z|} = \frac{380}{10} \ \text{A} = 38 \ \text{A}$$

负载作三角形连接时三相总有功功率为

$$P = 3U_P I_P \cos\varphi_P = 3 \times 380 \times 38 \times 0.6 \ \text{kW} \approx 26 \ \text{kW}$$

以上计算结果表明，若误将负载连接成三角形，负载消耗的功率是星形连接时的 3 倍，负载将被烧毁。此时，每相负载上的电压是星形连接时的 $\sqrt{3}$ 倍，因而每相负载的电流也是星形连接时的 $\sqrt{3}$ 倍.

总结以上结果，可以得出如下结论：

① 对称负载作星形或三角形连接时，线电压是相同的，相电流是不相等的. 三角形连接时的线电流为星形连结时线电流的 3 倍.

② φ 仍然是相电压与相电流之间的相位差，而不是线电压与线电流之间的相位差. 也就是说，功率因数是指每相负载的功率因数.

③ 负载作三角形连接时的功率是相同条件下负载作星形连接时功率的 3 倍.

本章小结

1. 三相对称电源及连接方式

三相对称电源的特点：三相电压最大值相等、频率相同、相位互差120°，并且有 $\dot{U}_A + \dot{U}_B + \dot{U}_C = 0$ 和 $u_A + u_B + u_C = 0$。

三相电源的连接方式：星形(Y)和三角形(△)。

Y形连接：线电压 U_L 和相电压 U_P 两者关系为 $U_L = \sqrt{3} U_P$，线电压在相位上超前相应相电压30°。

△形连接：线电压等于相电压。

分析和计算三相电路时，一般不需知道电源的连接方式，只要知道电源的线电压。

2. 三相负载的连接方式

三相负载的连接方式：星形(Y)和三角形(△)。

相电流 I_P：指流过每相负载的电流。

线电流 I_L：指三根端线(电源线)中流过的电流。

负载Y形连接：不论负载对称与否，不论有无中性线，线电流恒等于相应的相电流。

负载△形连接：相电流用 $\dot{I}_{AB}$、$\dot{I}_{BC}$、$\dot{I}_{CA}$ 表示，线电流用 $\dot{I}_A$、$\dot{I}_B$、$\dot{I}_C$ 表示。当三相负载对称时，线电流与相电流的关系为 $I_L = \sqrt{3} I_P$，线电流在相位上落后相应相电流30°。不论负载对称与否，相电压恒等于线电压。

不对称电路的功率为 $P = P_A + P_B + P_C$；$Q = Q_A + Q_B + Q_C$；$S = \sqrt{P^2 + Q^2}$。

对称电路的功率为 $P = 3U_P I_P \cos\varphi = \sqrt{3} U_L I_L \cos\varphi$；$Q = 3U_P I_P \sin\varphi = \sqrt{3} U_L I_L \sin\varphi$；$S = 3U_P I_P = \sqrt{3} U_L I_L$。

习 题

3.1 在三相四线制电路中，中线在满足什么条件时可省略变为三相三线制电路？相电压和线电压有什么关系？

3.2 在对称三相四线制电路中，若已知线电压 $\dot{U}_{AB} = 380\angle 0°$，求 $\dot{U}_{BC}$、$\dot{U}_{CA}$ 及相电压 $\dot{U}_A$、$\dot{U}_B$、$\dot{U}_C$。

3.3 对称星形负载接于三相四线制电源上，如图3-13所示。若电源线电压为380 V，当在D点断开时，U_1 为（ ）。

(A) 220 V

(B) 380 V

(C) 190 V

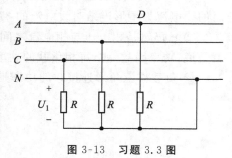

图3-13 习题3.3图

3.4 有一台三相电阻炉，各相负载的额定电压均为220 V，当电源线电压为380 V时，此电阻炉应接成（ ）形。

(A) Y　　　　　　　　(B) △　　　　　　　　(C) Y 或 △

3.5 已知对称三相四线制电源的相电压 $u_B = 10\sin(\omega t - 60°)$ V，相序为 $A-B-C$，试写出所有相电压和线电压的表达式．

3.6 已知星形连接的三相对称纯电阻负载，每相阻值为 10 Ω；三相对称电源的线电压为 380 V．求负载相电流，并绘出电压、电流的相量图．

3.7 某一三相对称负载，每相的电阻 $R=8\ \Omega$，$X_L=6\ \Omega$，连接成三角形，接于线电压为 380 V 的电源上，试求其相电流和线电流的大小．

3.8 如图 3-14 所示电路中，三相对称负载各相的电阻为 80 Ω，感抗为 60 Ω，电源的线电压为 380 V．在开关 S 投向上方和投向下方两种情况下，三相负载消耗的有功功率各为多少？

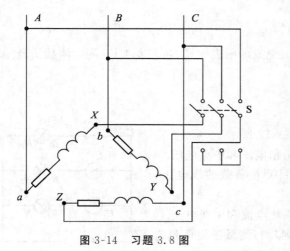

图 3-14　习题 3.8 图　　　　　　　　图 3-15　习题 3.9 图

3.9 图 3-15 所示三角形接法的三相对称电路中，已知线电压为 380 V，$R=8\ \Omega$，$X_L=6\ \Omega$．求线电流 $\dot I_A$、$\dot I_B$、$\dot I_C$，并画出相量图．

3.10 一台三相异步电动机的输出功率为 4 kW，功率因数 $\cos\varphi=0.85$，效率 $\eta=0.85$，额定相电压为 380 V，供电线路为三相四线制，线电压为 380 V．

(1) 问电动机应采用何种接法；

(2) 求负载的线电流和相电流；

(3) 求每相负载的等效复阻抗．

3.11 某工厂有三个车间，每一车间装有 10 盏 220 V，100 W 的白炽灯，用 380 V 的三相四线制供电．

(1) 画出合理的配电接线图；

(2) 若各车间的灯同时点燃，求电路的线电流和中线电流；

(3) 若只有两个车间用灯，再求电路的线电流和中线电流．

3.12 已知电路如图 3-16 所示．电源电压 $U_L=380$ V，每相负载的阻抗为 $R=X_L=X_C=10\ \Omega$．

(1) 该三相负载能否称为对称负载？为什么？

(2) 计算中线电流和各相电流．

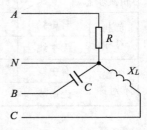

图 3-16　习题 3.12 图

3.13 已知三相对称负载连接成三角形,接在线电压为220 V、频率为工频的三相电源上,火线上通过的电流均为17.3 A,三相功率为4.5 kW.求各相负载的电阻和自感系数 L.

技能训练3　三相电路负载的测试

一、实验目的

1. 测试三相负载作星形及三角形连接时的线电压和相电压、线电流和相电流之间的关系.
2. 了解三相四线制电路中中点位移的概念,进一步理解中线的作用.
3. 掌握三相电路有功功率的测量方法.

二、实验设备

电工实验操作柜1组、交流电流表1只、交流电压表1只、功率表1只、测电流插头及导线若干.

三、实验内容

(一) 三相负载作星形连接电路测试

1. 三相负载作星形连接时的电路如图3-17所示.
2. 测三相负载作星形连接时的线电压、相电压和中点电压.

按图3-17所示接线.按表3-1所列项目测量负载的线电压、相电压、中点电压,将测量结果记入表3-1中.

3. 测三相负载作星形连接时的线电流、相电流和中线电流.

实验电路如图3-17所示,按表3-1所列项目测量三相负载的线电流、相电流和中线电流,将测量结果记入表3-1中.

4. 测三相负载作星形连接时的功率.

按图3-17所示接线,分别用三瓦计法和二瓦计法测量星形负载的功率,并将测量结果计入表3-2、表3-3中,计算三相负载总功率.

5. 实验结果.

(1) 三相负载作星形连接时电路测试数据如表3-1所示.

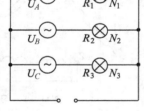

图 3-17　三相负载星形连接实验电路图

表 3-1　三相负载作星形连接时电路测试数据

负载状态	测量值	线电压/V			相电压/V、相(线)电流/A						中线电流/A	中点电压/V
		U_{AB}	U_{BC}	U_{CA}	U_A	U_B	U_C	I_A	I_B	I_C		
负载对称	有中线											
	无中线											
负载不对称	有中线											
	无中线											

(2) 三相负载作星形连接时的电路功率测量.

表 3-2　一瓦计法测三相四线制负载功率

读数 负载形式	A 相负载 （灯泡功率 ×数量）	B 相负载 （灯泡功率 ×数量）	C 相负载 （灯泡功率 ×数量）	P_A	P_B	P_C	$P=P_A+P_B+P_C$
三相四线制 不对称负载							

表 3-3　二瓦计法测三相三线制负载有功功率

（如实验中只有一只功率表则可分两次测量）

读数 负载形式	A 相负载 （灯泡功率 ×数量）	B 相负载 （灯泡功率 ×数量）	C 相负载 （灯泡功率 ×数量）	P_1	P_2	$P=P_1+P_2$
星形三相三线制						

（二）三相负载作三角形连接电路测试

1. 三相负载作三角形连接时的电路如图 3-18 所示.
2. 测三相负载作三角形连接时的线电压（相电压）.

按图 3-18（自行设计）接线，按表 3-4 所列项目测量三相负载作三角形连接时的线电压（相电压），将测量结果记入表 3-4 中.

3. 测量三相负载作三角形连接时的线电流和相电流.

按表 3-4 所列项目测量三相负载作三角形连接时的线电流（相电流），将测量结果记入表 3-4 中.

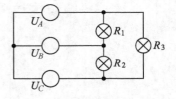

图 3-18　三相负载作三角形连接的实验电路图

4. 用二瓦计法测量三相负载作三角形连接时的功率.

按表 3-5 所列项目测量三相负载作三角形连接时的功率，将测量结果记入表 3-5 中并计算总功率.

5. 实验结果.

表 3-4　三相负载作三角形连接时的电压、电流测试值

测量值 负载状态	线电压/V			相电流/A			线电流/A			线电流/相电流		
	U_{AB}	U_{BC}	U_{CA}	I_{AB}	I_{BC}	I_{CA}	I_A	I_B	I_C	I_A/I_{AB}	I_B/I_{BC}	I_C/I_{CA}
对称负载												
不对称负载												

表 3-5　二瓦计法测三相三线制负载有功功率

（如实验中只有一只功率表则可分两次测量）

读数 负载形式	A 相负载 （灯泡功率 ×数量）	B 相负载 （灯泡功率 ×数量）	C 相负载 （灯泡功率 ×数量）	P_1	P_2	$P=P_1+P_2$
三角形三相三线制						

四、实验报告

由实验数据分析中线的作用.为什么照明供电均采用三相四线制？在三相四线制中，中线是否能接入保险丝和开关？为什么？

五、注意事项

1. 本实验操作电压较高,因此必须小心接线,改接线路必须断电,特别注意不使电流表插头线悬空时插入有电插座.

2. 用二瓦计法测三相功率时,因功率表电压线圈承受电源线电压,应注意功率表电压量程的选择.

3. 实验中电压和电流的待测量很多,要正确选择各测试点.

第 4 章　线性电路过渡过程的暂态分析

当电路条件发生变化时，电路从一个稳定状态过渡到另一个稳定状态.在这个过程中，研究一阶线性电路中各物理量的变化规律，有助于利用过渡过程来解决自动控制过程中的工程实际问题，降低过渡过程的危害.本章主要分析 RC 和 RL 一阶线性电路的过渡过程，了解一阶电路在过渡过程中电压和电流随时间变化的规律，并能确定电路的时间常数、初始值和稳态值三个要素，会用三要素法分析 RC 和 RL 一阶电路.

4.1 换路定律和电压、电流初始值的确定

4.1.1 过渡过程概述

对含有直流、交流电源的动态电路，若电路已经接通了相当长的时间，电路中各元件的工作状态已趋于稳定，则称电路达到了稳定状态，简称为稳态.在正弦电路中，利用相量的概念将问题归结为复数形式的代数方程组.如果电路发生某些变动，如电路参数的改变、电路结构的变动、电源的改变等，这些统称为换路.电路发生换路时，电路的原有状态就会被破坏，电路中的电容器可能出现充电或放电现象，电感线圈可能出现磁化或去磁现象.储能元件上的电场或磁场能量所发生的变化一般都不可能瞬间完成，而必须经历一定的过程才能达到新的稳态.这种介于两种稳态之间的变化过程叫作过渡过程，简称为瞬态或暂态.电路的过渡过程的特性广泛地应用于通信、计算机、自动控制等许多工程实际中.同时，在电路的过渡过程中由于储能元件状态发生变化而使电路中可能会出现过电压、过电流等特殊现象，在设计电气设备时必须予以考虑，以确保其安全运行.因此，研究动态电路的过渡过程具有十分重要的理论意义和现实意义.

电路的过渡过程是一个时变过程，在分析动态电路的过渡过程时，必须严格界定时间的概念.通常将零时刻作为换路的计时起点，即 $t=0$，相应地，用 $t=0_-$ 表示换路前的最终时刻，该时刻变量可用 $u(0_-)$、$i(0_-)$ 表示；用 $t=0_+$ 表示换路后的最初时刻，该时刻变量可表示为 $u(0_+)$、$i(0_+)$. $t=0_-$ 时刻的电路变量一般可由换路前的稳态电路确定.本章的任务就是研究电路变量从 $t=0_-$ 时刻到 $t=0_+$ 时刻其量值所发生的变化，继而求出 $t>0$ 后的变化规律.电路发生换路后，电路变量从 $t=0_+$ 到 $t\rightarrow\infty$ 的整个时间段内的变化规律称为电路的动态响应.

4.1.2 电路换路状态

下面分析电阻电路、电容电路和电感电路在换路时的表现.

1. 电阻电路

图 4-1(a)所示的电阻电路在 $t=0$ 时合上开关,电路中的参数发生了变化.电流 i 随时间的变化情况如图 4-1(b)所示,显然电流从 $t<0$ 时的稳定状态直接进入 $t>0$ 后的稳定状态.说明纯电阻电路在换路时没有过渡期.

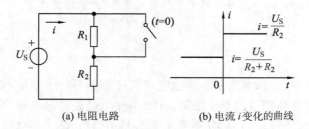

(a) 电阻电路   (b) 电流 i 变化的曲线

图 4-1 电阻电路及电流变化曲线

2. 电容电路

图 4-2(a)所示的由电容和电阻组成的电路在开关未动作前,电路处于稳定状态,电流 i 和电容电压满足:$i=0, u_C=0$.

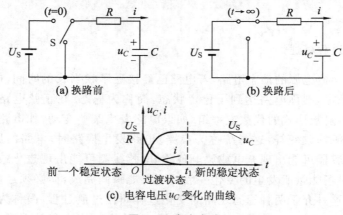

(a) 换路前   (b) 换路后

(c) 电容电压 u_C 变化的曲线

图 4-2 电容电路

$t=0$ 时合上开关,电容充电,接通电源一段时间后,电容充电完毕,电路达到新的稳定状态,电流 i 和电容电压满足:$i=0, u_C=U_S$,如图 4-2(b)所示.

电流 i 和电容电压 u_C 随时间的变化情况如图 4-2(c)所示,显然从 $t<0$ 时的稳定状态不是直接进入 $t>0$ 后新的稳定状态,说明含电容的电路在换路时需要一个过渡期.

3. 电感电路

图 4-3(a)所示的由电感和电阻组成的电路在开关未动作前,电路处于稳定状态,电流 i 和电感电压满足:$i=0, u_L=0$.

$t=0$ 时合上开关,电路如图 4-3(b)所示.接通电源一段时间后,电路达到新的稳定状态,电流 i 和电感电压满足:$u_L=0, i_L=\dfrac{U_S}{R}$.

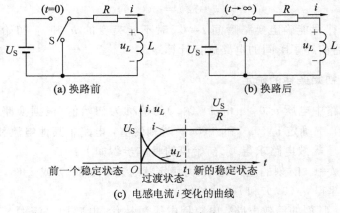

图 4-3 电感电路

电流 i 和电感电压 u_L 随时间的变化情况如图 4-3(c)所示,显然从 $t<0$ 时的稳定状态不是直接进入 $t>0$ 后新的稳定状态,说明含电感的电路在换路时需要一个过渡期.

综上所述,电路产生过渡过程的条件为电路发生换路、电路中有储能元件.

4.1.3 换路定律

过渡过程的发生归根到底是能量不能发生跃变. 因为在电路条件发生变化时(如电路的接通、断开、短路、电压改变或电路参数改变等),电路中储存的能量不能发生跃变,从而发生暂态过程.

在电感元件中储存的磁能为 $\frac{1}{2}Li_L^2$,由于能量不能跃变,因此,换路时磁能不能跃变,则表现为电感元件中的电流不能跃变. 对于电容元件,其储存的电场能为 $\frac{1}{2}Cu_C^2$;在换路时,电场能是不能发生跃变的,就表现为电容元件两端的电压 u_C 不能跃变. 而电阻元件中,由于电阻不能储存能量,所以在换路时电阻两端的电压和流过电阻的电流会发生跃变. 由此可见,电路的过渡过程是由于储能元件(电容或电感)中的能量不能跃变而产生的. 我们也可用反证法来说明上述情况.

假设电容两端电压 u_C 可以跃变,即由 $i=C\dfrac{du_C}{dt}$ 可知换路瞬间电流将趋向于无穷大;但是,任意电路在任一瞬间都要满足基尔霍夫定律. 因此,电流要受到 R 限制,即 $i=\dfrac{U-u_C}{R}$. 只有在电阻 R 为零的理想状态下,电容的充电电流才能趋向无穷大. 由此可见,电容两端电压不能跃变.

同理,若电感中的电流可以跃变,则换路瞬间电压 $u_L=L\dfrac{di_L}{dt}$ 趋向无限大,这同样也是不可能的. 所以,电感中的电流也不能跃变.

如前所述,电容电压 u_C 和电感电流 i_L 只能连续变化,而不能突变. 在 $t=0_-$ 到 $t=0_+$ 的换路瞬间,电容元件的电压和电感元件的电流不能突变,这就是换路定律. 如用公式表示,则为

$$u_C(0_+)=u_C(0_-)$$

$$i_L(0_+) = i_L(0_-)$$

注意:换路定律只能确定换路瞬间 $t=0_+$ 时不能突变的 u_C 和 i_L 初始值. 而 $u_C(0_-)$ 或 $i_L(0_-)$ 需根据换路前终了瞬间的电路进行计算.

4.1.4 电路初始条件的确定

将 0_+ 时刻电路中电压 $u(0_+)$、电流 $i(0_+)$ 的值称为初始值. 根据换路定律可以由电路的 $u_C(0_-)$ 和 $i_L(0_-)$ 确定 $u_C(0_+)$ 和 $i_L(0_+)$ 时刻的值,电路中其他电流和电压在 $t=0_+$ 时刻的值可以通过 0_+ 等效电路求得. 求初始值的具体步骤如下:

① 由换路前 $t=0_-$ 时刻的电路(一般为稳定状态)求 $u_C(0_-)$ 或 $i_L(0_-)$.
② 由换路定律得 $u_C(0_+)$ 和 $i_L(0_+)$.
③ 画出 $t=0_+$ 时刻的等效电路:电容用电压源替代,电感用电流源替代[若 $u_C(0_+)=0$,则电容处短接;若 $u_C(0_+)\neq 0$,则电容处用电压源表示;若 $i_L(0_+)=0$,则电感处用断开表示;若 $i_L(0_+)\neq 0$,则电感处用电流源表示].
④ 由 0_+ 电路求所需各变量的 0_+ 值.

例 4-1 如图 4-4(a)所示,电路在 $t<0$ 时处于稳态. 求开关打开瞬间电容的电流 $i_C(0_+)$.

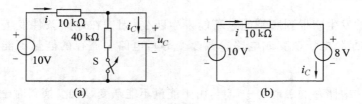

图 4-4 例 4-1 图

解 (1) 由图 4-4(a) $t=0_-$ 时刻电路求得 $u_C(0_-)=8$ V.
(2) 由换路定律,得 $u_C(0_+)=u_C(0_-)=8$ V.
(3) 画出 0_+ 等效电路,如图 4-4(b)所示,电容用 8 V 电压源替代,解得

$$i_C(0_+) = \frac{10-8}{10}\text{mA} = 0.2\text{ mA}$$

注意:电容电流在换路瞬间发生了跃变,即 $i_C(0_-)=0 \neq i_C(0_+)$.

例 4-2 如图 4-5(a)所示,电路在 $t<0$ 时处于稳态,$t=0$ 时闭合开关. 求电感电压 $u_L(0_+)$.

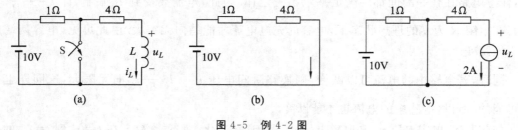

图 4-5 例 4-2 图

解 (1) 首先由图 4-5(a) $t=0_-$ 时刻电路求电感电流,此时电感处于短路状态,如图 4-5(b)所示,则

$$i_L(0_-) = \frac{10}{1+4} \text{A} = 2 \text{ A}$$

(2) 由换路定律,得
$$i_L(0_+) = i_L(0_-) = 2 \text{ A}$$

(3) 画出 0_+ 等效电路,如图 4-5(c) 所示,电感用 2 A 电流源替代,解得
$$u_L(0_+) = -2 \times 4 \text{ V} = -8 \text{ V}$$

注意:电感电压在换路瞬间发生了跃变,即 $u_L(0_-) = 0 \neq u_L(0_+)$.

4.1.5 电路稳态值的确定

当电路的过渡过程结束后,电路进入新的稳定状态,此时各元件电压和电流的值称为稳态值(或终值),可表示为 $u(\infty)$、$i(\infty)$. 稳态值也是分析一阶电路过渡过程规律的重要要素之一.

例 4-3 试求图 4-6(a)所示电路在过渡过程结束后,电路中各电压和电流的稳态值.

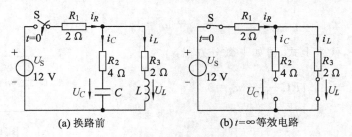

图 4-6 例 4-3 图

解 如图 4-6(b)所示,在 $t=\infty$ 时的稳态电路中,由于电容电流和电感电压的稳态值为零,所以将电容元件开路,电感元件短路,于是得出各个稳态值:

$$i_C(\infty) = 0, \quad U_L(\infty) = 0$$

$$i_R(\infty) = i_L(\infty) = \frac{U_S}{R_1 + R_3} = \frac{12}{2+2} \text{A} = 3 \text{ A}$$

$$U_C(\infty) = i_L(\infty) R_3 = 3 \times 2 \text{ V} = 6 \text{ V}$$

例 4-4 如图 4-7 所示,已知 $R=2\ \Omega$,电压表的内阻为 2.5 kΩ,电源电压 $U_S=4$ V. 试求:开关 S 断开瞬间电压表两端的电压. 换路前电路已处于稳态.

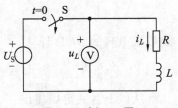

图 4-7 例 4-4 图

解 (1) $t=0$ 时,电路已处于稳态,电感作短路处理.
$$i_L(0_-) = \frac{U_S}{R} = \frac{4}{2} \text{ A} = 2 \text{ A}$$

(2) 根据换路定律,有
$$i_L(0_+) = i_L(0_-)$$

(3) 换路后,$t=0_+$ 时,有
$$u_V(0_+) = -i_L(0_+) R_V = -2 \times 2.5 \text{ kV} = -5 \text{ kV}$$

由此可见,在感性负载断开电源时,感性负载和开关两端会产生一个很大的电压,可能损坏电气设备或电子元器件. 在实际

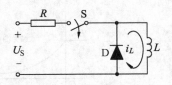

图 4-8 有续流二极管的电感电路

中为了防止电感元件在直流电源断开时产生高电压,通常在电感元件上反向并联一个二极管(称为续流二极管),如图 4-8 所示。

4.2 一阶电路的零输入响应

动态电路的零输入响应是指换路后外加激励为零,电路中的电压或电流响应仅由动态元件初始储能所产生。

在此讨论的 RC 电路的放电过程,是指无电源激励(即输入信号为零),由电容元件的初始状态 $u_C(0_+)$ 所产生的电路的响应。

4.2.1 RC 电路的零输入响应

如图 4-9 所示的 RC 电路在开关闭合前已充电,电容电压 $u_C(0_-)=U_0$,开关闭合后,根据 KVL 可得

$$-u_R + u_C = 0$$

由于 $i=-C\dfrac{\mathrm{d}u_C}{\mathrm{d}t}$,代入上式,得如下微分方程:

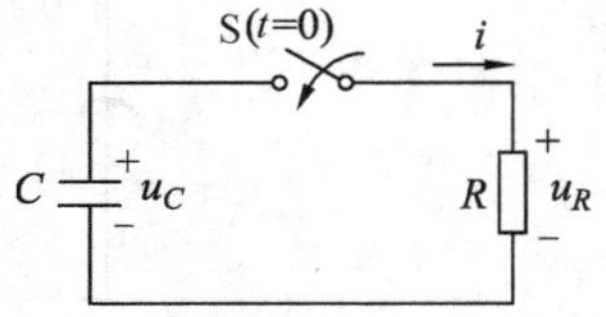

$$\begin{cases} RC\dfrac{\mathrm{d}u_C}{\mathrm{d}t}+u_C=0 \\ u_C(0_+)=U_0 \end{cases}$$

图 4-9 RC 电路

特征方程为 $RCp+1=0$,特征根为 $p=-\dfrac{1}{RC}$。则方程的通解为

$$u_C=Ae^{pt}=Ae^{-\frac{t}{RC}}$$

代入初始值,得

$$A=u_C(0_+)=U_0$$

$$u_C=u_C(0_+)e^{-\frac{t}{RC}}=U_0 e^{-\frac{t}{RC}}, \quad t\geq 0$$

则放电电流为

$$i=\dfrac{u_C}{R}=\dfrac{U_0}{R}e^{-\frac{t}{RC}}, \quad t\geq 0$$

或根据电容的 VCR 计算:

$$i=-C\dfrac{\mathrm{d}u_C}{\mathrm{d}t}=-CU_0 e^{-\frac{t}{RC}}\left(-\dfrac{1}{RC}\right)=\dfrac{U_0}{R}e^{-\frac{t}{RC}}$$

从以上各式可以得出:

① 电压、电流是随时间按同一指数规律衰减的函数,如图 4-10 所示。

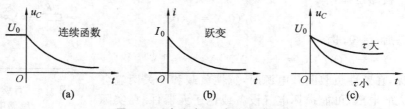

图 4-10 电容电压、电流衰减规律

② 响应与初始状态成线性关系,其衰减快慢与 RC 有关.令 $\tau=RC$,τ 和时间 t 的量纲相同.τ 为一阶 RC 电路的时间常数.τ 的大小反映了电路过渡过程时间的长短,即 τ 大,过渡过程时间长;τ 小,过渡过程时间短,如图 4-10(c)所示.表 4-1 给出了电容电压在 $t=1\tau$,$t=2\tau$,$t=3\tau$……时刻的值.

表 4-1 各时刻电容电压

t	0	τ	2τ	3τ	5τ
$u_C=U_0\mathrm{e}^{-\frac{t}{\tau}}$	U_0	$U_0\mathrm{e}^{-1}$	$U_0\mathrm{e}^{-2}$	$U_0\mathrm{e}^{-3}$	$U_0\mathrm{e}^{-5}$
	U_0	$0.368U_0$	$0.135U_0$	$0.05U_0$	$0.007U_0$

表中的数据表明经过一个时间常数 τ,电容电压衰减到原来电压的 36.8%,因此,工程上认为,经过 $3\tau\sim5\tau$,过渡过程结束.

③ 在放电过程中,电容释放的能量全部被电阻所消耗,即

$$W_R=\int_0^\infty i^2R\mathrm{d}t=\int_0^\infty\left(\frac{U_0}{R}\mathrm{e}^{-\frac{t}{RC}}\right)^2R\mathrm{d}t=\frac{U_0^2}{R}\left(-\frac{RC}{2}\mathrm{e}^{-\frac{2t}{RC}}\right)\bigg|_0^\infty=\frac{1}{2}CU_0^2$$

4.2.2 RL 电路的零输入响应

图 4-11(a)所示的电路为 RL 电路,在开关动作前电压和电流已恒定不变,因此,根据换路定律,电感电流的初始值为

$$i_L(0_+)=i_L(0_-)=\frac{U_S}{R_1+R}=I_0$$

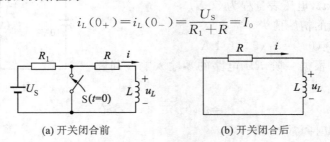

(a) 开关闭合前　　　　(b) 开关闭合后

图 4-11 RL 电路

开关闭合后的电路如图 4-11(b)所示.

根据 KVL,可得

$$u_R+u_L=0$$

$$u_L=L\frac{\mathrm{d}i}{\mathrm{d}t},\quad u_R=Ri$$

得微分方程:

$$L\frac{\mathrm{d}i}{\mathrm{d}t}+Ri=0,\quad t\geqslant0$$

特征方程为 $Lp+R=0$,特征根 $p=-\dfrac{R}{L}$.则方程的通解为

$$i(t)=A\mathrm{e}^{pt}$$

代入初始值,得 $A=i(0_+)=I_0$,则

$$i(t)=I_0\mathrm{e}^{pt}=\frac{U_S}{R_1+R}\mathrm{e}^{-\frac{t}{L/R}},\quad t\geqslant0$$

电感电压为

$$u_L(t) = L\frac{di_L}{dt} = -RI_0 e^{-\frac{t}{L/R}}$$

从以上各式可以得出:

① 电压、电流是随时间按同一指数规律衰减的函数,如图 4-12 所示.

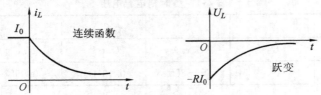

图 4-12 电感电流 i_L、电压 u_L 衰减曲线

② 响应与初始状态成线性关系,其衰减快慢与 L/R 有关. 令 $\tau = L/R$,称为一阶 RL 电路时间常数.

③ 在过渡过程中,电感释放的能量被电阻全部消耗,即

$$W_R = \int_0^\infty i^2 R dt = \int_0^\infty (I_0 e^{-\frac{t}{L/R}})^2 R dt = I_0^2 R \left(-\frac{L/R}{2} e^{-\frac{2t}{L/R}}\right)\Big|_0^\infty = \frac{1}{2}LI_0^2$$

例 4-5 图 4-13 所示电路原本处于稳态,$t=0$ 时,打开开关,求 $t>0$ 后电压表的电压随时间变化的规律. 已知电压表内阻为 10 kΩ,电压表量程为 50 V.

解 电感电流的初始值为

$$i_L(0_+) = i_L(0_-) = 1 \text{ A}$$

开关打开后可根据一阶 RL 电路的零输入响应问题求解,因此有

$$i_L = i_L(0_+) e^{-\frac{t}{\tau}}, \quad t \geq 0$$

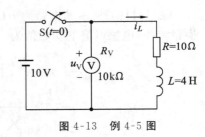

图 4-13 例 4-5 图

代入初始值和时间常数,有

$$\tau = \frac{L}{R + R_V} = \frac{4}{10 + 10000} \text{ s} \approx 4 \times 10^{-4} \text{ s}$$

得电压表电压为

$$u_V = -R_V i_L = -10000 e^{-2500t}, \quad t \geq 0$$

$t = 0_+$ 时,电压达最大值,$u_V(0_+) = -10000$ V,会造成电压表的损坏.

注意:本题结果说明 RL 电路在换路时会出现过电压现象,若稍不注意就会造成设备的损坏.

4.3 一阶电路的零状态响应

一阶电路的零状态响应是指动态元件初始能量为零,$t>0$ 后由电路中外加输入激励作用所产生的响应. 用经典法求零状态响应的步骤与求零输入响应的步骤相似,所不同的是零状态响应的方程是非齐次的.

在此讨论的 RC 充电电路,是假设换路前电容元件没有储存能量,即 $u_C(0_-) = 0$ V,故

称为 RC 电路的零状态. 在此条件下分析由电源激励所产生的响应.

4.3.1 RC 电路的零状态响应

图 4-14 所示 RC 充电电路在开关闭合前处于零初始状态, 即电容电压 $u_C(0_-)=0$, 开关闭合后, 根据 KVL, 可得

$$u_R+u_C=U_s$$

$$i_C=C\frac{\mathrm{d}u_C}{\mathrm{d}t}, \quad u_R=Ri$$

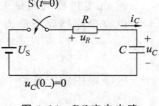

图 4-14 RC 充电电路

由上两式, 得微分方程为

$$RC\frac{\mathrm{d}u_C}{\mathrm{d}t}+u_C=U_s$$

其解形式为

$$u_C=u_C{}'+u_C{}''$$

其中 $u_C{}''$ 为特解, 也称强制分量或稳态分量, 是与输入激励的变化规律有关的量. 通过设微分方程中的导数项等于 0, 可以得到任何微分方程的直流稳态分量, 上述方程满足 $u_C{}''=U_s$.

另一个计算直流稳态分量的方法是在直流稳态条件下, 把电感看成短路, 电容视为开路再加以求解.

$u_C{}'$ 为齐次方程的通解, 也称自由分量或暂态分量.

$$RC\frac{\mathrm{d}u_C}{\mathrm{d}t}+u_C=0$$

方程的通解为

$$u_C{}'=A\mathrm{e}^{-\frac{t}{RC}}$$

因此

$$u_C(t)=u_C{}'+u_C{}''=U_s+A\mathrm{e}^{-\frac{t}{RC}}$$

由初始条件 $u_C(0_+)=0$ 得积分常数 $A=-U_s$, 则

$$u_C=U_s-U_s\mathrm{e}^{-\frac{t}{RC}}=U_s(1-\mathrm{e}^{-\frac{t}{RC}}), \quad t\geqslant 0$$

则从上式可以得出电流

$$i_C=C\frac{\mathrm{d}u_C}{\mathrm{d}t}=\frac{U_s}{R}\mathrm{e}^{-\frac{t}{RC}}$$

从以上各式可以得出:

① 电压、电流是随时间按同一指数规律变化的函数, 电容器的电压由两部分构成: 稳态分量(强制分量)+暂态分量(自由分量). 各分量的波形及叠加结果如图 4-15 所示. 电流波形如图 4-16 所示.

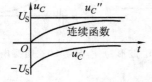

图 4-15 电压叠加波形

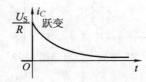

图 4-16 电流波形

② 响应变化的快慢由时间常数 $\tau=RC$ 决定：τ 大，充电慢；τ 小，充电就快．
③ 响应与外加激励成线性关系．
④ 充电过程的能量关系如下：

电容最终储存能量为

$$W_C=\frac{1}{2}CU_S^2$$

电源提供的能量为

$$W=\int_0^\infty U_S i_C \mathrm{d}t = U_S q = CU_S^2$$

电阻消耗的能量为

$$W_R=\int_0^\infty i_C^2 R \mathrm{d}t = \int_0^\infty \left(\frac{U_S}{R}\mathrm{e}^{-\frac{t}{RC}}\right)^2 R \mathrm{d}t$$

例 4-6 如图 4-17 所示，电路在 $t=0$ 时，闭合开关 S，已知 $u_C(0_-)=0$．求：

(1) 电容电压和电流；

(2) 电容充电至 $u_C=80$ V 时所需的时间 t．

解 (1) 这是一个 RC 电路零状态响应问题，时间常数为

$$\tau=RC=500\times10^{-5}\text{ s}=5\times10^{-3}\text{ s}$$

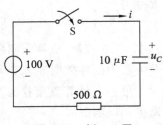

图 4-17 例 4-6 图

$t>0$ 后，电容电压为

$$u_C=U_S(1-\mathrm{e}^{-\frac{t}{RC}})=100(1-\mathrm{e}^{-200t})\text{ V}\quad(t\geqslant 0)$$

充电电流为

$$i=C\frac{\mathrm{d}u_C}{\mathrm{d}t}=\frac{U_S}{R}\mathrm{e}^{-\frac{t}{RC}}=0.2\mathrm{e}^{-200t}\text{ A}$$

(2) 设经过 t_1，$u_C=80$ V，即

$$80=100(1-\mathrm{e}^{-200t_1})$$

解得 $t_1=8.045$ ms．

4.3.2 RL 电路的零状态响应

用类似方法分析图 4-18 所示的 RL 电路．电路在开关闭合前处于零初始状态，即电感电流 $i_L(0_-)=0$，开关闭合后，根据 KVL，可得

$$u_R+u_L=U_S$$

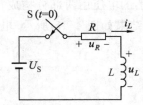

图 4-18 RL 电路

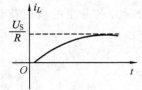

图 4-19 电感电流 i_L 波形

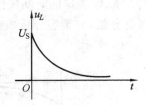

图 4-20 电感电压 u_L 波形

把 $u_L=L\dfrac{\mathrm{d}i_L}{\mathrm{d}t}$，$u_R=Ri$ 代入上式，得微分方程

$$L\frac{di_L}{dt}+Ri_L=U_s$$

其解的形式为 $i_L=i_L'+i_L''$.

令导数为零,得稳态分量 $i_L''=\frac{U_s}{R}$. 因此

$$i_L=\frac{U_s}{R}+Ae^{-\frac{R}{L}t}$$

由初始条件 $i_L(0_+)=0$,得积分常数 $A=-\frac{U_s}{R}$,则

$$i_L=\frac{U_s}{R}(1-e^{-\frac{R}{L}t}),\quad u_L=L\frac{di_L}{dt}=U_s e^{-\frac{R}{L}t}$$

电流、电压的变化波形如图 4-19、图 4-20 所示.

例 4-7 在图 4-21 中 K 是直流电磁继电器线圈,其电阻 $R_2=250\ \Omega$,电感 $L=25\ H$,如果继电器的释放电流为 4 mA (即电流小于此值时继电器就释放),而且已知 $E=24\ V$,$R_1=230\ \Omega$.试问 S 闭合后经过多长时间继电器才释放?设 S 闭合前电路已处于稳态.

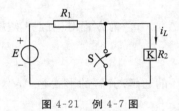

图 4-21 例 4-7 图

解 S 断开时,继电器中的电流为

$$i_L(0_-)=\frac{E}{R_1+R_2}=\frac{24}{230+250}\text{A}=0.05\ \text{A}$$

根据换路定律,有

$$i_L(0_+)=i_L(0_-)=0.05\ \text{A}$$

S 闭合后,继电器的放电时间常数为

$$\tau=\frac{L}{R_2}=\frac{25}{250}\text{s}=0.1\ \text{s}$$

$$i_L(\infty)=0$$

则电流响应为

$$i_L(t)=0.05e^{-10t}\ \text{A},\quad t\geqslant 0$$

衰减到释放电流为 4 mA 时,有

$$4=0.05e^{-10t}\times 10^3$$

解得 $t=\frac{2.526}{10}\ \text{s}\approx 0.25\ \text{s}$.

4.4 一阶电路的三要素法及全响应

1. 一阶电路的三要素法

RC 电路是常见的电路之一. 本节将讨论只有一个电容元件的 RC 电路(即所谓的一阶 RC 电路).

图 4-22 是一个简单的 RC 电路. 设在 $t=0$ 时开关 S 闭合,则可列出回路电压方程:

$$iR+u_C=U_s$$

由于 $i_C = C\dfrac{du_C}{dt}$，所以有

$$RC\frac{du_C}{dt} + u_C = U_s$$

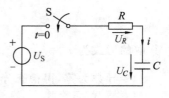

图 4-22 RC 电路

该式是一阶常系数非齐次线性微分方程，解此方程就可得到电容电压随时间变化的规律。这种只含一个储能元件或者可简化为一个储能元件的电路所列出的方程是一阶方程，因此常称这类电路为一阶电路。该方程的解由特解 u_C' 和通解 u_C'' 两部分组成，即 $u_C(t) = u_C' + u_C''$。

特解 u_C' 是方程的任一个解。因为电路的稳态值也是方程的解，且稳态值很容易求得，故特解取电路的稳态解，也称稳态分量，即

$$u_C' = u_C(t)\Big|_{t\to\infty} = u_C(\infty)$$

u_C'' 为方程对应的齐次方程

$$RC\frac{du_C}{dt} + u_C = 0$$

的通解。其解的形式是 Ae^{pt}，其中 A 是待定系数，p 是齐次方程所对应的特征方程

$$RCp + 1 = 0$$

的特征根，即

$$p = -\frac{1}{RC} = \frac{1}{\tau}$$

上式中 $\tau = RC$，具有时间量纲，称为 RC 电路的时间常数。因此通解可写为

$$u_C'' = Ae^{-\frac{t}{\tau}}$$

可见 u_C'' 是按指数规律衰减的，它只出现在过渡过程中，通常称 u_C'' 为暂态分量。

由此，稳态分量加暂态分量就得到方程的全解，即

$$u_C(t) = u_C(\infty) + Ae^{-\frac{t}{\tau}} \tag{4-1}$$

式中常数 A 可由初始条件确定。设开关 S 闭合后的瞬间为 $t = 0_+$，此时电容的初始电压（即初始条件）为 $u_C(0_+)$，则在 $t = 0_+$ 时，有

$$u_C(0_+) = u_C(\infty) + A$$

故

$$A = u_C(0_+) - u_C(\infty)$$

将 A 值代入 (4-1) 全解式中，就得到求解一阶 RC 电路过渡过程中电容电压的通式，即

$$u_C(t) = u_C(\infty) + [u_C(0_+) - u_C(\infty)]e^{-\frac{t}{\tau}}$$

由上式可以看出，只要求出初始值、稳态值和时间常数这三个要素，代入上式就能确定 u_C 的解析表达式。事实上，一阶电路中的电压或电流都是按指数规律变化的，都可以利用三要素来求解。这种利用上述三个要素求解一阶电路电压或电流随时间变化的关系式的方法就是所谓三要素法。其一般形式为

$$f(t) = f(\infty) + [f(0_+) - f(\infty)]e^{-\frac{t}{\tau}} \tag{4-2}$$

这里 $f(t)$ 既可代表电压，也可以代表电流。

三要素法具有方便、实用和物理概念清楚等特点，是求解一阶电路常用的方法。

式(4-2)同样适用一阶 RL 电路分析.

以 RC 电路为例,需要指出的是:

① 初始值 $u_C(0_+)=u_C(0_-)$,即求换路前终了瞬间电容上的电压 $u_C(0_-)$ 值.如果换路前电路已处于稳态,$u_C(0_-)$ 就是换路前电容两端的开路电压.求出 $u_C(0_-)$ 后,其他电压或电流的初始值可由换路瞬间的 0_+ 电路中求得.

② 稳态值 $u_C(\infty)$,即求换路后稳态时电容两端的开路电压.其他电压或电流的稳态值也可在换路后的稳态电路中求得.

③ 时间常数 $\tau=RC$,其中 R 应是换路后电容两端无源网络的等效电阻(即戴维南等效电阻).当 R 的单位是 Ω,C 的单位是 F 时,τ 的单位是 s.τ 的大小反映了过渡过程进行的快慢,在 RC 电路中,τ 愈大,充电或放电就愈慢;τ 愈小,充电或放电就愈快.

从理论上讲,只有当 $t\to\infty$ 时,电容电压才能达到稳态值.但实际上通过计算可知,t 为 τ、3τ、5τ 时,有

$$u_C(\tau)=u_C(\infty)+[u_C(0_+)-u_C(\infty)]\mathrm{e}^{-1}$$
$$=u_C(\infty)-0.368[u_C(\infty)-u_C(0_+)]$$
$$u_C(3\tau)=u_C(\infty)-0.05[u_C(\infty)-u_C(0_+)]$$
$$u_C(5\tau)=u_C(\infty)-0.007[u_C(\infty)-u_C(0_+)]$$

假设 $u_C(0_+)=0$,从式中可明显看出,当 $t=3\tau\sim5\tau$ 时,u_C 与稳态值仅差 $5\%\sim0.7\%$,在工程实际中通常认为经过 $3\tau\sim5\tau$ 后电路的过渡过程已经结束,电路已经进入稳定状态了.图 4-23 画出了 $u_C(\infty)=U_S$,$u_C(0_+)=0$ 时,$u_C(t)$ 随时间变化的曲线.

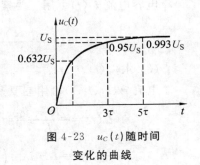

图 4-23 $u_C(t)$ 随时间变化的曲线

时间常数 τ 的物理意义是很明显的,当电源电压一定时,C 愈大,要储存的电场能量愈多,将此能量储存或释放所需时间就愈长.R 愈大,充电或放电的电流就愈小,充电或放电所需时间也就愈长.因此,RC 电路中的时间常数 τ 正比于 R 和 C 之乘积.适当调节参数 R 和 C,就可控制 RC 电路过渡过程的快慢.

下面举例说明三要素法的应用.

例 4-8 图 4-24(a)所示电路原处于稳态,在 $t=0$ 时将开关 S 闭合,试求换路后电路中所示的电压和电流,并画出其变化曲线.

解 用三要素法求解.

(1) 求 $u_C(t)$.

① 求 $u_C(0_+)$.由图 4-24(b)可得

$$u_C(0_+)=u_C(0_-)=U_S=12\text{ V}$$

② 求 $u_C(\infty)$.由图 4-24(c)可得

$$u_C(\infty)=\frac{R_2}{R_1+R_2}U_S=\frac{6}{3+6}\times12\text{ V}=8\text{ V}$$

③ 求 τ.R 应为换路后电容两端的除源网络的等效电阻,见图 4-24(d),可得

$$R=R_1//R_2+R_3=\frac{3\times6}{3+6}\text{ k}\Omega+2\text{ k}\Omega=4\text{ k}\Omega$$

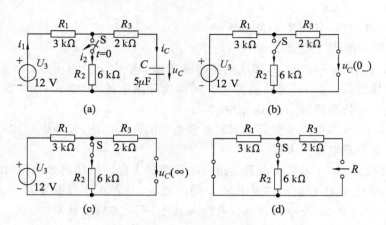

图 4-24 例 4-8 图

$$\tau = RC = 4\times 10^3 \times 5\times 10^{-6}\,\text{s} = 2\times 10^{-2}\,\text{s}$$

所以电容电压为

$$u_C(t) = u_C(\infty) + [u_C(0_+) - u_C(\infty)]\text{e}^{-\frac{t}{\tau}} = (8 + 4\text{e}^{-50t})\,\text{V}$$

(2) 求 $i_C(t)$.

电容电流 $i_C(t)$ 可用三要素法求解,也可由 $i_C(t) = C\dfrac{\text{d}u_C}{\text{d}t}$ 求得:

$$i_C(t) = \frac{u_C(\infty) - u_C(0_+)}{R}\text{e}^{-\frac{t}{\tau}} = \frac{8-12}{4}\text{e}^{-50t}\,\text{mA} = -\text{e}^{-50t}\,\text{mA}$$

(3) 求 $i_1(t)$、$i_2(t)$.

电流 $i_1(t)$、$i_2(t)$ 可用三要素法求解,也可由 $i_C(t)$、$u_C(t)$ 求得.

$$i_2(t) = \frac{i_C R_3 + u_C}{R_2} = \frac{-\text{e}^{-50t}\times 2 + 8 + 4\text{e}^{-50t}}{6}\,\text{mA} = \left(\frac{4}{3} + \frac{1}{3}\text{e}^{-50t}\right)\,\text{mA}$$

$$i_1(t) = i_2 + i_C = \left(\frac{4}{3} + \frac{1}{3}\text{e}^{-50t} - \text{e}^{-50t}\right)\,\text{mA} = \left(\frac{4}{3} - \frac{2}{3}\text{e}^{-50t}\right)\,\text{mA}$$

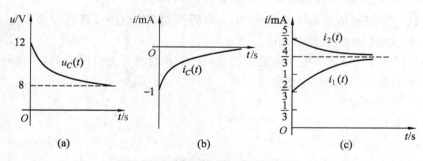

图 4-25 例 4-8 的电压、电流的变化曲线

$u_C(t)$、$i_C(t)$、$i_1(t)$ 和 $i_2(t)$ 的变化曲线如图 4-25 所示.

例 4-9 在图 4-26(a) 的电路中,开关 S 原处于位置 3,电容无初始储能. 在 $t=0$ 时,开关接到位置 1,经过一个时间常数的时间,又突然接到位置 2. 试写出电容电压 $u_C(t)$ 的表达式,画出变化曲线,并求开关 S 接到位置 2 后电容电压变到 0 V 所需的时间.

解 (1) 先用三要素法求开关 S 接到位置 1 时的电容电压 u_{C1}.

$$u_{C1}(0_+) = u_{C1}(0_-) = 0$$
$$u_{C1}(\infty) = U_{S1} = 10 \text{ V}$$
$$\tau_1 = (R_1 + R_3)C = (0.5 + 0.5) \times 10^3 \times 0.1 \times 10^{-3} \text{ ms} = 0.1 \text{ ms}$$

则
$$u_{C1}(t) = u_{C1}(\infty) + [u_{C1}(0_+) - u_{C1}(\infty)]e^{-\frac{t}{\tau_1}} = 10(1 - e^{-\frac{t}{0.1}}) \text{ V} \quad (t \text{ 以 ms 计})$$

（2）在经过一个时间常数 τ_1 后，开关 S 接到位置 2，用三要素法求电容电压 u_{C2}.
$$u_{C2}(\tau_{1+}) = u_{C2}(\tau_{1-}) = 10(1 - e^{-1}) \text{ V} = 6.32 \text{ V}$$
$$u_{C2}(\infty) = -5 \text{ V}$$
$$\tau_2 = (R_2 + R_3)C = (1 + 0.5) \times 10^3 \times 0.1 \times 10^{-3} \text{ ms} = 0.15 \text{ ms}$$

则
$$u_{C2}(t) = u_{C2}(\infty) + [u_{C2}(\tau_{1+}) - u_{C2}(\infty)]e^{-\frac{t-\tau_1}{\tau_2}} = (-5 + 11.32 e^{-\frac{t-0.1}{0.15}}) \text{ V}$$

所以，在 $0 \leqslant t < \infty$ 时电容电压的表达式为
$$u_C(t) = \begin{cases} 10(1 - e^{-\frac{t}{0.1}}) \text{ V}, & 0 \leqslant t < 0.1 \text{ mA} \\ (-5 + 11.32 e^{-\frac{t-0.1}{0.15}}) \text{ V}, & t \geqslant 0.1 \text{ mA} \end{cases}$$

在电容电压变到 0 V 时，有
$$-5 + 11.32 e^{-\frac{t-0.1}{0.15}} = 0$$

解得
$$t = \left(0.1 - 0.15 \ln \frac{5}{11.32}\right) \text{ ms} = 0.22 \text{ ms}$$

$u_C(t)$ 的变化曲线如图 4-26(b) 所示.

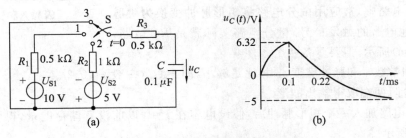

图 4-26 例 4-9 的电路和 u_C 的变化曲线

2. 一阶电路的全响应

在电路分析中，通常将电路在外部输入（常称为激励）或内部储能的作用下所产生的电压或电流称为响应. 本节讨论的换路后电路中电压或电流随时间变化的规律，称为时域响应. 三要素法公式就是时域响应表达式. 如果电路没有初始储能，仅由外界激励源（电源）的作用产生的响应称为零状态响应. 如果无外界激励源作用，仅由电路本身初始储能的作用所产生的响应称为零输入响应. 既有初始储能又有外界激励所产生的响应称为全响应. 由前面分析可见全响应等于稳态分量加暂态分量，或等于零输入响应和零状态响应相加. 也就是说，可以分别求出零输入响应和零状态响应，将两者相加就是全响应.

4.5 RC微分电路及积分电路

在周期性矩形脉冲信号(脉冲序列信号)作用下的 RC 一阶电路是常见的一种电路.

4.5.1 微分电路

把 RC 连成如图 4-27(a)所示电路. 输入信号 u_i 是占空比为 50% 的脉冲序列. 所谓占空比,是指 $\frac{t_w}{T}$ 的比值,其中 t_w 是脉冲持续时间(脉冲宽度),T 是周期. u_i 的脉冲幅度为 V,其输入波形如图 4-27(b)所示. 在 $0 \leqslant t < t_w$ 时,电路相当于接入阶跃电压. 由 RC 电路的零状态响应,我们知道其输出电压为

$$u_o = V e^{-\frac{t}{\tau}}, \quad 0 \leqslant t < t_w$$

当时间常数 $\tau \ll t_w$ 时(一般取 $\tau < 0.2 t_w$),电容的充电过程很快完成,输出电压也跟着很快衰减到零,因而输出 u_o 是一个峰值为 V 的正尖脉冲,其波形如图 4-27(b)所示.

当电路参数 RC 不满足 $\tau \ll t_w$ 的条件时,输出电压将不会是正、负相间的尖脉冲波形. 当 $\tau \gg t_w$ 时,电路的充放电过程极慢,此时电容 C 两端电压几乎不变,电路中的电容起了"隔直、通交"的耦合作用,故称此电路为耦合电路. 晶体管放大电路中的阻容耦合就是这样的.

在电子电路中,常应用微分电路将矩形脉冲变换为尖脉冲,作为其他电路的触发信号. 微分电路实际就是 RC 电路,如图 4-28(a)所示,但要具备两个条件:

① 时间常数 τ 和脉冲宽度 t_w 相比足够小,即 $\tau \ll t_w$(一般 $\tau < 0.2 t_w$).

② 从电阻两端取得输出波形.

当微分电路加入一个矩形脉冲后,假设电容在 $t=0$ 以前没有储存能量,得到的波形如图 4-28(b)所示.

其中,u_C、u_o 的变化曲线可用三要素法计算得到. 从波形图中可以看出,在 $0 \sim t_w$ 这段时间内,由于 $\tau \ll t_w$,过渡过程很快结束,因此,$u_C \approx u_i$,根据 KVL 定律,有

$$u_i = u_C + u_o$$

有

$$u_o = u_i - u_C$$

$$u_o = iR = C \frac{du_C}{dt} \times R \approx RC \frac{du_i}{dt}$$

上式说明,输出电压 u_o 近似地与输入电压 u_i 成微分关系,所以该电路被称为微分电路.

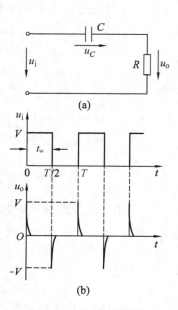

图 4-27 RC微分电路及输入和输出波

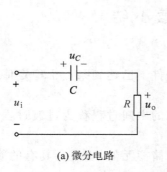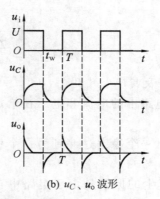

图 4-28　微分电路及电路信号波形

4.5.2　RC 积分电路

如果把 RC 连成如图 4-29(a)所示电路,而电路的时间常数 $\tau \gg t_w$,则此 RC 电路在脉冲序列作用下,电路的输出 u_o 将是和时间 t 基本上成直线关系的三角波电压,如图 4-29(b)所示.

由于 $\tau \gg t_w$,因此在整个脉冲持续时间内(脉宽 t_w 时间内),电容两端电压 $u_C = u_o$ 缓慢增长. 当 u_C 还远未增长到稳态值,脉冲已消失$(t = t_w = \dfrac{T}{2})$. 然后电容缓慢放电,输出电压 u_o(即电容电压 u_C)缓慢衰减. u_C 的增长和衰减虽仍按指数规律变化,由于 $\tau \gg t_w$,其变化曲线尚处于指数曲线的初始阶段,近似为直线段,所以输出 u_o 为三角波电压.

因为充放电过程非常缓慢,所以有

$$u_o = u_C \ll u_R$$
$$u_i = u_R + u_o \approx u_R = iR$$

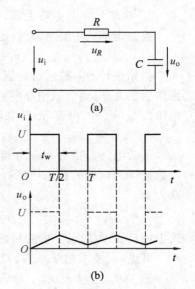

图 4-29　RC 积分电路及输入和输出波

$$i = \dfrac{u_R}{R} \approx \dfrac{u_i}{R}$$

$$u_o = u_C = \dfrac{1}{C}\int i\,\mathrm{d}t \approx \dfrac{1}{RC}\int u_i\,\mathrm{d}t$$

上式表明,输出电压 u_o 近似地与输入电压 u_i 对时间的积分成正比,因此该电路称为 RC 积分电路. 积分电路在电子技术中也被广泛应用.

应该注意的是,在输入周期性矩形脉冲信号作用下,RC 积分电路必须满足两个条件:
① $\tau \gg t_w$.
② 从电容两端取输出电压 u_o,才能把矩形波变换成三角波.

本章小结

1. 过渡过程及其产生原因

稳定状态:电路中的电流和电压在给定条件下已达到某一个稳定值,该稳定状态亦称稳态.

过渡过程:从一个稳态过渡到另一个稳态的中间过程称为过渡过程,亦简称暂态或瞬态.

过渡过程产生的原因是由于电路中含有储能元件,物质所具有的能量不能跃变而造成的.

2. 换路定律与电路电压、电流初始值的确定

换路定律:在换路瞬间,电容元件的电压不能跃变,电感元件的电流不能跃变,即

$$u_C(0_+)=u_C(0_-), \quad i_L(0_+)=i_L(0_-)$$

初始值计算:独立初始值 $u_C(0_+)$ 和 $i_L(0_+)$ 按换路定律确定;其他相关初始值可以根据换路后的 0_+ 时刻等效电路[将电容元件代之以电压为 $u_C(0_+)$ 的电压源,将电感元件代之以电流为 $i_L(0_+)$ 的电流源,独立源取其在 0_+ 时的值]进行计算.

3. 三要素法

一阶电路是指含有一个储能元件的电路.一阶电路的过渡过程是电路变量由初始值按指数规律趋向新的稳态值的过程,趋向新稳态值的速度与时间常数有关.其过渡过程的通式为

$$f(t)=f(\infty)+[f(0_+)-f(\infty)]e^{-\frac{t}{\tau}}$$

式中,$f(0_+)$ 为瞬态变量的初始值,$f(\infty)$ 为瞬态变量的稳态值,τ 为电路的时间常数.

可见,只要求出 $f(0_+)$、$f(\infty)$ 和 τ 就可写出瞬态过程的表达式.

把 $f(0_+)$、$f(\infty)$ 和 τ 称为三要素,这种方法称为三要素法.

三要素的意义如下:

① 稳态值 $f(\infty)$:换路后,电路达到新稳态时的电压或电流值.当直流电路处于稳态时,电路的处理方法是:将电容视作开路,将电感视作短路,用求稳态电路的方法求出所求量的新稳态值.

② 初始值 $f(0_+)$:$f(0_+)$ 是指任意元件上的电压或电流的初始值.

③ 时间常数 τ:用来表征暂态过程进行快慢的参数,单位为 s.

τ 的意义在于:

① τ 越大,过渡过程的速度越慢;τ 越小,过渡过程的速度则越快.

② 理论上,当 t 为无穷大时,过渡过程结束;实际中,当 $t=3\tau\sim5\tau$ 时,即可认为过渡过程结束.时间常数的求法是:对于 RC 电路 $\tau=RC$,对于 RL 电路 $\tau=L/R$.这里 R、L、C 都是等效值,其中 R 是把换路后的电路变成无源电路,从电容(或电感)两端看进去的等效电阻(同戴维南定理求 R_0 的方法).

③ 同一电路中,各个电压、电流量的 τ 相同,充、放电的速度是相同的.

4. 三种响应

在分析电路时,外部输入电源通常称为激励;在激励下,各支路中产生的电压和电流称

为响应.不同的电路换路后,电路的响应是不同的时间函数.

① 零输入响应是指无电源激励,输入信号为零,仅由初始储能引起的响应,其实质是电容元件放电的过程,即 $f(t)=f(0_+)\mathrm{e}^{-\frac{t}{\tau}}$.

② 零状态响应是指换路前初始储能为零,仅由外加激励引起的响应,其实质是电源给电容元件充电的过程,即 $f(t)=f(\infty)(1-\mathrm{e}^{-\frac{t}{\tau}})$.

③ 全响应是指电源激励和初始储能共同作用的结果,其实质是零输入响应和零状态响应的叠加.

$$f(t)=f(0_+)\mathrm{e}^{-\frac{t}{\tau}}+f(\infty)(1-\mathrm{e}^{-\frac{t}{\tau}})$$

应用三要素法求出的过渡方程可满足在阶跃激励下所有一阶线性电路的响应情况,如从 RC 电路的暂态分析所得出的电压和电流的充、放电曲线如图 4-30 所示,这四种情况都可以用三要素法直接求出和描述,因此三要素法是既简单又准确的方法.

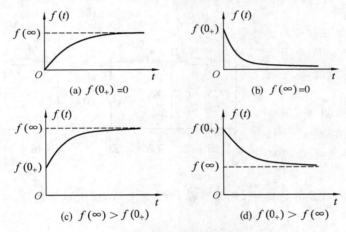

图 4-30 RC 电路的电压、电流及充电、放电分析

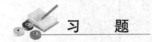

习　题

4.1　何谓电路的过渡过程?包含有哪些元件的电路存在过渡过程?

4.2　什么叫换路?在换路瞬间,电容上的电压初始值应等于什么?

4.3　(1) 在 RC 充电及放电电路中,怎样确定电容器上的电压初始值?
(2) RC 充电电路中,电容器两端的电压按照什么规律变化?充电电流又按什么规律变化? RC 放电电路呢?
(3) RL 一阶电路与 RC 一阶电路的时间常数相同吗?其中的 R 是指某一电阻吗?
(4) RL 一阶电路的零输入响应中,电感两端的电压按照什么规律变化?电感中通过的电流又按什么规律变化? RL 一阶电路的零状态响应呢?

4.4　由于线性电路具有叠加性,所以(　　).
A. 电路的全响应与激励成正比　　　B. 响应的暂态分量与激励成正比
C. 电路的零状态响应与激励成正比　　D. 初始值与激励成正比

4.5　动态电路在换路后出现过渡过程的原因是(　　).

A. 储能元件中的能量不能跃变 B. 电路的结构或参数发生变化
C. 电路有独立电源存在 D. 电路中有开关元件存在

4.6 如图4-31所示电路,时间常数为( )

A. $(R_1+R_2)\dfrac{C_1C_2}{C_1+C_2}$

B. $R_2\dfrac{C_1C_2}{C_1+C_2}$

C. $R_2(C_1+C_2)$

D. $(R_1+R_2)(C_1+C_2)$

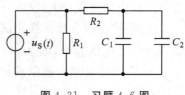

图 4-31 习题 4.6 图

4.7 RC 一阶电路的全响应 $u_C=(10-6e^{-10t})$V,若初始状态不变而输入增加一倍,则全响应 u_C 变为( )

A. $20-12e^{-10t}$　　　　　B. $20-6e^{-10t}$

C. $10-12e^{-10t}$　　　　　D. $20-16e^{-10t}$

4.8 电路如图4-32所示.开关闭合前电路已处于稳态,求换路后的瞬间电容电压和各支路的电流.

4.9 电路如图4-33所示.开关闭合前电路已处于稳态,求换路后的瞬间电感的电压和电流.

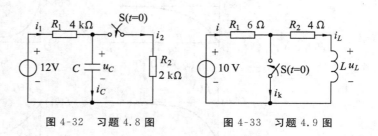

图 4-32 习题 4.8 图　　　图 4-33 习题 4.9 图

4.10 如图4-34所示电路中,开关 S 在 $t=0$ 时动作,试求电路电压、电流变化表达式,并画出图形.

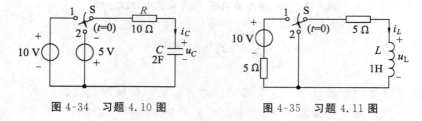

图 4-34 习题 4.10 图　　　图 4-35 习题 4.11 图

4.11 如图4-35所示电路中,开关 S 在 $t=0$ 时动作,试求电路电压、电流变化表达式.

4.12 电路如图4-36所示,开关 S 在 $t=0$ 时闭合,求 i_L 的变化表达式.

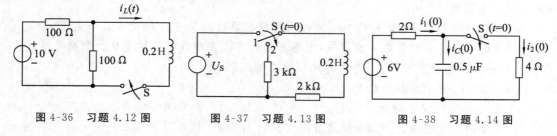

图 4-36 习题 4.12 图　　　图 4-37 习题 4.13 图　　　图 4-38 习题 4.14 图

4.13 电路如图4-37所示,求开关 S 在"1"和"2"位置时的时间常数.

4.14 电路如图4-38所示,电路换路前已达稳态,在 $t=0$ 时将开关S断开,试求:
(1) 换路瞬间各支路电流及储能元件上的电压初始值;
(2) 电容支路电流的全响应.

技能训练4 一阶 RC 电路的暂态分析

一、实验目的
1. 测定一阶 RC 电路的零状态响应和零输入响应,并从响应曲线中求出 RC 电路时间常数 τ.
2. 熟悉用一般电工仪表进行上述实验测试的方法.

二、实验设备
直流可调稳压电源、直流电压表、电流表、电容、电阻、计时器等.

三、实验内容和步骤
1. 测定 RC 一阶电路零状态响应,接线如下图所示(图4-39 高自;图4-40 天煌).

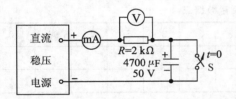
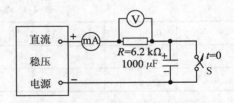

图4-39 高自公司电工实验操作柜　　　　图4-40 天煌公司电工实验操作柜

测定 $i_C = f(t)$ 曲线步骤如下:
(1) 闭合开关S,毫安表量限选定 20 mA.
(2) 调节直流电压 U 至 10 V,记下 $i_C = f(0)$ 值.
(3) 打开S的同时进行时间计数,每隔一定时间迅速读记 i_C 值(也可每次读数均从 $t=0$ 开始),响应起始部分电流变化较快,时间间隔可取 10 s,以后电流缓变部分,时间间隔可稍长一些(计时器可用手表).
实验结果如表4-2所示(天煌 R 取 6.2 kΩ,C 取 1000 μF;高自电阻 R 取 2 kΩ,电容 C 取 4700 μF.电压 U 均取 10 V).

表4-2 实验测量数据一

t/s	0	7	20	30	40	50	60	70	80	90	100	120
i_C/A												

测定 $u_C = f(t)$ 曲线步骤如下:
(1) 在 R 上并联直流电压表,选取量程为 20 V.
(2) 闭合 S,使 $U = 10$ V,并保持不变.
(3) 打开S的同时进行时间记数,方法同上.
实验结果如表4-3所示.

表 4-3　实验测量数据二

天煌 $R=6.2\ \text{k}\Omega, C=1000\ \mu\text{F}$

t/s	0	7	10	20	30	40	50	60	70	80	120
U_R/V											
U_C/V											

2. 测定 RC 一阶电路零输入响应.

按图 4-41 所示接线（r 取 20 Ω），其他参数不变，即电压取 10 V，高自 R 取 2 kΩ，C 取 4700 μF；天煌 R 取 6.2 kΩ，C 取 1000 μF.

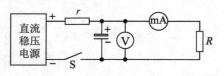

图 4-41　实验电路图

测定 $i_C=f(t)$ 及 $u_C=f(t)$ 曲线步骤如下：

(1) 闭合 S，调节 $U=10$ V.
(2) 打开 S 的同时进行时间计数，每隔一段时间迅速读记 V_C、i_C 值，并填入表中.
(3) 计算 $i_C=U_C/R_V$.

实验结果如表 4-4 所示.

表 4-4　实验测量数据三

t/s	0	5	10	15	20	25	30	35	50	70	90	110
U_C/V												
i_C/A												

四、实验报告

1. 完成 RC 一阶电路两种响应的实验测试.
2. 绘制 $u_C=f(t)$ 及 $i_C=f(t)$ 两种响应曲线.

注意：如果极性接反了，漏电流会大量增加，甚至会因内部电流的热效应过大而炸毁电容器，使用时必须注意！

第 5 章 互感电路分析

耦合电感在工程中有广泛的应用,耦合电感元件属于多端元件,在实际电路中,如收音机、电视机中的中周线圈、振荡线圈,整流电源里使用的变压器等都是耦合电感元件,熟悉这类多端元件的特性,掌握包含这类多端元件的电路问题的分析方法是非常必要的. 本章主要介绍互感的概念、互感线圈同名端及磁通方程、电压电流关系;同时还简要介绍含有耦合电感的电路的分析和计算、理想变压器的初步概念.

5.1 互感的基本概念

载流线圈之间通过彼此的磁场相互联系的物理现象称为磁耦合. 图 5-1 为两个有耦合关系的线圈,载流线圈 1 中通入电流 i_1 时,在线圈 1 中产生磁通 Φ_{11},称为自感磁通;同时,有部分磁感线穿过邻近线圈 2,在线圈 2 中产生磁通 Φ_{21},这部分磁通称为互感磁通. 电流 i_1 称为施感电流. 两线圈的匝数分别为 N_1 和 N_2. 如图 5-1 所示,根据线圈的绕向、电流 i_1 的参考方向,利用右手螺旋定则可以判断施感电流产生的磁通方向和彼此交链的情况. 交链自身线圈时产生的磁链设为 Ψ_{11},此磁链为自感磁链;交链线圈 2 时产生的磁链设为 Ψ_{21},称为互感磁链.

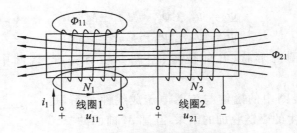

图 5-1 耦合电感单线圈通电

如果两个线圈都有电流,根据电磁感应原理,它们都会在各自的线圈中产生自感磁链,同时彼此根据耦合情况都会在对方线圈中产生互感磁链,如图 5-2 所示,根据电流方向和线圈绕向,利用右手螺旋定则判断各变量方向.

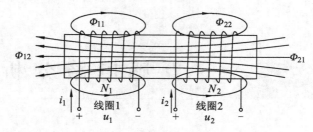

图 5-2 耦合电感双线圈通电

磁链等于磁通与线圈匝数的乘积,即 $\Psi = N\Phi$,当周围空间是各向同性的线性磁介质时,每一磁链都与产生它的施感电流成正比.

当单一线圈施感时,如图 5-1 所示,则有

$$\Psi_{11} = L_1 i_1$$

L_1 为自感系数,简称自感,单位为亨特(H).

$$\Psi_{21} = M_{21} i_1$$

M_{21} 为互感系数,简称互感,单位为亨特(H).

当两个线圈都有电流时,如图 5-2 所示,则有

自感磁链

$$\Psi_{11} = L_1 i_1, \qquad \Psi_{22} = L_2 i_2$$

互感磁链

$$\Psi_{12} = M_{12} i_2, \qquad \Psi_{21} = M_{21} i_1$$

上式中 L_1 和 L_2 为自感系数,M_{21} 和 M_{21} 为互感系数,简称互感.可以证明 $M_{21} = M_{12}$,所以当只有两个线圈耦合时可以略去下标,即有 $M = M_{21} = M_{12}$.如果线圈 1 和 2 中的合成磁链分别设为 Ψ_1(与 Ψ_{11} 同向)和 Ψ_2(与 Ψ_{22} 同向),耦合电感中每一线圈的磁链为自感磁链与互感磁链的代数和,即

$$\Psi_1 = \Psi_{11} \pm \Psi_{12} = L_1 i_1 \pm M_{12} i_2 \qquad (5\text{-}1)$$
$$\Psi_2 = \Psi_{22} \pm \Psi_{21} = L_2 i_2 \pm M_{21} i_1$$

注意:M 值与线圈的形状、几何位置、空间介质有关,与线圈中的电流无关,满足 $M_{12} = M_{21}$.

上式表明,耦合线圈中的磁链与施感电流成线性关系,是各个施感电流独立产生的磁链叠加的结果.互感 M 前面的"$\pm$"号说明在磁耦合中,互感作用有增强和削弱磁场的两种可能性.式中取"$+$"表示互感磁链与线圈自感磁链方向相同,自感方向的磁场得到增强,称为同向耦合.工程上将同向耦合状态下的一对施感电流的(i_1 和 i_2)的流入端(或流出端),称为同名端,并用同一符号标出,如图 5-3 所示用"·"标出的 1 端和 2 端即为耦合的同名端(剩余的两个端子是不是同名端呢?).同名端可以用实验方法判断,在后面我们再详细讲解.反之,式中取"$-$"表示互感磁链与线圈自感磁链方向相反,施感电流是从异名端流入的,总有 Ψ_1 小于 Ψ_{11},Ψ_2 小于 Ψ_{22},自感方向的磁场得到削弱,称为反向耦合.引入同名端概念后,可以采用图 5-3 所示,用带有互感 M 和同名端标记的电感,元件 L_1

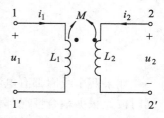

图 5-3 互感元件

和 L_2 表示耦合电感，M 表示互感. 这样有

$$\Psi_1 = \Psi_{11} + \Psi_{12} = L_1 i_1 + M i_2$$

$$\Psi_2 = \Psi_{22} + \Psi_{21} = L_2 i_2 + M i_1$$

式中 M 前取"+"，表示同向耦合. 互感元件可以看作是有 4 个端子的二端口电路元件.

例 5-1 如图 5-3 所示，其中，$i_1 = 3$ A（直流），$i_2 = 10\cos(50t)$ A（t 以秒为单位），$L_1 = 2$ H，$L_2 = 3$ H，$M = 1$ H. 求耦合电感中的磁链.

解 由图可知，施感电流都是从同名端流入，为同向耦合，各磁链计算如下：

$$\Psi_{11} = L_1 i_1 = 2 \times 3 \text{ Wb} = 6 \text{ Wb}$$

$$\Psi_{22} = L_2 i_2 = 3 \times 10\cos(50t) \text{ Wb} = 30\cos(50t) \text{ Wb}$$

$$\Psi_{12} = M i_2 = 1 \times 10\cos(50t) \text{ Wb} = 10\cos(50t) \text{ Wb}$$

$$\Psi_{21} = M i_1 = 1 \times 3 \text{ Wb} = 3 \text{ Wb}$$

最后得

$$\Psi_1 = \Psi_{11} + \Psi_{12} = [6 + 10\cos(50t)] \text{ Wb}$$

$$\Psi_2 = \Psi_{22} + \Psi_{21} = [3 + 30\cos(50t)] \text{ Wb}$$

耦合电感中磁链 Ψ_1、Ψ_2，不仅与施感电流大小有关，还与线圈的结构、相互位置和磁介质决定的线圈耦合紧疏程度有关. 工程上为了定量地描述两个耦合线圈的紧疏程度，把两线圈的互感磁链与自感磁链的比值的几何平均值定义为耦合因数，记为 k，即有

$$k = \sqrt{\left|\frac{\Psi_{12}}{\Psi_{11}}\right| \cdot \left|\frac{\Psi_{21}}{\Psi_{22}}\right|}$$

由于 $\Psi_{11} = L_1 i_1$，$|\Psi_{12}| = M i_2$，$|\Psi_{21}| = M i_1$，$\Psi_{22} = L_2 i_2$，代入上式得

$$k = \frac{M}{\sqrt{L_1 L_2}}$$

耦合因数 k 与线圈的结构、相互几何位置、空间磁介质有关.

因为 $\Psi_{12} \leq \Psi_{11}$，$\Psi_{21} \leq \Psi_{22}$，所以 $k \leq 1$；只有当线圈 1 和线圈 2 耦合得相当紧密的时候 Ψ_{21} 近似等于 Ψ_{11}，Ψ_{12} 近似等于 Ψ_{22}，k 将接近于 1，此时称为全耦合.

当 $M = 0$ 时，$k = 0$，此时无耦合.

当线圈 1 中通入电流 i_1 时，在线圈 1 中产生磁通，同时，有部分磁通穿过邻近线圈 2. 当 i_1 为时变电流时，磁通也将随时间变化，从而在线圈两端产生感应电压. 当 i_1、u_{11}、u_{21} 方向与 Φ 符合右手定则时（如图 5-1 设定），根据电磁感应定律和楞次定律，有

$$u_{11} = \frac{d\Psi_{11}}{dt} = N_1 \frac{d\Phi_{11}}{dt}, \quad u_{21} = \frac{d\Psi_{21}}{dt} = N_2 \frac{d\Phi_{21}}{dt}$$

式中，u_{11} 为自感电压，u_{21} 为互感电压，Ψ 为磁链.

当线圈周围无铁磁物质（空心线圈）时，有

$$u_{11} = L_1 \frac{di_1}{dt} \quad \left(L_1 = \frac{\Psi_{11}}{i_1}\right)$$

$$u_{21} = M_{21} \frac{di_1}{dt} \quad \left(M_{21} = \frac{\Psi_{21}}{i_1}\right)$$

式中，L_1 为线圈 1 的自感系数，M_{21} 为线圈 1 对线圈 2 的互感系数.

同理,当线圈 2 中通有电流 i_2 时会产生磁通 Φ_{22}、Φ_{12}。当 i_2 为时变电流时,线圈 2 和线圈 1 两端分别产生感应电压 u_{22}、u_{12},如图 5-4 所示.

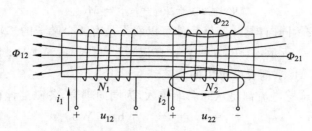

图 5-4　线圈 2 通电情况

根据电磁感应定律和楞次定律,有

$$u_{12}=\frac{\mathrm{d}\Psi_{12}}{\mathrm{d}t}=N_1\frac{\mathrm{d}\Phi_{12}}{\mathrm{d}t}=M_{12}\frac{\mathrm{d}i_2}{\mathrm{d}t} \qquad \left(M_{12}=\frac{\Psi_{12}}{i_2}\right)$$

$$u_{22}=\frac{\mathrm{d}\Psi_{22}}{\mathrm{d}t}=N_2\frac{\mathrm{d}\Phi_{22}}{\mathrm{d}t}=L_2\frac{\mathrm{d}i_2}{\mathrm{d}t} \qquad \left(L_2=\frac{\Psi_{22}}{i_2}\right)$$

如果耦合电感 L_1 和 L_2 中流过变动的电流,即当 i_1、i_2 随时间变化时,磁通也将随时间变化,根据电磁感应原理,在线圈两端产生感应电压.按图 5-3 所示设电压、电流的参考方向,则有

$$\begin{aligned}\Psi_1 &= \Psi_{11} \pm \Psi_{12} = L_1 i_1 \pm M_{12} i_2 \\ \Psi_2 &= \Psi_{22} \pm \Psi_{21} = L_2 i_2 \pm M_{21} i_1 \\ u_1 &= \frac{\mathrm{d}\Psi_1}{\mathrm{d}t} = L_1\frac{\mathrm{d}i_1}{\mathrm{d}t} \pm M\frac{\mathrm{d}i_2}{\mathrm{d}t} = u_{11} \pm u_{12} \\ u_2 &= \frac{\mathrm{d}\Psi_2}{\mathrm{d}t} = L_2\frac{\mathrm{d}i_2}{\mathrm{d}t} \pm M\frac{\mathrm{d}i_1}{\mathrm{d}t} = u_{21} \pm u_{22}\end{aligned} \qquad (5\text{-}2)$$

式中,u_{11}、u_{22} 是自感电压,u_{12}、u_{21} 是互感电压.

上式中互感电压前"＋"、"－"号的选取方法为:若互感电压的"＋"极性端子与产生它的电流流进的端子为一对同名端,互感电压取"＋"号;否则取"－"号.或者看自感磁链与互感磁链的关系来确定,当两线圈的自感磁链和互感磁链相助,互感电压取正,否则取负.

表明互感电压的正、负:

① 与电流的参考方向有关.

② 与线圈的相对位置和绕向有关.

在正弦交流电路中,常采用相量形式分析,其相量形式的方程为

$$\dot{U}_1 = \mathrm{j}\omega L_1 \dot{I}_1 + \mathrm{j}\omega M \dot{I}_2$$

$$\dot{U}_2 = \mathrm{j}\omega L_2 \dot{I}_2 + \mathrm{j}\omega M \dot{I}_1$$

5.2 同名端

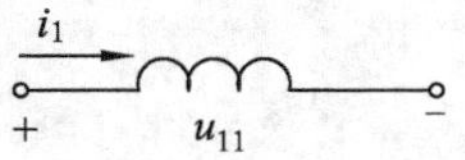

在前面课程的学习中我们知道,对于单一电感元件的自感电压的求解,当 u、i 取关联参考方向,u、i 与 Φ 符合右手螺旋定则,如图 5-5 所示,其表达式为

$$u_{11}=\frac{\mathrm{d}\Psi_{11}}{\mathrm{d}t}=N_1\frac{\mathrm{d}\Phi_{11}}{\mathrm{d}t}=L_1\frac{\mathrm{d}i_1}{\mathrm{d}t}$$

图 5-5 自感电压、电流

上式说明,对于自感电压,由于电压、电流为同一线圈上的,只要参考方向确定了,其数学描述便可容易地写出,不用考虑线圈绕向.

在分析由施感电流引起的互感电压时,必须明确知道互感线圈的绕向.如图 5-6(a)所示,施感电流如果由 A 端流入,互感线圈上的感应电压方向由 B 至 Y.而图 5-6(b)中由于互感线圈的绕向发生了改变,使得即使施感电流方向完全没变的情况下,互感线圈上的感应电压由 Y 至 B.

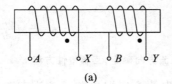
(a)

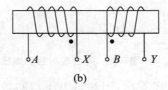
(b)

图 5-6 互感元件同名端

对互感电压,因产生该电压的电流在另一线圈上,因此,要确定其符号,就必须知道两个线圈的绕向,这在电路分析中显得很不方便.为解决这个问题,引入了同名端的概念.

当两个施感电流分别从两个线圈的对应端子同时流入或流出,若所产生的磁通相互加强时,则这两个对应端子称为两互感线圈的同名端.在电路图中一般用圆点"·"、星号"*"或"△"标注,如图 5-3 所示.

同名端的判断方法主要是利用右手螺旋定则判断,如图 5-7 所示.

① 当两个线圈中电流同时由同名端流入(或流出)时,两个电流产生的磁场相互增强.

② 当随时间增大的时变电流从一线圈的一端流入时,将会引起另一线圈相应同名端的电位升高.

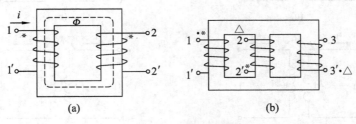

图 5-7 同名端判断

同名端必须是两两对应确定,图 5-8 中,同时有三个线圈同柱绕制,它们之间的同名端标注在图中,读者可以根据右手螺旋定则和同名端定义自行判断.

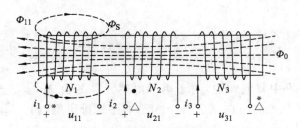

图 5-8　三线圈互感两两标注同名端

同名端的实验室测取,具体方法见本章节的"技能训练 5　互感线圈的同名端判别".

有了同名端,我们设定互感电压的参考方向时,就可以不必再画出线圈的绕向.在直流电路中我们曾经学过,电压和电流的参考方向可以任意建立,但在假设互感电压的参考方向时,为了解题方便和符合习惯,一般按照同名端原则进行,如图 5-9 所示.

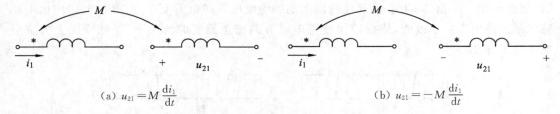

图 5-9　同名端与互感电压、电流方向确定,互感特性方程

由图 5-9 可以看出,当互感电压与同名端电流方向取关联参考方向时,互感线圈特性方程就取正号,即为 $u_{21}=M\dfrac{\mathrm{d}i_1}{\mathrm{d}t}$,如图 5-9(a)所示;反之,当互感电压与同名端电流方向取非关联参考方向时,互感线圈特性方程就取负号,即为 $u_{21}=-M\dfrac{\mathrm{d}i_1}{\mathrm{d}t}$,如图 5-8(b)所示.只有这样,互感电压的正、负号才有意义.

例 5-2　试列出图 5-10 中各个互感线圈电路中的电压、电流方程.

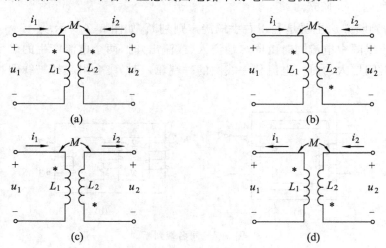

图 5-10　例 5-2 图

解 根据同名端定义，利用 KVL 可以得到互感线圈电路电压、电流方程：

图(a)：
$$u_1 = u_{11} + u_{21} = L_1 \frac{di_1}{dt} + M \frac{di_2}{dt}$$

$$u_2 = u_{12} + u_{22} = M \frac{di_1}{dt} + L_2 \frac{di_2}{dt}$$

图(b)：
$$u_1 = u_{11} + u_{21} = L_1 \frac{di_1}{dt} - M \frac{di_2}{dt}$$

$$u_2 = u_{12} + u_{22} = -M \frac{di_1}{dt} + L_2 \frac{di_2}{dt}$$

图(c)：
$$u_1 = u_{11} + u_{21} = L_1 \frac{di_1}{dt} + M \frac{di_2}{dt}$$

$$u_2 = u_{12} + u_{22} = -M \frac{di_1}{dt} - L_2 \frac{di_2}{dt}$$

图(d)：
$$u_1 = u_{11} + u_{21} = -L_1 \frac{di_1}{dt} - M \frac{di_2}{dt}$$

$$u_2 = u_{12} + u_{22} = M \frac{di_1}{dt} + L_2 \frac{di_2}{dt}$$

例 5-3 如图 5-11 所示，已知 $R_1 = 10\ \Omega, L_1 = 5\ H, L_2 = 2\ H, M = 1\ H$，求 $u(t)$ 和 $u_2(t)$。

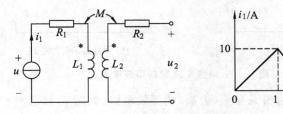

图 5-11 例 5-3 图

解 由题可得

$$i_1 = \begin{cases} 10t, & 0 \leq t \leq 1\ s \\ 20 - 10t, & 1\ s \leq t \leq 2\ s \\ 0, & t \geq 2\ s \end{cases}$$

所以

$$u(t) = R_1 i_1 + L_1 \frac{di_1}{dt} = \begin{cases} 100t + 50\ V, & 0 \leq t \leq 1\ s \\ -100t + 150\ V, & 1\ s \leq t \leq 2\ s \\ 0, & t \geq 2\ s \end{cases}$$

$$u_2(t) = M \frac{di_1}{dt} = \begin{cases} 10\ V, & 0 \leq t \leq 1\ s \\ -10\ V, & 1\ s \leq t \leq 2\ s \\ 0, & t \geq 2\ s \end{cases}$$

5.3 互感线圈的串并联

当电路中含有互感线圈的时候,除了电流流过线圈本身时由于自感所引起的自感电压外,还必须考虑由于互感线圈之间的磁场联系所引起的互感电压的影响.这些互感电压可能是由本支路上的互感线圈引起的,也可能是由其他支路上的线圈引起的,这就要求在进行具体分析、计算时,注意由于互感的作用而出现的特殊问题.互感电路的正弦稳态分析可采用相量法,但应注意耦合电感上的电压包含自感和互感两部分电压,在利用 KVL 列写方程时,要正确使用同名端计入互感电压.

1. 互感线圈的串联

如图 5-12(a)所示为一种串联互感电路,从图中可以看出为两个电感按同名端顺次串联,电流从同名端流入,为同向耦合,故称为顺向串联(另外一种为反向串联,为反向耦合状态),按图示设定参考方向,利用 KVL 列写回路电压方程为

$$u_1 = R_1 i + L_1 \frac{di}{dt} + M \frac{di}{dt} = R_1 i + (L_1 + M) \frac{di}{dt}$$

$$u_2 = R_2 i + L_2 \frac{di}{dt} + M \frac{di}{dt} = R_2 i + (L_2 + M) \frac{di}{dt}$$

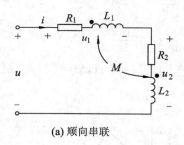
(a) 顺向串联

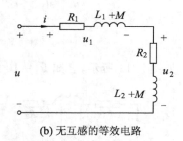
(b) 无互感的等效电路

图 5-12 耦合电感顺向串联电路

根据上述电压方程可以给出无互感(去耦)的等效电路,如图 5-12(b)所示.根据 KVL 可以得到等效电路回路电压方程为

$$u = R_1 i + L_1 \frac{di}{dt} + M \frac{di}{dt} + L_2 \frac{di}{dt} + M \frac{di}{dt} + R_2 i$$

$$= (R_1 + R_2) i + (L_1 + L_2 + 2M) \frac{di}{dt} = Ri + L \frac{di}{dt}$$

其中,$R = R_1 + R_2$,$L = L_1 + L_2 + 2M$.

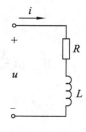

图 5-13 去耦等效电路

根据上式,等效电路可以进一步简化,如图 5-13 所示.

等效电路为电阻 R_1、R_2 和等效电感 $L = L_1 + L_2 + 2M$ 的串联电路.对正弦稳态电路,可以采用相量形式表示为

$$\dot{U}_1 = R_1 \dot{I} + j\omega(L_1 + M) \dot{I}$$

$$\dot{U}_2 = R_2 \dot{I} + j\omega(L_2 + M) \dot{I}$$

$$\dot{U} = \dot{U}_1 + \dot{U}_2 = (R_1 + R_2) \dot{I} + j\omega(L_1 + L_2 + 2M) \dot{I}$$

根据欧姆定律,电流 $\dot{I}$ 为

$$\dot{I} = \frac{\dot{U}}{(R_1+R_2)+j\omega(L_1+L_2+2M)}$$

每一条耦合电感支路的阻抗和电路的输入阻抗分别为

$$Z_1 = R_1 + j\omega(L_1+M), \quad Z_2 = R_2 + j\omega(L_2+M)$$
$$Z = (R_1+R_2) + j\omega(L_1+L_2+2M)$$

可以看出顺向串联互感电路中,每条耦合电感支路阻抗和输入阻抗都比无互感时的阻抗大,这是由于顺向串联时,互感同向耦合,线圈各自磁场增强,起增磁作用.

对于反向串联,如图 5-14(a)所示,互感线圈同名端非顺次连接,电流从异名端依次流过每个互感线圈.

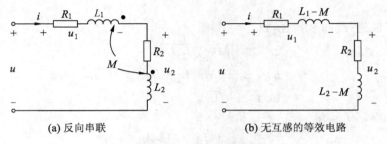

(a) 反向串联   **(b) 无互感的等效电路**

图 5-14 耦合电感反向串联电路

同样利用 KVL 分析可得到反向串联电路方程为

$$u_1 = R_1 i + L_1 \frac{di}{dt} - M \frac{di}{dt} = R_1 i + (L_1-M)\frac{di}{dt}$$

$$u_2 = R_2 i + L_2 \frac{di}{dt} - M \frac{di}{dt} = R_2 i + (L_2-M)\frac{di}{dt}$$

$$u = R_1 i + L_1 \frac{di}{dt} - M \frac{di}{dt} + L_2 \frac{di}{dt} - M \frac{di}{dt} + R_2 i$$

$$= (R_1+R_2)i + (L_1+L_2-2M)\frac{di}{dt} = Ri + L\frac{di}{dt}$$

其中,$R = R_1+R_2$,$L = L_1+L_2-2M$.

若采用相量形式:

$$\dot{U}_1 = R_1 \dot{I} + j\omega(L_1-M)\dot{I}$$
$$\dot{U}_2 = R_2 \dot{I} + j\omega(L_2-M)\dot{I}$$
$$\dot{U} = \dot{U}_1 + \dot{U}_2 = (R_1+R_2)\dot{I} + j\omega(L_1+L_2-2M)\dot{I}$$
$$\dot{I} = \frac{\dot{U}}{(R_1+R_2)+j\omega(L_1+L_2-2M)}$$

每一条耦合电感支路的阻抗和电路的输入阻抗分别为

$$Z_1 = R_1 + j\omega(L_1-M), \quad Z_2 = R_2 + j\omega(L_2-M)$$
$$Z = (R_1+R_2) + j\omega(L_1+L_2-2M)$$

可以看出反向串联互感电路中,每条耦合电感支路阻抗和输入阻抗都比无互感时的阻抗小,这是由于反向串联时,互感反向耦合,线圈各自磁场被互感作用削弱,起去磁作用.

根据上述分析,可以看出,互感串联中,不同的串联方式,电路中阻抗会出现不同的大

小(顺串阻抗大,反串阻抗小).这一结论可以用来判断线圈的同名端——在同一个正弦交流电压源作用下,分别将互感线圈顺串和反串,测量两种情况下电路中的电流.根据上面的分析结论,线圈顺串时等效阻抗要比线圈反串时的等效阻抗大,所以,电流较大时线圈是反串的,也就是说,两个线圈靠近的一端就是同名端,另两端也是同名端.

这一结论还可以用来测量两个互感线圈之间的互感系数 M 的大小.方法是:顺接一次,反接一次,就可以测出互感.

因为顺串电感 $L_S = L_1 + L_2 + 2M$,反串电感 $L_F = L_1 + L_2 - 2M$,故得

$$L_S - L_F = (L_1 + L_2 + 2M) - (L_1 + L_2 - 2M) = 4M$$

推得

$$M = \frac{L_S - L_F}{4}$$

若忽略漏磁通,线圈全耦合,则

$$M = \sqrt{L_1 L_2}$$

$$L = L_1 + L_2 \pm 2M = L_1 + L_2 \pm 2\sqrt{L_1 L_2}$$
$$= (\sqrt{L_1} \pm \sqrt{L_2})^2$$

当 $L_1 = L_2$ 时,$M = L_1$,有

$$L = \begin{cases} 4L_1, & 顺串 \\ 0, & 反串 \end{cases}$$

2. 互感线圈的并联

耦合电感除了前述的串联外,在有些电路中还会出现并联,如图 5-15(a)所示是耦合电感的一种并联电路,由于是同名端连接在同一结点上,故称为同侧并联电路.

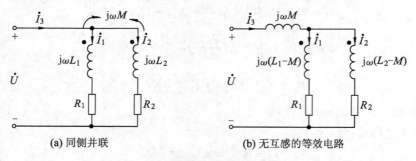

(a) 同侧并联　　　　　　(b) 无互感的等效电路

图 5-15　耦合电感同侧并联电路

利用 KCL 和 KVL 分析电路可以得到,电路的电压相量方程为

$$\dot{U} = (R_1 + j\omega L_1)\dot{I}_1 + j\omega M \dot{I}_2 = [R_1 + j\omega(L_1 - M)]\dot{I}_1 + j\omega M \dot{I}_3$$
$$\dot{U} = (R_2 + j\omega L_2)\dot{I}_2 + j\omega M \dot{I}_1 = [R_2 + j\omega(L_2 - M)]\dot{I}_2 + j\omega M \dot{I}_3$$
$$\dot{I}_3 = \dot{I}_1 + \dot{I}_2$$

除了同名端接于同一结点的同侧并联外,还有同名端接于不同结点的异侧并联,如图 5-16(a)所示.

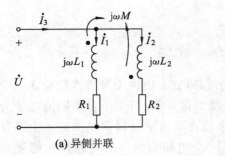 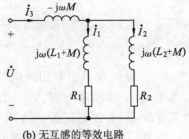

(a) 异侧并联 (b) 无互感的等效电路

图 5-16 耦合电感异侧并联电路

同样，根据 KCL 和 KVL 可得异侧并联电路的电压方程为

$$\dot{U}=(R_1+\mathrm{j}L_1\omega)\dot{I}_1-\mathrm{j}\omega M\dot{I}_2=[R_1+\mathrm{j}\omega(L_1+M)]\dot{I}_1-\mathrm{j}\omega M\dot{I}_3$$

$$\dot{U}=(R_2+\mathrm{j}L_2\omega)\dot{I}_2-\mathrm{j}\omega M\dot{I}_1=[R_2+\mathrm{j}\omega(L_2+M)]\dot{I}_2-\mathrm{j}\omega M\dot{I}_3$$

$$\dot{I}_3=\dot{I}_1+\dot{I}_2$$

例 5-4 如图 5-14(a)所示电路中，正弦电压 $U=50$ V，$R_1=3$ Ω，$\omega L_1=7.5$ Ω，$R_2=5$ Ω，$\omega L_2=12.5$ Ω，$\omega M=8$ Ω，求该互感电路电流和耦合因数.

解 耦合因数 k 为

$$k=\frac{M}{\sqrt{L_1L_2}}=\frac{\omega M}{\sqrt{\omega L_1 \omega L_2}}=\frac{8}{\sqrt{7.5\times12.5}}\approx 0.826$$

电路输入阻抗为

$$Z=(R_1+R_2)+\mathrm{j}\omega(L_1+L_2-2M)$$
$$=[3+5+\mathrm{j}(7.5+12.5-16)]\Omega$$
$$=(8+\mathrm{j}4)\Omega=8.94\angle 26.57°\ \Omega$$

设 $\dot{U}=50\angle 0°$，则

$$\dot{I}=\frac{\dot{U}}{Z}=\frac{50\angle 0°}{8.94\angle 26.57°}\approx 5.59\angle -26.57°\ \text{A}$$

例 5-5 如图 5-15(a)所示电路中，正弦电压 $U=50$ V，$R_1=3$ Ω，$\omega L_1=7.5$ Ω，$R_2=5$ Ω，$\omega L_2=12.5$ Ω，$\omega M=8$ Ω，求电路的输入阻抗和各个支路电流.

解 设 $\dot{U}=50\angle 0°$. 取 $Z_1=R_1+\mathrm{j}\omega L_1$，$Z_2=R_2+\mathrm{j}\omega L_2$，$Z_M=\mathrm{j}\omega M$.

由 KVL 和 KCL，可得

$$\dot{U}=(R_1+\mathrm{j}\omega L_1)\dot{I}_1+\mathrm{j}\omega M\dot{I}_2=Z_1\dot{I}_1+Z_M\dot{I}_2$$

$$\dot{U}=(R_2+\mathrm{j}\omega L_2)\dot{I}_2+\mathrm{j}\omega M\dot{I}_1=Z_2\dot{I}_2+Z_M\dot{I}_1$$

$$\dot{I}_3=\dot{I}_1+\dot{I}_2$$

联列方程求解，得

$$\dot{I}_1=\frac{Z_2-Z_M}{Z_1Z_2-Z_M^2}\dot{U}=\frac{5+\mathrm{j}4.5}{-14.5+\mathrm{j}75}\times 50\angle 0°\ \text{A}=4.4\angle 159.14°\ \text{A}$$

$$\dot{I}_2=\frac{Z_1-Z_M}{Z_1Z_2-Z_M^2}\dot{U}=\frac{3-\mathrm{j}0.5}{-14.5+\mathrm{j}75}\times 50\angle 0°\ \text{A}=1.99\angle 110.59°\ \text{A}$$

$$Z=\frac{\dot{U}}{\dot{I}_1+\dot{I}_2}=\frac{50\angle 0°}{4.4\angle 159.14°+1.99\angle 110.59°}\Omega=8.55\angle 74.56°\ \Omega$$

5.4 变压器

变压器是电工、电子技术中常用的电气设备,它是由两个耦合线圈绕在一个共同的芯子上制成的,其中,一个线圈接电源,另一个线圈接负载.当变压器线圈的芯子为非铁磁材料时,称为空芯变压器.空芯变压器是由两个绕在非铁磁材料制成的芯子上并且具有互感的线圈组成的.它是一种利用互感来实现从一个电路向另一个电路传输能量或信号的器件.如图5-17为空芯变压器原理图.

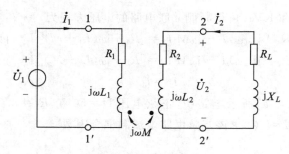

图 5-17 空芯变压器电路

空芯变压器中与电源相连的一边称为原边,其线圈称为初级绕组(或原绕组);与负载相连的一边称为副边,其线圈称为次级绕组(或副绕组).图 5-17 中 R_1、R_2、L_1、L_2 分别表示原副边的电阻、电感,$Z_L = R_L + jX_L$ 为负载阻抗.若在原绕组上加一个正弦交流电压 $\dot{U}_1$,假设原、副线圈上电压、电流参考方向如图 5-17 所示,根据基尔霍夫电压定律,可得

$$\begin{cases} (R_1+j\omega L_1)\dot{I}_1 + j\omega M \dot{I}_2 = \dot{U}_1 \\ j\omega M \dot{I}_1 + (R_2+j\omega L_2+R_L+jX_L)\dot{I}_2 = 0 \end{cases}$$

令 $Z_{11} = R_1 + j\omega L_1$ 为原边回路阻抗,$Z_{22} = R_2 + j\omega L_2 + R_L + jX_L$ 为副边回路阻抗,$Z_M = j\omega M$,则

$$\begin{cases} Z_{11}\dot{I}_1 + Z_M \dot{I}_2 = \dot{U}_1 \\ Z_M \dot{I}_1 + Z_{22}\dot{I}_2 = 0 \end{cases}$$

解得

$$\dot{I}_1 = \frac{\dot{U}_1}{Z_{11} - \frac{Z_M^2}{Z_{22}}}$$

$$\dot{I}_2 = \frac{-Z_M \dot{U}_1}{Z_{11}Z_{22} - Z_M^2}$$

根据上述分析可以把空芯变压器电路原副边分别等效,其等效电路如图 5-18 所示.

图 5-18(a)中 $Z_i = -\frac{Z_M^2}{Z_{22}}$,称为引入阻抗或反射阻抗,它为二次回路阻抗和互感阻抗反映到一次侧的等效阻抗.引入阻抗的性质与 Z_{22} 相反,即感性变为容性.图 5-18(b)中 $\dot{U}_{oc} = \frac{Z_M \dot{U}_1}{Z_{11}}$ 为空芯变压器副边 2-2′ 开路电压,$Z_{eq} = R_2 + j\omega L_2 - \frac{Z_M^2}{Z_{11}}$ 为端口 2-2′ 的戴维南等效阻抗.

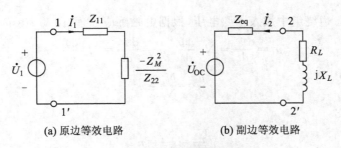

(a) 原边等效电路　　　　　　(b) 副边等效电路

图 5-18　空芯变压器等效电路

例 5-6　空芯变压器电路中，$R_1=R_2=0$，$L_1=5$ H，$L_2=1.2$ H，$M=2$ H，$u_1=100\cos(10t)$ V，负载阻抗 $Z_L=R_L+jX_L=3$ Ω，求原、副边电流 i_1、i_2.

解
$$\dot{U}_1=50\sqrt{2}\angle 0° \text{ V}$$
$$Z_{11}=R_1+j\omega L_1=j50 \text{ Ω}$$
$$Z_{22}=R_2+j\omega L_2+R_L+jX_L=(3+j12) \text{ Ω}$$
$$Z_M=j\omega M=j20 \text{ Ω}$$

$$\dot{I}_1=\frac{\dot{U}_1}{Z_{11}-\dfrac{Z_M^2}{Z_{22}}} \text{ A}=\frac{50\sqrt{2}\angle 0°}{j50+\dfrac{400}{3+j12}} \text{ A}=3.5\angle -67.2° \text{ A}$$

$$\dot{I}_2=\frac{-Z_M\dot{U}_1}{Z_{11}Z_{22}-Z_M^2}=\frac{-j20\times 50\sqrt{2}\angle 0°}{j50\times(3+j12)+400} \text{ A}=5.66\angle 126.84° \text{ A}$$

$$i_1=3.5\sqrt{2}\cos(10t-67.2°) \text{ A},\ i_2=5.66\sqrt{2}\cos(10t+126.84°) \text{ A}$$

理想变压器是实际变压器的理想化模型，是对互感元件的理想科学抽象，是极限情况下的耦合电感．

理想变压器的三个理想化条件：

① 无损耗：线圈导线无电阻，做芯子的铁磁材料的磁导率无限大．

② 全耦合，即 $k=1$，$M=\sqrt{L_1L_2}$．

③ 参数无限大：L_1、L_2、M 均趋向于 ∞，但 $\sqrt{\dfrac{L_1}{L_2}}=\dfrac{N_1}{N_2}=n$．

实际变压器是有损耗的（铁芯损耗、线圈电阻损耗），也不可能全耦合，即 L_1、$L_2\neq\infty$，$k\neq 1$．除了用具有互感的电路来分析和计算以外，还常用含有理想变压器的电路模型来表示，如图 5-19 所示．

在这里利用前面所学互感知识可以得到理想变压器原、副边有如下关系：

（1）变压关系

如图 5-19 所示为理想变压器模型，电压、电流按图中参考方向标注．

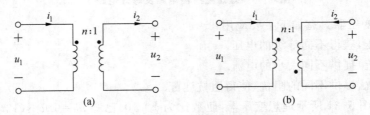

图 5-19　理想变压器模型

设变压器中原边绕组中加入正弦电压,根据电磁感应原理,图 5-20(a)中有

$$u_1 = \frac{d\Psi_1}{dt} = N_1 \frac{d\Phi}{dt}, \quad u_2 = \frac{d\Psi_2}{dt} = N_2 \frac{d\Phi}{dt}$$

$$\frac{u_1}{u_2} = \frac{N_1}{N_2} = n$$

可以分析得出

$$\frac{U_1}{U_2} = \frac{N_1}{N_2} = n$$

可以看出,在理想变压器中,原、副边电压的大小与原、副边线圈的匝数成正比. 原边电压与副边电压之比定义为变压器的变比.

(2) 变流关系

图 5-20(a)中理想变压器既不耗能也不储能,故输入的瞬时功率等于零,即 $u_1 i_1 + u_2 i_2 = 0$,则有

$$\frac{I_1}{I_2} = \frac{U_2}{U_1} = \frac{N_2}{N_1} = \frac{1}{n}$$

可以分析得出

$$\frac{I_1}{I_2} = \frac{1}{n}$$

可以看出,理想变压器中,原、副边电流之比与绕组匝数成反比. 理想变压器将能量由原边全部传输到副边输出,在传输的过程中,仅将电压、电流按变比作数值变换.

(3) 阻抗变换关系

如图 5-20 所示,根据前续分析,理想变压器电路可以等效为一个阻抗电路,这个阻抗与原负载阻抗之间的关系为

$$|Z_L'| = \frac{U_1}{I_1} = \frac{nU_2}{\frac{1}{n}I_2} = n^2 |Z_L|$$

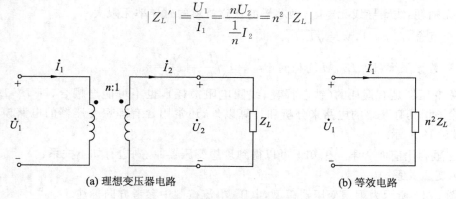

(a) 理想变压器电路　　　　(b) 等效电路

图 5-20　理想变压器电路及等效电路

综上可知,变压器具有如下主要应用:
① 变换电压,获得不同等级的电压.
② 变换电流,提供不同大小的电流.
③ 变换阻抗,提供不同的阻抗,使得阻抗匹配.

例 5-7　如图 5-21 所示理想变压器,匝数比为 1:10,已知 $u_S = 10\cos(10t)$ V (t 以秒为单位),$R_1 = 1 \ \Omega$,$R_2 = 100 \ \Omega$,求 u_2.

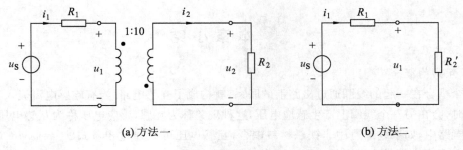

(a) 方法一　　　　　　　　　　(b) 方法二

图 5-21　例 5-7 图

解

方法一：

$$\begin{cases} R_1 i_1 + u_1 = u_S \\ R_2 i_2 + u_2 = 0 \end{cases}$$

$$\begin{cases} \dfrac{u_1}{u_2} = \dfrac{1}{10} \\ \dfrac{i_1}{i_2} = 10 \end{cases}$$

$$u_2 = 5u_S = 50\cos(10t) \text{ V}$$

方法二：

$$R_2' = \dfrac{u_1}{i_1} = \dfrac{\frac{1}{10}u_2}{10 i_2} = \dfrac{1}{10^2}R_2 = 1 \text{ Ω}$$

$$u_1 = \dfrac{R_2'}{R_2' + R_1} u_S = 5\cos(10t) \text{ V}$$

$$u_2 = 10 u_1 = 50\cos(10t) \text{ V}$$

例 5-8　如图 5-22 所示电路中，如果使 10 Ω 电阻能获得最大功率，试求理想变压器的变比 n.

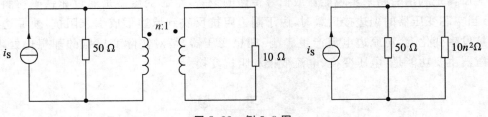

图 5-22　例 5-8 图

解　最大功率传输条件是电源内阻等于负载电阻. 由图知，电源内阻为 50 Ω，所以通过变压器阻抗变换后电阻即为电源的负载电阻，则有

$$10n^2 = 50$$

$$n = \sqrt{5} = 2.236$$

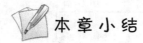

本章小结

1. 互感的概念

两个耦合在一起的线圈通过磁路上的联系,就构成了互感电路.当有施感电流流入其中一个线圈时,会在另一个线圈上产生感应电压,这种现象称为互感,感应电压称为互感电压.在正弦交流电路中,如果线圈通过非铁磁材料耦合,互感电压可以通过相量式 $\dot{U}_M = j\omega M \dot{I}$ 进行计算($\dot{U}_M$、$\dot{I}$ 参考方向符合同名端原则),其中 $\dot{I}$ 为施感电流.

2. 同名端的概念及判别方法

为了分析、作图方便,引入同名端的概念.所谓同名端,是指互感线圈中施感电流的流入端和另一线圈上得到的互感电压的正极性端,它们之间总有一一对应的关系.一般用符号(黑点或星号)标记同名端,除去同名端外的另外两端也为同名端.同名端是客观存在的,与两线圈是否通入电流无关.多个耦合关系线圈同名端标注必须两两确定.同名端的判别方法很多,在两线圈位置、绕向已知的情况下,可以根据同名端定义用右手螺旋定则来判断.实验方法有直流通断法和交流判断法(顺串和反串).

3. 互感线圈串并联

互感正弦稳态电路常采用相量形式进行分析和计算.电路中互感线圈的连接,主要有串联和并联.电路中互感线圈串联,有顺串和反串两种.电流从两个线圈的同名端流入(或流出)的接法,称为顺串,具有加强自感的效应;电流从一个线圈的同名端流入,从另一个线圈的同名端流出,这种接法称为反串,反串有削弱自感的效应.在串联时,可以将互感线圈看成是由电阻和等效电感串联等效成的.电路中互感线圈并联时,有同侧并联和异侧并联两种.同侧并联时,电流从两个线圈的同名端流入(或流出);异侧并联时电流从一个线圈的同名端流入,从另一个线圈的同名端流出.本章重点是能在给定的电流参考方向下,根据 KCL 和 KVL 列出端口的电压方程.

4. 变压器

变压器是利用磁路来实现能量或信号传递的设备,空芯变压器是通过非铁磁材料来耦合的.当空芯变压器的副边接负载时,由于副边阻抗反映到原边形成引入阻抗,使原边的等效阻抗发生变化,会对原边电流产生影响.理想变压器,是对实际变压器的理想化处理,理想变压器主要功能是:电压变换、电流变换和阻抗变换.

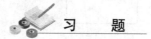

习 题

5.1 电路如图 5-23 所示,已知 $L_1 = 0.01$ H,$L_2 = 0.03$ H,$C = 10$ μF,$M = 0.01$ H,求两个线圈顺串和反串时电路的谐振角频率 ω.

5.2 上题电路中,若已知 $L_1 = 5$ H,$L_2 = 3$ H,当两线圈顺串时,电路的谐振频率是反串时谐振频率的一半,试求电路的互感系数 M.

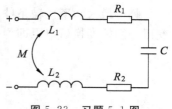

图 5-23 习题 5.1 图

5.3 如图 5-24 所示是做互感同名端测试实验,当开关 S 闭合时,电压表正偏,同名端为哪两个端子? 当开关 S 闭合时,电压表反偏,同名端为哪两个端子?

5.4 如图 5-25 所示互感线圈,请在图中标注出同名端.

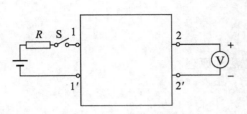
图 5-24 习题 5.3 图

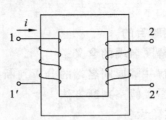
图 5-25 习题 5.4 图

5.5 如图 5-26 所示,已知 $\dot{U}=18\angle 0°$ V. 求:
(1) 图示电路的去耦等效电路;
(2) $\dot{U}_{ab}$.

5.6 上题中如果电感顺串,同样,已知 $\dot{U}=18\angle 0°$ V. 求:
(1) 图示电路的去耦等效电路;
(2) $\dot{U}_{ab}$.

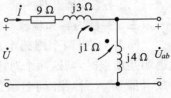
图 5-26 习题 5.5 图

5.7 如图 5-27 所示空芯变压器电路,已知电路中 $U_S=20$ V,原边等效阻抗 $Z=(10-j10)\Omega$. 求 Z_X,并求负载获得的有功功率.

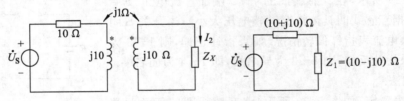
图 5-27 习题 5.7 图

5.8 图 5-28 所示电路中,如果使 10 Ω 电阻能获得最大功率,试求理想变压器的变比 n. 如果 10 Ω 电阻变为 5 Ω 呢?

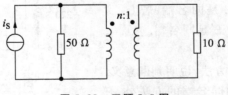
图 5-28 习题 5.8 图

技能训练5 互感线圈的同名端判别

一、实验目的
1. 理解同名端的含义.
2. 理解并掌握同名端的分析判断方法和原理.
3. 掌握实验室判断方法.

二、实验设备
直流电压表一只、直流电流表（指针式）一只、交流电压表一只、交流电流表一只、多用表一只、互感线圈套件一套、直流电源一套、交流可调电源一套、导线若干.

三、实验内容和步骤
同名端：当两个施感电流分别从两个线圈的对应端子同时流入或流出，若所产生的磁通相互加强时，则这两个对应端子称为两互感线圈的同名端.在电路图中一般用圆点"·"或者星号"*"标注.同名端的判断，根据电磁感应原理，在理论分析时采用右手螺旋定则判定.

实验室同名端的判断方法有：

1. 直流法.

如图 5-29 所示，在互感线圈的 1—2 端加直流电压，$E = 5\,V$（可以根据互感线圈具体情况调整电压大小），当开关 S 闭合瞬间，观察电流表指针偏转情况.如果指针正偏，则 1—3 为同名端；如果指针反偏，则 1—3 为异名端，即 1—4 为同名端.

2. 交流法.

用电压表测定，如图 5-30 所示，将互感线圈的任意两端（如 1′、2′）连在一起（图中虚线），在其中的一个线圈两端（1—1′）加一个低压交流电压，另一个线圈开路，用交流电压表分别测出 U_{12}、$U_{11'}$ 和 $U_{22'}$.若 U_{12} 是两个绕组端电压之差，则 1、2 是同名端；若 U_{12} 是两个绕组端电压之和，则 1、2′ 是同名端.

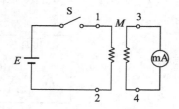

图 5-29 直流法判别同名端

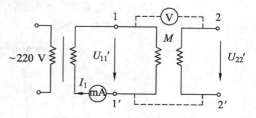

图 5-30 交流法判别同名端

四、实验报告
1. 总结判定同名端的方法，说明判断意义.
2. 除上述的几种判别同名端的方法外，还有没有别的判定方法？试举例说明.

第 6 章 非正弦周期电路分析

6.1 非正弦周期量的产生

前几章所讨论的交流电路中,电流和电压都是按正弦规律变化的.在电工电子技术中还经常遇到不按正弦规律变化,但还是按周期性变化的电流或电压,如图 6-1 所示,称为非正弦周期电流或电压,这样的电路称为非正弦周期电路.

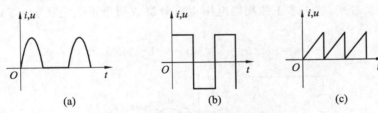

图 6-1 非正弦周期电流或电压

在电子线路中,信号源的电压大多是非正弦的.例如,电视机、收音机接收的信号电压或电流都是非正弦波信息.

在现代自动控制系统和计算机中大量用到的脉冲电路的电压和电流是各种形状的脉冲波,都是非正弦波.

当电路里由不同频率的电源共同作用时,也会产生非正弦周期电流.例如,将一个频率为 50 Hz 的正弦电压,与一个频率为 100 Hz 的正弦电压同时加到一个电路中,在电路中产生的电流或电压都是非正弦周期电流或电压.

若电路中存在非线性元件,如半导体二极管、晶闸管、具有铁芯的电感线圈等,即使电源是正弦的,电路中也会产生非正弦的电流和电压.如图 6-2 所示的二极管全波整流电路就是这样的,加在整流电路输入端的电压是正弦的,而负载两端的电压是非正弦的.

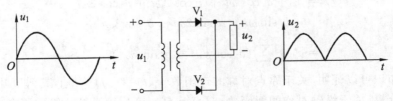

图 6-2 全波整流电路的输入/输出电压波形

非正弦周期信号被大量使用，所以，学习非正弦周期信号的基本概念及基本分析方法是很重要的．本章讨论的是非正弦周期信号作用于线性电路中的分析和计算，主要利用傅里叶级数展开法，将非正弦周期信号分解为一系列不同频率的正弦量之和，分别计算各个不同频率正弦量作用于电路所产生的电压和电流分量，再利用线性电路的叠加原理将各分量叠加，从而得到实际电路中的电流和电压，这种方法称为谐波分析法．将非正弦信号转换成正弦信号，利用已知知识来分析解决新问题，这种思路在今后的工作实践中会经常遇到．

6.2 非正弦周期信号的分解

非正弦周期电压或电流有着各种不同的变化规律，如何分析这样的电路呢？先看一个简单的实验，如图 6-3(a)所示，将两台音频信号发生器串联，将 u_1 的频率调整在 100 Hz，u_2 的频率调整在 300 Hz，然后将 A、B 两端接到示波器的 Y 轴输入端，在示波器的荧光屏上将直观显示出 u_1 和 u_2 叠加后的波形，如图 6-3(b)所示．显然，叠加后的波形是一个非正弦周期电压的波形．反过来，这一非正弦周期电压也可分解成两个正弦电压 u_1 与 u_2 的和，并可用函数表示为

$$u = u_1 + u_2 = U_{1m}\sin\omega t + U_{2m}\sin 3\omega t$$

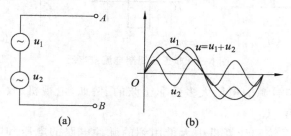

图 6-3　两个正弦波叠加后的波形

理论和实践都可以证明，一个非正弦波的周期信号，可以看作是由一些不同频率的正弦波信号叠加的结果，这一过程称为谐波分析．

根据数学分析，若 $f(t) = f(t+kT)$（k 是整数），则 $f(t)$ 是一个周期性函数，T 是周期．如果周期性函数满足狄里赫利条件，则这一周期性函数可以展开成一个无穷收敛级数，即傅里叶级数．电工技术中所遇到的非正弦周期量，通常都能满足这个条件．

设非正弦周期量 $f(t)$ 的周期是 T，角频率是 $\omega = \dfrac{2\pi}{T}$，则 $f(t)$ 的傅里叶级数展开式为

$$\begin{aligned} f(t) &= a_0 + a_1\cos\omega t + a_2\cos 2\omega t + a_3\cos 3\omega t + \cdots \\ &\quad + b_1\sin\omega t + b_2\sin 2\omega t + b_3\sin 3\omega t + \cdots \\ &= a_0 + \sum_{k=1}^{\infty}(a_k\cos k\omega t + b_k\sin k\omega t) \end{aligned} \tag{6-1}$$

由数学知识可以证明，关于原点对称的奇函数 $[f(t) = -f(-t)]$，其傅里叶级数不含直流与各余弦分量；关于纵轴对称的偶函数 $[f(t) = f(-t)]$，其傅里叶级数不含各正弦分量；

关于横轴对称的奇次谐波函数$\left[f(t)=-f\left(t\pm\dfrac{T}{2}\right)\right]$,不含直流和偶次谐波分量.

傅里叶级数还有另一种常用的表示式,即把同频率的正弦、余弦合并成一项,这种形式在电工技术中更为常见.

$$\begin{aligned}f(t)&=A_0+A_{1m}\sin(\omega t+\varphi_1)+A_{2m}\sin(2\omega t+\varphi_2)+\cdots\\&\quad+A_{km}\sin(k\omega t+\varphi_k)\\&=A_0+\sum_{k=1}^{\infty}A_{km}\sin(k\omega t+\varphi_k)\\&=A_0+\sum_{k=1}^{\infty}(a_k\cos k\omega t+b_k\sin k\omega t)\end{aligned} \qquad (6\text{-}2)$$

式中,A_0 为零次谐波(直流分量);$A_{1m}\sin(\omega t+\varphi_1)$ 为基波(或一次谐波,其频率与非正弦周期量的频率相同);$A_{2m}\sin(2\omega t+\varphi_2)$ 为二次谐波(频率是基波的两倍);$A_{km}\sin(k\omega t+\varphi_k)$ 为 k 次谐波(频率为基波的 k 倍).

$$\begin{aligned}A_0&=a_0=\frac{1}{T}\int_0^T f(t)\,\mathrm{d}t\\a_k&=\frac{2}{T}\int_0^T f(t)\cos k\omega t\,\mathrm{d}t\\b_k&=\frac{2}{T}\int_0^T f(t)\sin k\omega t\,\mathrm{d}t\\A_{km}&=\sqrt{a_k^2+b_k^2}\\\tan\varphi_k&=\frac{b_k}{a_k}\end{aligned} \qquad (6\text{-}3)$$

这些不同频率的谐波反映了周期函数的组成,但不同频率的谐波分量在其中的比重是各不相同的,一般来说,谐波的频率越低,所占的比重越大,谐波的频率越高,所占的比重越小.在实际应用中我们可以根据非正弦周期量的收敛快慢来决定所取的项数,对于收敛快的,只要取前面的 3~5 项就可以了,五项以上的谐波可以忽略;对于收敛慢的,则要根据具体情况而定.

谐波分析就是对一个已知波形的信号,求出它所包含的各次谐波分量的振幅和初相位,并且写出各次谐波分量的表示式.常见非正弦周期信号的傅里叶系数不必计算,可以通过查阅有关手册来获得.表 6-1 给出了几个简单的非正弦波的谐波分量的表示式.

表 6-1 几个简单的非正弦波的谐波分量

序号	名称	波形	谐波分量表示式
1	矩形波		$f(t)=\dfrac{4A_m}{\pi}\left(\sin\omega t+\dfrac{1}{3}\sin 3\omega t+\dfrac{1}{5}\sin 5\omega t+\cdots\right)$

续表

序号	名称	波形	谐波分量表示式
2	等腰三角形波		$f(t)=\dfrac{8A_\mathrm{m}}{\pi^2}\left(\sin\omega t-\dfrac{1}{9}\sin 3\omega t+\dfrac{1}{25}\sin 5\omega t-\cdots\right)$
3	锯齿波		$f(t)=\dfrac{A_\mathrm{m}}{2}-\dfrac{A_\mathrm{m}}{\pi}\left(\sin\omega t+\dfrac{1}{2}\sin 2\omega t+\dfrac{1}{3}\sin 3\omega t+\cdots\right)$
4	正弦整流全波		$f(t)=\dfrac{4A_\mathrm{m}}{\pi}\left(\dfrac{1}{2}-\dfrac{1}{3}\cos 2\omega t-\dfrac{1}{15}\cos 4\omega t-\dfrac{1}{35}\cos 6\omega t-\cdots\right)$
5	正弦整流半波		$f(t)=\dfrac{2A_\mathrm{m}}{\pi}\left(\dfrac{1}{2}+\dfrac{\pi}{4}\cos\omega t+\dfrac{1}{3}\cos 2\omega t-\dfrac{1}{15}\cos 4\omega t-\cdots\right)$
6	方形脉冲		$f(t)=\dfrac{\tau A_\mathrm{m}}{T}+\dfrac{2A_\mathrm{m}}{\pi}\left(\sin\dfrac{\tau\pi}{T}\cos\omega t+\dfrac{1}{2}\sin\dfrac{2\tau\pi}{T}\cos 2\omega t+\dfrac{1}{3}\sin\dfrac{3\tau\pi}{T}\cos 3\omega t+\cdots\right)$

例 6-1 已知一矩形波电压信号如图 6-4 所示,求此电压的傅里叶级数.

解 从波形图可以看出,该电压在一个周期内的表达式可以写成如下形式:

$$u(t)=\begin{cases}U_\mathrm{m}, & 0\leqslant t\leqslant\dfrac{T}{2}\\ -U_\mathrm{m}, & \dfrac{T}{2}\leqslant t\leqslant T\end{cases}$$

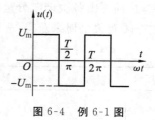

图 6-4 例 6-1 图

由式(6-3)可得

$$a_0=\dfrac{1}{T}\int_0^T u(t)\mathrm{d}t=\dfrac{1}{T}\int_0^{\frac{T}{2}}U_\mathrm{m}\mathrm{d}t+\dfrac{1}{T}\int_{\frac{T}{2}}^T(-U_\mathrm{m})\mathrm{d}t=0$$

$$a_k=\dfrac{2}{T}\int_0^T u(t)\cos k\omega t\,\mathrm{d}t$$

$$= \frac{1}{\pi}\int_0^\pi U_m \cos k\omega t\, d(\omega t) - \frac{1}{\pi}\int_\pi^{2\pi} U_m \cos k\omega t\, d(\omega t)$$

$$= \frac{2U_m}{\pi}\int_0^\pi \cos k\omega t\, d(\omega t) = 0$$

$$b_k = \frac{2}{T}\int_0^T u(t)\sin k\omega t\, dt$$

$$= \frac{1}{\pi}\int_0^\pi U_m \sin k\omega t\, d(\omega t) - \frac{1}{\pi}\int_\pi^{2\pi} U_m \sin k\omega t\, d(\omega t)$$

$$= \frac{2U_m}{\pi}\int_0^\pi \sin k\omega t\, d(\omega t) = \frac{2U_m}{k\pi}(1 - \cos k\pi)$$

如果 k 为偶数，$\cos k\pi = 1$，则 $b_k = 0$；如果 k 为奇数，$\cos k\pi = -1$，则 $b_k = \frac{4U_m}{k\pi}$. 所以

$$u(t) = \frac{4U_m}{\pi}\left(\sin\omega t + \frac{1}{3}\sin 3\omega t + \frac{1}{5}\sin 5\omega t + \cdots\right)$$

6.3 非正弦周期量的有效值和平均功率分析

6.3.1 有效值

非正弦周期电流的有效值是这样规定的：如果一个非正弦周期电流流经电阻 R 时，电阻上产生的热量和一个直流电流 I 流经同一电阻 R 时，在同样的时间内所产生的热量相同，那么这个直流电流的数值 I 就叫作该非正弦周期电流的有效值.

如果非正弦周期电流或电压的各个谐波的成分都知道了，即设

$$i(t) = I_0 + \sqrt{2}I_1\sin(\omega t + \varphi_{i1}) + \sqrt{2}I_2\sin(2\omega t + \varphi_{i2}) + \cdots$$

$$= I_0 + \sum_{k=1}^{\infty}\sqrt{2}I_k\sin(k\omega t + \varphi_{ik})$$

$$u(t) = U_0 + \sqrt{2}U_1\sin(\omega t + \varphi_{u1}) + \sqrt{2}U_2\sin(2\omega t + \varphi_{u2}) + \cdots$$

$$= U_0 + \sum_{k=1}^{\infty}\sqrt{2}U_k\sin(k\omega t + \varphi_{uk})$$

式中，I_0、U_0 为直流分量，I_1、U_1、I_2、U_2 … 为各次谐波电流和电压的有效值，则根据有效值的规定和数学知识，可以得出非正弦周期电流和电压有效值的计算公式为

$$I = \sqrt{\frac{1}{T}\int_0^T i^2(t)dt} = \sqrt{I_0^2 + I_1^2 + I_2^2 + \cdots} \tag{6-4}$$

$$U = \sqrt{\frac{1}{T}\int_0^T u^2(t)dt} = \sqrt{U_0^2 + U_1^2 + U_2^2 + \cdots} \tag{6-5}$$

即非正弦周期电流或电压的有效值等于各次谐波分量有效值的平方和的平方根，而与各次谐波的初相位无关. 注意，尽管各次谐波的有效值与最大值之间存在 $\frac{1}{\sqrt{2}}$ 倍的关系，但整个非正弦量的有效值与它的峰值之间不存在这样的简单关系.

例 6-2 计算 $u(t) = [40 + 180\sin\omega t + 60\sin(3\omega t + 45°) + 20\sin(5\omega t + 18°)]$ V 的有

效值.

解 由式(6-5),得

$$U = \sqrt{U_0^2 + U_1^2 + U_3^2 + U_5^2}$$
$$= \sqrt{40^2 + \left(\frac{180}{\sqrt{2}}\right)^2 + \left(\frac{60}{\sqrt{2}}\right)^2 + \left(\frac{20}{\sqrt{2}}\right)^2} \text{ V}$$
$$\approx 141 \text{ V}$$

6.3.2 平均功率

设在线性二端网络输入端的电流、电压分别为

$$i(t) = I_0 + \sum_{k=1}^{\infty} I_{km}\sin(k\omega t + \varphi_{ik})$$

$$u(t) = U_0 + \sum_{k=1}^{\infty} U_{km}\sin(k\omega t + \varphi_{uk})$$

则在此二端网络消耗的瞬时功率为

$$p(t) = u(t)i(t)$$

平均功率为

$$P = \frac{1}{T}\int_0^T p(t)\mathrm{d}t = \frac{1}{T}\int_0^T u(t)i(t)\mathrm{d}t$$

由数学知识可得

$$P = U_0 I_0 + U_1 I_1 \cos\varphi_1 + U_2 I_2 \cos\varphi_2 + \cdots + U_k I_k \cos\varphi_k$$
$$= U_0 I_0 + \sum_{k=1}^{\infty} U_k I_k \cos\varphi_k$$
$$= P_0 + P_1 + P_2 + \cdots + P_k = P_0 + \sum_{k=1}^{\infty} P_k \tag{6-6}$$

式中,$\varphi_k = \varphi_{uk} - \varphi_{ik}$.

由此可见,非正弦周期性电路的平均功率等于各次谐波的平均功率之和(直流可看作是零次谐波).

同理可证明,无功功率

$$Q = Q_1 + Q_2 + Q_3 + \cdots + Q_k = \sum_{k=1}^{\infty} Q_k \tag{6-7}$$

非正弦周期性电路的视在功率为

$$S = UI$$

可以证明,非正弦周期性电路视在功率并不等于各次谐波视在功率之和,而且

$$S > \sqrt{P^2 + Q^2}$$

实际非正弦周期性电路的功率因数是用一个等值正弦电路功率因数来代替的,即

$$\cos\varphi = \frac{P}{S} \tag{6-8}$$

而非正弦周期性电路的功率因数是没有物理意义的.

例 6-3 加在二端网络上的电压为 $u(t) = [50 + 60\sqrt{2}\sin(\omega t + 30°) + 40\sqrt{2}\sin(2\omega t + $

10°)] V，产生的电流为 $i(t)=[1+0.5\sqrt{2}\sin(\omega t-20°)+0.3\sqrt{2}\sin(2\omega t+50°)]$ A，求：

(1) 此网络吸收的功率；

(2) 此网络的功率因数．

解 (1) 由式(6-6)，得

$$P = U_0 I_0 + U_1 I_1 \cos\varphi_1 + U_2 I_2 \cos\varphi_2$$
$$= [50 \times 1 + 60 \times 0.5\cos(30°+20°) + 40 \times 0.3\cos(10°-50°)] \text{ W} \approx 78.5 \text{ W}$$

(2) 由式(6-4)，得

$$I = \sqrt{I_0^2 + I_1^2 + I_2^2}$$
$$= \sqrt{1^2 + 0.5^2 + 0.3^2} \text{ A} \approx 1.16 \text{ A}$$

由式(6-5)得

$$U = \sqrt{U_0^2 + U_1^2 + U_2^2}$$
$$= \sqrt{50^2 + 60^2 + 40^2} \text{ V} \approx 87.7 \text{ V}$$

$$S = UI = 87.7 \times 1.16 \text{ V} \cdot \text{A} \approx 101.7 \text{ V} \cdot \text{A}$$

$$\cos\varphi = \frac{P}{S} = \frac{78.5}{101.7} \approx 0.77$$

6.4 非正弦交流电路的分析和计算

前面指出，当加在线性电路上的电压为非正弦周期函数时，可以将非正弦周期电压分解为傅里叶级数，应用叠加定理，分别使每一次谐波电压单独作用，计算出该次谐波的电流，然后叠加，求出各次谐波电压共同作用时的电路电流，这就是谐波分析法．其计算步骤与注意事项如下：

① 将已知非正弦周期电压或电流按傅里叶级数分解为直流和各次谐波频率的正弦量．

② 分别计算直流分量和各次谐波分量作用下电路的电阻 R 与阻抗 Z_k．一般认为电阻 R 与频率无关；线性电感的感抗 $X_{Lk}=k\omega L$；$X_{Ck}=\dfrac{1}{k\omega C}$．对于直流，电感相当于短路，电容相当于开路．

③ 应用相量法，根据各次谐波电压(电流)相量、阻抗，分别计算出各次谐波的电流(电压)相量．

④ 将各次谐波的电流(电压)相量表示为瞬时值解析式，再进行叠加，求出非正弦电流(电压)瞬时值解析式．注意，同频率的正弦量才能用相量加法，可在同一相量图上画出；不同频率的相量不能相加，也不能画在同一相量图上，必须用瞬时值叠加．

例 6-4 如图 6-5(a)、(b)所示电路，$R=100$ Ω，$L=1$ H，若外加电压为 50 Hz 的矩形脉冲波，峰值为 100 V，脉冲持续时间为 $\dfrac{T}{2}$．求电阻上的电压 u_R 和电路消耗的功率．

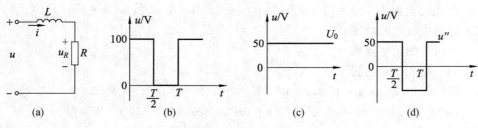

图 6-5 例 6-4 图

解 原电压波形可以认为是 $U_0 = 50$ V 与一峰值为 50 V 的矩形波 u'' 叠加，如图 6-5(c)、(d)所示，根据表 6-1，矩形波展开为傅里叶级数，即

$$u'' = \frac{4 \times 50}{\pi}\left(\sin \omega t + \frac{1}{3}\sin 3\omega t + \frac{1}{5}\sin 5\omega t + \cdots\right)$$

$$\approx 63.7\sin \omega t + 21.2\sin 3\omega t + 12.7\sin 5\omega t + \cdots$$

$$u = U_0 + u'' = 50 + 63.7\sin \omega t + 21.2\sin 3\omega t + 12.7\sin 5\omega t + \cdots$$

(1) U_0 单独作用时，电感相当于短路，即

$$I_0 = \frac{U_0}{R} = \frac{50}{100} \text{ A} = 0.5 \text{ A}$$

$$P_0 = U_0 I_0 = 50 \times 0.5 \text{ W} = 25 \text{ W}$$

(2) u_1 单独作用时：

$$Z_1 = R + j\omega L = (100 + j314) \text{ }\Omega = 330 \angle 72.3° \text{ }\Omega$$

$$\dot{U}_1 = \frac{63.7}{\sqrt{2}} \angle 0° \text{ V} = 45 \angle 0° \text{ V}$$

$$\dot{I}_1 = \frac{\dot{U}_1}{Z_1} = \frac{45 \angle 0°}{330 \angle 72.3°} \text{ A} = 0.136 \angle -72.3° \text{ A}$$

$$i_1 = 0.136\sqrt{2}\sin(\omega t - 72.3°) \text{ A}$$

$$P_1 = U_1 I_1 \cos \varphi_1 = 45 \times 0.136\cos 72.3° \text{ W} = 1.87 \text{ W}$$

(3) u_3 单独作用时：

$$Z_3 = R + j3\omega L = (100 + j942)\Omega = 947\angle 83.9° \text{ }\Omega$$

$$\dot{U}_3 = \frac{21.2}{\sqrt{2}} \angle 0° \text{ V} \approx 15 \angle 0° \text{ V}$$

$$\dot{I}_3 = \frac{\dot{U}_3}{Z_3} = \frac{15 \angle 0°}{947 \angle 83.9°} \text{ A} \approx 0.0158 \angle -83.9° \text{ A}$$

$$i_3 = 0.0158\sqrt{2}\sin(3\omega t - 83.9°) \text{ A}$$

$$P_3 = U_3 I_3 \cos \varphi_3 = 15 \times 0.0158\cos 83.9° \text{ W} = 0.025 \text{ W}$$

(4) u_5 单独作用时：

$$Z_5 = R + j5\omega L = (100 + j1570)\Omega = 1573 \angle 86.4° \text{ }\Omega$$

由于 U_5 只有 U_1 的 $\frac{1}{5}$，Z_5 约为 Z_1 的 5 倍，则 I_5 约为 I_1 的 $\frac{1}{25}$，可以忽略不计，即电压只截取到三次谐波已够实用。

由此可得
$$i = I_0 + i_1 + i_3$$
$$= [0.5 + 0.136\sqrt{2}\sin(\omega t - 72.3°) + 0.0158\sqrt{2}\sin(3\omega t - 83.9°)] \text{ A}$$
$$u_R = Ri = R(I_0 + i_1 + i_3)$$
$$= [50 + 13.6\sqrt{2}\sin(\omega t - 72.3°) + 1.58\sqrt{2}\sin(3\omega t - 83.9°)] \text{ V}$$
$$P = P_0 + P_1 + P_3 = (25 + 1.87 + 0.025)\text{W} \approx 26.9 \text{ W}$$

例 6-5 RLC 并联电路如图 6-6 所示,$R = 100$ Ω,$L = 0.159$ H,$C = 40$ μF,端电压 $u = u_1 + u_3 = (45\sin\omega t + 15\sin 3\omega t)$ V,$\omega = 314$ rad/s,求各个元件中的电流。

解 (1) 对于电阻支路：
$$\dot{I}_{Rm1} = \frac{\dot{U}_{m1}}{R} = \frac{45\angle 0°}{100} \text{ A} = 0.45\angle 0° \text{ A}$$
$$i_{R1} = 0.45\sin\omega t \text{ A}$$
$$\dot{I}_{Rm3} = \frac{\dot{U}_{m3}}{R} = \frac{15\angle 0°}{100} \text{ A} = 0.15\angle 0° \text{ A}$$
$$i_{R3} = 0.15\sin 3\omega t \text{ A}$$
$$i_R = i_{R1} + i_{R3} = (0.45\sin\omega t + 0.15\sin 3\omega t) \text{ A}$$

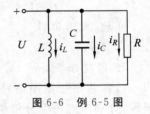

图 6-6 例 6-5 图

(2) 对于电感支路：
$$Z_{L1} = j\omega L = j314 \times 0.159 \text{ Ω} \approx j50 \text{ Ω}$$
$$\dot{I}_{Lm1} = \frac{\dot{U}_{m1}}{Z_1} = \frac{45\angle 0°}{j50} \text{ A} = 0.9\angle -90° \text{ A}$$
$$Z_{L3} = j3\omega L = j3 \times 314 \times 0.159 \text{ Ω} \approx j150 \text{ Ω}$$
$$\dot{I}_{Lm3} = \frac{\dot{U}_{m3}}{Z_3} = \frac{15\angle 0°}{j150} \text{ A} = 0.1\angle -90° \text{ A}$$
$$i_L = i_{L1} + i_{L3} = [0.9\sin(\omega t - 90°) + 0.1\sin(\omega t - 90°)] \text{ A}$$

(3) 对于电容支路：
$$\dot{I}_{Cm1} = j\omega C \dot{U}_{m1} = j314 \times 40 \times 10^{-6} \times 45\angle 0° \text{ A} \approx 0.565\angle 90° \text{ A}$$
$$\dot{I}_{Cm3} = j3\omega C \dot{U}_{m3} = j3 \times 314 \times 40 \times 10^{-6} \times 15\angle 0° \text{ A} \approx 0.565\angle 90° \text{ A}$$

所以可得
$$I_C = i_{C1} + i_{C3} = [0.565\sin(\omega t + 90°) + 0.565\sin(\omega t + 90°)] \text{ A}$$
$$= 1.13\sin(\omega t + 90°) \text{ A}$$

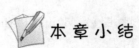

本章小结

1. 非正弦周期信号的形成原因

非正弦周期信号的形成原因可分为两类：一是电源；二是负载。

2. 非正弦周期量的傅里叶级数形式

非正弦周期量可分解成傅里叶级数,其表达式为
$$f(t) = A_0 + A_{1m}\sin(\omega t + \varphi_1) + A_{2m}\sin(2\omega t + \varphi_2) + \cdots + A_{km}\sin(k\omega t + \varphi_k) + \cdots$$
$$= A_0 + \sum_{k=1}^{\infty} A_{km}\sin(k\omega t + \varphi_k)$$

其中 A_0 为直流分量，$A_{1m}\sin(\omega t+\varphi_1)$ 为一次谐波，$A_{2m}\sin(2\omega t+\varphi_2)$ 为二次谐波，$A_{km}\sin(k\omega t+\varphi_k)$ 为 k 次谐波．

3. 非正弦周期量的有效值和平均功率

① 非正弦周期信号的有效值等于恒定分量的平方与各次谐波有效值的平方之和的平方根．

$$U=\sqrt{U_0^2+U_1^2+U_2^2+\cdots}, \quad I=\sqrt{I_0^2+I_1^2+I_2^2+\cdots}$$

② 非正弦周期电路的功率一般指电路的平均功率，等于直流分量和各次谐波分量各自产生的平均功率之和．

$$P=P_0+P_1+P_2+\cdots=U_0 I_0+U_1 I_1\cos\varphi_1+U_2 I_2\cos\varphi_2+\cdots$$

同理，无功功率

$$Q=Q_1+Q_2+Q_3+\cdots$$

4. 谐波分析法

计算非正弦周期信号电路的根据是叠加原理．计算时，将非正弦周期量展开为傅里叶级数，分别考虑每个分量单独作用于电路时的电压或电流，再将所有分量的作用相叠加，求出所有分量共同作用时的电学量，这就是谐波分析法．计算时可以利用正弦量的相量分析方法，但在最后叠加时应该用瞬时表达式相叠加．

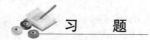

习　题

6.1　已知非正弦周期电压 $u=[100+50\sqrt{2}\sin(5\omega t+45°)+10\sqrt{2}\sin(3\omega t+30°)]$ V，求该电压的有效值．

6.2　已知某线性二端网络在关联参考方向下的电压、电流分别为

$$u=(100+50\sin\omega t+30\sin 2\omega t+10\sin 3\omega t) \text{ V}$$
$$i=[10\sin(\omega t-60°)+2\sin(3\omega t-135°)] \text{ A}$$

求：

(1) 电压、电流的有效值；

(2) 该网络的平均功率．

6.3　流过电阻 $R=10$ Ω 的电流为 $i=(5+14.1\sin\omega t+7.07\sin 2\omega t)$ A，求电阻两端的电压 u 及电阻上的功率．

6.4　在某 RC 并联电路中，已知电压 $u=(60+40\sqrt{2}\sin 1000t)$ V，$R=30$ Ω，$C=100$ μF，求电路中的总电流以及电路的平均功率．

6.5　电路如图 6-7 所示，$R=20$ Ω，$C=100$ μF，u_1 中直流分量为 250 V，基波的有效值为 100 V，基波角频率为 100 rad/s，求电压的有效值 U_2 及电流的有效值 I．

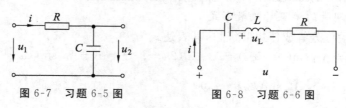

图 6-7　习题 6-5 图　　　　图 6-8　习题 6-6 图

6.6 如图6-8所示，$R=6\ \Omega$，$\omega L=2\ \Omega$，$\dfrac{1}{\omega C}=10\ \Omega$，电源电压 $u=[20+8\sqrt{2}\sin(\omega t+30°)]$V．求：

(1) 电流 i 及电流的有效值；

(2) 电感电压 u_L；

(3) 电源的平均功率．

6.7 若 RC 串联电路中的电流 $i=(2\sin 314t+\sin 942t)$A，总电压的有效值为 155 V，且总电压中不含直流分量，电路消耗的功率为 120 W．求：

(1) 电流的有效值；

(2) R 和 C 的值．

6.8 一个 RLC 串联电路，$R=10\ \Omega$，$L=0.1$ H，$C=500\ \mu$F，若外加一非正弦交流电压 $u=(22+282.4\sin 100t-70.8\sin 200t)$ V，求电路中的电流 $i(t)$ 和该电路消耗的功率．

技能训练6　仿真非正弦电路分析

一、实验目的

1. 掌握非正弦周期信号的频波分析法．
2. 通过实验观察非正弦周期信号．
3. 会测试非正弦电路电压、电流有效值．
4. 掌握作业文件的编写方法．

二、实验设备

安装有虚拟仿真软件的计算机一台．

三、实验内容和步骤

1. 将10 V、50 Hz及8 V、100 Hz正弦波信号源分别同时加在1 kΩ电阻上，用示波器观察波形．

2. 将1 kΩ电阻及1 μF电容串联，分别接在10 V、50 Hz及8 V、100 Hz正弦波信号源上，测出电容电压及电路电流；再将上述两种信号源同时加在电路两端，测试电容上电压及电路电流．

四、实验结果

1. 设计相关数据测试表格．
2. 分析数据测试结果．
3. 编写训练作业文件．

附录1　Multisim 10.0 介绍

1.1 Multisim 10.0 系统简介

Multisim 10.0 是美国国家仪器公司(National Instruments)最新推出的 Multisim 最新版本。目前美国 NI 公司的 EWB 包含有电路仿真设计模块 Multisim、PCB 设计软件 Ultiboard、布线引擎 Ultiroute 及通信电路分析与设计模块 Commsim 四个部分，能完成从电路的仿真设计到电路版图生成的全过程。Multisim、Ultiboard、Ultiroute 及 Commsim 四个部分相互独立，可以分别使用。Multisim、Ultiboard、Ultiroute 及 Commsim 四个部分有增强专业版(Power Professional)、专业版(Professional)、个人版(Personal)、教育版(Education)、学生版(Student)和演示版(Demo)等多个版本，各版本的功能和价格有着明显的差异。

Multisim 10.0 具有如下特点：

(1) Multisim 10.0 的元器件库有着丰富的元器件。

(2) Multisim 10.0 虚拟仪器仪表种类齐全。

(3) Multisim 10.0 具有强大的电路分析能力，有时域和频域分析、离散傅里叶分析、电路零极点分析、交直流灵敏度分析等电路分析方法。

(4) Multisim 10.0 提供丰富的 Help 功能。

1.2 Multisim 10.0 的基本界面

1. Multisim 的主窗口

启动 Multisim 10.0 以后，出现如附图1-1所示界面。

附图1-1　Multisim 10.0 启动界面

Multisim 10.0 打开后的界面如附图 1-2 所示,其主要由菜单栏、工具栏、缩放栏、设计栏、仿真栏、工程栏、元件栏、仪器栏、电路图编辑窗口等部分组成.

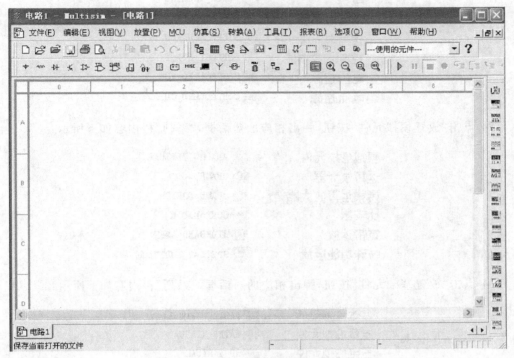

附图 1-2 Multisim 10.0 的主窗口

2. Multisim 10.0 常用元器件库分类

Multisim 10.0 提供了丰富的元器件库,元器件库栏图标和名称如附图 1-3 所示.用鼠标左键单击元器件库栏的某一个图标即可打开该元器件库.元器件库中的各个图标所表示的元器件含义如附图 1-3 所示.关于这些元器件的功能和使用方法,还可使用在线帮助功能查阅有关的内容.

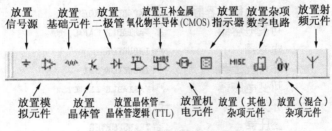

附图 1-3 元器件库栏图标

（1）点击"放置信号源"按钮，弹出相应的对话框，"系列"栏内容如下所示：

电源	POWER_SOURCES
信号电压源	SIGNAL_VOLTAG...
信号电流源	SIGNAL_CURREN...
控制函数器件	CONTROL_FUNCT...
电压控源	CONTROLLED_VO...
电流控源	CONTROLLED_CU...

（2）点击"放置模拟元件"按钮，弹出相应的对话框，"系列"栏内容如下所示：

模拟虚拟元件	ANALOG_VIRTUAL
运算放大器	OPAMP
诺顿运算放大器	OPAMP_NORTON
比较器	COMPARATOR
宽带运放	WIDEBAND_AMPS
特殊功能运放	SPECIAL_FUNCTION

（3）点击"放置基础元件"按钮，弹出相应的对话框，"系列"栏内容如下所示：

基本虚拟元件	BASIC_VIRTUAL
定额虚拟元件	RATED_VIRTUAL
三维虚拟元件	3D_VIRTUAL
电阻器	RESISTOR
贴片电阻器	RESISTOR_SMT
电阻器组件	RPACK
电位器	POTENTIOMETER
电容器	CAPACITOR
电解电容器	CAP_ELECTROLIT
贴片电容器	CAPACITOR_SMT
贴片电解电容器	CAP_ELECTROLIT...
可变电容器	VARIABLE_CAPAC...
电感器	INDUCTOR
贴片电感器	INDUCTOR_SMT
可变电感器	VARIABLE_INDUCTOR
开关	SWITCH
变压器	TRANSFORMER
非线性变压器	NON_LINEAR_TRA...
Z负载	Z_LOAD
继电器	RELAY
连接器	CONNECTORS
插座、管座	SOCKETS

(4) 点击"放置晶体管"按钮,弹出相应的对话框,"系列"栏内容如下所示:

虚拟晶体管	TRANSISTORS_VIRTUAL
双极结型 NPN 晶体管	BJT_NPN
双极结型 PNP 晶体管	BJT_PNP
NPN 型达林顿管	DARLINGTON_NPN
PNP 型达林顿管	DARLINGTON_PNP
达林顿管阵列	DARLINGTON_ARRAY
带阻 NPN 晶体管	BJT_NRES
带阻 PNP 晶体管	BJT_PRES
双极结型晶体管阵列	BJT_ARRAY
MOS 门控开关管	IGBT
N 沟道耗尽型 MOS 管	MOS_3TDN
N 沟道增强型 MOS 管	MOS_3TEN
P 沟道增强型 MOS 管	MOS_3TEP
N 沟道耗尽型结型场效应管	JFET_N
P 沟道耗尽型结型场效应管	JFET_P
N 沟道 MOS 功率管	POWER_MOS_N
P 沟道 MOS 功率管	POWER_MOS_P
MOS 功率对管	POWER_MOS_COMP
UHT 管	UJT
温度模型 NMOSFET 管	THERMAL_MODELS

(5) 点击"放置二极管"按钮,弹出相应的对话框,"系列"栏内容如下所示:

虚拟二极管	DIODES_VIRTUAL
二极管	DIODE
齐纳二极管	ZENER
发光二极管	LED
二极管整流桥	FWB
肖特基二极管	SCHOTTKY_DIODE
单向晶体闸流管	SCR
双向二极管开关	DIAC
双向晶体闸流管	TRIAC
变容二极管	VARACTOR
PIN 结二极管	PIN_DIODE

(6) 点击"放置晶体管-晶体管逻辑(TTL)"按钮,弹出相应的对话框,"系列"栏内容如下所示:

74STD 系列	74STD
74S 系列	74S
74LS 系列	74LS
74F 系列	74F
74ALS 系列	74ALS
74AS 系列	74AS

(7) 点击"放置互补金属氧化物半导体(CMOS)"按钮,弹出相应的对话框,"系列"栏内容如下所示:

CMOS_5V 系列	CMOS_5V
74HC_2V 系列	74HC_2V
CMOS_10V 系列	CMOS_10V
74HC_4V 系列	74HC_4V
CMOS_15V 系列	CMOS_15V
74HC_6V 系列	74HC_6V
TinyLogic_2V 系列	TinyLogic_2V
TinyLogic_3V 系列	TinyLogic_3V
TinyLogic_4V 系列	TinyLogic_4V
TinyLogic_5V 系列	TinyLogic_5V
TinyLogic_6V 系列	TinyLogic_6V

(8) 点击"放置机电元件"按钮,弹出相应的对话框,"系列"栏内容如下所示:

检测开关	SENSING_SWITCHES
瞬时开关	MOMENTARY_SWI…
接触器	SUPPLEMENTARY…
定时接触器	TIMED_CONTACTS
线圈和继电器	COILS_RELAYS
线性变压器	LINE_TRANSFORMER
保护装置	PROTECTION_DE…
输出设备	OUTPUT_DEVICES

(9) 点击"放置指示器"按钮,弹出相应的对话框,"系列"栏内容如下所示:

电压表	VOLTMETER
电流表	AMMETER
探测器	PROBE
蜂鸣器	BUZZER
灯泡	LAMP
虚拟灯泡	VIRTUAL_LAMP
十六进制显示器	HEX_DISPLAY
条形光柱	BARGRAPH

(10) 点击"放置(其他)杂项元件"按钮,弹出相应的对话框,"系列"栏内容如下所示:

其它虚拟元件	MISC_VIRTUAL
传感器	TRANSDUCERS
光电三极管型光耦合器	OPTOCOUPLER
晶振	CRYSTAL
真空电子管	VACUUM_TUBE
熔丝管	FUSE
三端稳压器	VOLTAGE_REGULATOR
基准电压器件	VOLTAGE_REFERENCE
电压干扰抑制器	VOLTAGE_SUPPRESSOR
降压变换器	BUCK_CONVERTER
升压变换器	BOOST_CONVERTER
降压/升压变换器	BUCK_BOOST_CONVERTER
有损耗传输线	LOSSY_TRANSMISSION_LINE
无损耗传输线1	LOSSLESS_LINE_TYPE1
无损耗传输线2	LOSSLESS_LINE_TYPE2
滤波器	FILTERS
场效应管驱动器	MOSFET_DRIVER
电源功率控制器	POWER_SUPPLY_CONTROLLER
混合电源功率控制器	MISCPOWER
脉宽调制控制器	PWM_CONTROLLER
网络	NET
其它元件	MISC

(11) 点击"放置杂项数字电路"按钮,弹出相应的对话框,"系列"栏内容如下所示:

TIL 系列器件	TIL
数字信号处理器件	DSP
现场可编程器件	FPGA
可编程逻辑电路	PLD
复仕可编程逻辑电路	CPLD
微处理控制器	MICROCONTROLLERS
微处理器	MICROPROCESSORS
用 VHDL 语言编程器件	VHDL
用 Verilog HDL 语言编程器件	VERILOG_HDL
存贮器	MEMORY
线路驱动器件	LINE_DRIVER
线路接收器件	LINE_RECEIVER
无线电收发器件	LINE_TRANSCEIVER

(12) 点击"放置(混合)杂项元件"按钮,弹出相应的对话框,"系列"栏内容如下所示:

混合虚拟器件	MIXED_VIRTUAL
555 定时器	TIMER
AD/DA 转换器	ADC_DAC
模拟开关	ANALOG_SWITCH
多频振荡器	MULTIVIBRATORS

(13) 点击"放置射频元件"按钮,弹出相应的对话框,"系列"栏内容如下所示:

射频电容器	RF_CAPACITOR
射频电感器	RF_INDUCTOR
射频双极结型 NPN 管	RF_BJT_NPN
射频双极结型 PNP 管	RF_BJT_PNP
射频 N 沟道耗尽型 MOS 管	RF_MOS_3TDN
射频隧道二极管	TUNNEL_DIODE
射频传输线	STRIP_LINE

关于 Multisim 10.0 的元器件库及元器件的几点说明:

① 关于虚拟元件,这里指的是现实中不存在的元件,也可以理解为元件参数可以任意修改和设置的元件.比如需要一个 1.034 Ω 电阻、2.3 μF 电容等不规范的特殊元件,就可以选择虚拟元件通过设置参数达到;但仿真电路中的虚拟元件不能链接到制版软件 Ultiboard 10.0 的 PCB 文件中进行制版,这一点不同于其他元件.

② 与虚拟元件相对应,把现实中可以找到的元件称为真实元件或现实元件.比如电阻的"元件"栏中就列出了从 1.0 Ω 到 22 MΩ 的全系列现实中可以找到的电阻.现实电阻只能调用,但不能修改它们的参数(极个别可以修改,比如晶体管的 β 值).凡仿真电路中的真实元件都可以自动链接到 Ultiboard 10.0 中进行制版.

③ 电源虽列在现实元件栏中,但它属于虚拟元件,可以任意修改和设置它的参数;电源和地线也都不可进入 Ultiboard 10.0 的 PCB 界面进行制版.

④ 关于额定元件,是指它们允许通过的电流、电压、功率等的最大值都是有限制的,超过它们的额定值,该元件将被击穿和烧毁.其他元件都是理想元件,没有定额限制.

3. Multisim 界面菜单工具栏

Multisim 软件以图形界面为主,采用菜单、工具栏和热键相结合的方式,具有一般 Windows 应用软件的界面风格,用户可以根据自己的习惯使用.其菜单栏如附图 1-4 所示.

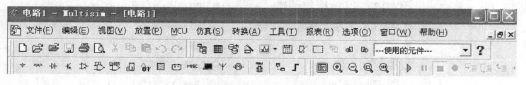

附图 1-4 Multisim 界面菜单栏

菜单栏位于界面的上方,通过菜单可以对 Multisim 的所有功能进行操作.

不难看出菜单中有一些与大多数 Windows 平台上的应用软件一致的功能选项,如"文件""编辑""视图""窗口""帮助". 此外,还有一些 Multisim 软件专用的选项,如"放置""仿真""MCU""工具"以及"报表"等. 在此不作一一介绍.

4. 文件的创建

① 打开 Multisim 10.0 设计环境,选择"文件"→"新建"→"原理图"菜单命令,即弹出一个新的电路图编辑窗口,工程栏同时出现一个新的名称. 单击"保存"按钮,将该文件命名,保存到指定文件夹下.

需要说明的是:

● 文件的名字要能体现电路的功能.

● 在电路图的编辑和仿真过程中,要养成随时保存文件的习惯,以免由于没有及时保存而导致文件的丢失或损坏.

● 文件的保存位置,最好用一个专门的文件夹来保存,这样便于后期管理.

② 在绘制电路图之前,需要先熟悉一下元器件库栏的内容,当把鼠标放到元器件库栏相应的位置时,系统会自动弹出元件或仪表的类型.

③ 首先放置电源. 点击元器件库栏中的"放置信号源"按钮,出现如附图 1-5 所示的对话框.

在"数据库"选项中选择"主数据库",在"组"选项中选择"Sources",在"系列"选项中选择"POWER_SOURCES",在"元件"选项中选择"DC_POWER",则右边的"符号"、"功能"等对话框里会根据所选项目,列出相应的说明.

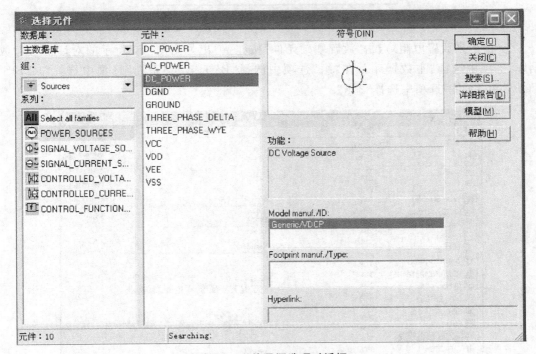

附图 1-5 信号源选项对话框

④ 选择好电源符号后,点击"确定"按钮,移动鼠标到电路编辑窗口,选择放置位置后,点击鼠标左键,即可将电源符号放置于电路编辑窗口中,放置完成后,还会弹出"选择元件"

对话框,可以继续放置,点击"关闭"按钮可以取消放置.

⑤ 我们看到,放置的电源符号显示的是12 V.若我们需要的不是12 V,而是其他值,方法为:双击该电源符号,出现如附图1-6所示的对话框,在该对话框里可以更改该元件的属性.在这里将电压改为3 V.当然也可以更改元件的序号、引脚等属性.大家可以点击各个参数项来体验一下.

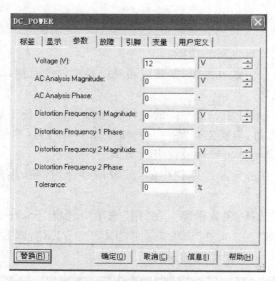

附图1-6　电源参数选项对话框

⑥ 接下来放置电阻.点击"放置基础元件"按钮,弹出如附图1-7所示的对话框,在"数据库"选项中选择"主数据库",在"组"选项中选择"Basic",在"系列"选项中选择"RESISTOR",在"元件"选项中选择"20k".

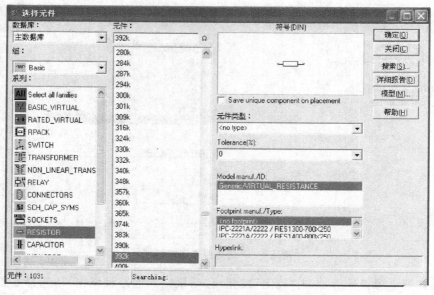

附图1-7　电阻选项对话框

⑦ 按上述方法,再放置一个 10 kΩ 的电阻和一个 100 kΩ 的可调电阻.放置完毕后,如附图 1-8 所示.

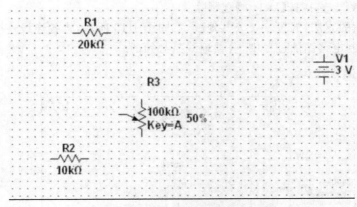

附图 1-8　放置部分元件后的界面

⑧ 需要的元件都按照默认的摆放情况被放置在编辑窗口中.将鼠标放在电阻 R1 上,然后点击鼠标右键,这时会弹出一个对话框,在对话框中可以选择让元件顺时针或者逆时针旋转 90°.如果元件摆放的位置不合适,想移动一下元件的摆放位置,则将鼠标放在元件上,按住鼠标左键,即可拖动元件到合适位置.

⑨ 放置电压表.在仪器栏中选择"多用表",将鼠标移动到电路编辑窗口内,鼠标上跟随着一个万用表的简易图形符号.点击鼠标左键,将电压表放置在合适位置.电压表的属性同样可以通过双击鼠标左键进行查看和修改.

所有元件放置好后,结果如附图 1-9 所示.

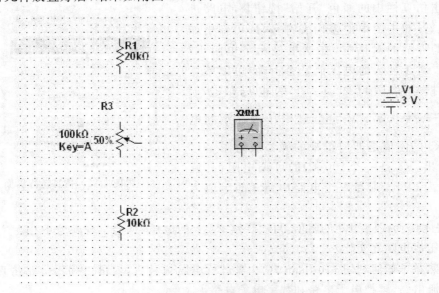

附图 1-9　放置好元件后的界面

⑩ 下面进入连线步骤.将鼠标移动到电源的正极,当鼠标指针变成◆时,表示导线已经和正极连接起来了,单击鼠标将该连接点固定,然后移动鼠标到电阻 R1 的一端,出现小红

点后,表示正确连接到 R1 了,单击鼠标左键固定,这样一根导线就连接好了.如果想要删除这根导线,将鼠标移动到该导线的任意位置,点击鼠标右键,选择"删除"命令即可将该导线删除.或者选中导线,直接按【Delete】键删除.

⑪ 按照前面的方法,放置一个公共地线,如附图 1-10 所示,将各连线连接好.

注意:在绘制电路图的过程中,公共地线是必须的.

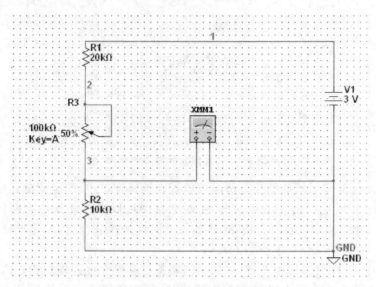

附图 1-10　绘制好连线后的电路图

⑫ 电路连接完毕,检查无误后,就可以进行仿真了.点击仿真栏中的绿色"开始"按钮▷,电路进入仿真状态.双击图中的多用表符号,即可弹出如附图 1-11 所示的对话框,在这里显示了电阻 R2 上的电压.对于显示的电压值是否正确,可以验算一下.根据电路图可知,R2 上的电压值应为 $\dfrac{V1 \times R2}{R1+R2+R3} = 0.375 \text{ V}$,经验证电压表显示的电压正确.R3 的阻值是如何得来的呢? 从附图 1-11 中可以看出,R3 是一个 100 kΩ 的可调电阻,其调节百分比为 50%,则在这个电路中,R3 的阻值为 50 kΩ.

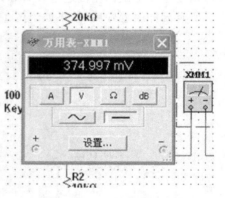

附图 1-11　仿真运行界面

⑬ 关闭仿真,改变 R2 的阻值,再次观察 R2 上的电压值,会发现随着 R2 阻值的变化,其上的电压值也随之变化.

大致熟悉了如何利用 Multisim 10.0 来进行电路仿真后,就可以利用电路仿真来学习直流和交流电路、模拟电子电路和数字电子电路了.

附录2 电阻元件

2.1 电阻器的命名

根据国家标准 GB2470—81《电子设备用电阻器、电位器型号命名方法》的规定,电阻器和电位器的型号由以下四个部分组成.

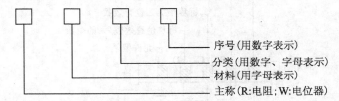

电阻器和电位器的型号含义如附表 2-1 所示.

附表 2-1 电阻器和电位器的型号含义

第一部分		第二部分		第三部分	
用字母表示主称		用字母表示材料		用数字或者字母表示分类	
R	电阻器	符号	意义	符号	意义
W	电位器	T	碳膜	1	普通
		H	合成膜	2	普通
		J	金属膜(箔)	3	超高频
		Y	氧化膜	4	高阻
		S	有机实心	5	高温
		N	无机实心	7	精密
		I	玻璃釉膜	8	高压
		X	线绕	9	特殊
		C	沉积膜	G	高功率
		G	光敏	T	可调
				X	小型
				L	测量用
				W	微调
				D	多圈

例如,RJ71—精密金属膜电阻器,WSW1—微调有机实心电位器.

2.2 色标法

色标法是用不同颜色的色环在电阻器表面标出阻值和误差,一般分为以下两种标法:

(1) 两位有效数字的色标法

普通电阻器用四条色环就能表示电阻器的参数. 从左到右观察色环的颜色(意义见附表 2-2),第一、第二色环表示阻值,第三色环表示倍率,第四色环表示允许误差.

(2) 三位有效数字的色标法

一般用于精密仪器,表示方法和意义与两位有效数字色标法相同,不同之处为前三位表示阻值,如附图 2-1 所示.

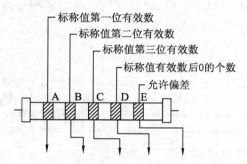

附图 2-1　电阻器识别——色标表示方法

色标法各颜色含义如附表 2-2 所示.

附表 2-2　色标法各颜色含义表

颜色	第一位有效数	第二位有效数	第三位有效数	倍率	允许偏差
黑	0	0	0	10^0	
棕	1	1	1	10^1	$\pm 1\%$
红	2	2	2	10^2	$\pm 2\%$
橙	3	3	3	10^3	
黄	4	4	4	10^4	
绿	5	5	5	10^5	$\pm 0.5\%$
蓝	6	6	6	10^6	$\pm 0.25\%$
紫	7	7	7	10^7	$\pm 0.1\%$
灰	8	8	8	10^8	
白	9	9	9	10^9	
金				10^{-1}	
银				10^{-2}	

附录 3　电容器

3.1 电容器的命名

电容器的型号命名一般由四个部分组成：

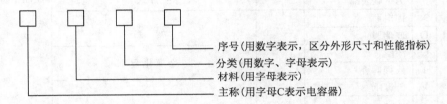

以上命名各部分数字和字母的含义可以查阅相关资料，这里不再赘述。

电容的型号及各参数和字母的含义见附表 3-1。

附表 3-1　电容的型号及各参数和字母的含义

第一部分：主称		第二部分：介质材料		第三部分：类别					第四部分：序号
字母	含义	字母	含义	数字或字母	含义				
					瓷介电容器	云母电容器	有机电容器	电解电容器	
C	电容器	A	钽电解	1	圆形	非密封	非密封	箔式	
		B	聚苯乙烯等非极性有机薄膜（常在"B"后面再加一字母，以区分具体材料。例如，"BB"为聚丙烯，"BF"为聚四氟乙烯）	2	管形	非密封	非密封	箔式	
				3	叠片	密封	密封	烧结粉，非固体	
				4	独石	密封	密封	烧结粉，固体	
		C	高频陶瓷						
		D	铝电解	5	穿心		穿心		
		E	其他材料电解	6	支柱等				

续表

第一部分：主称		第二部分：介质材料		第三部分：类别					第四部分：序号
字母	含义	字母	含义	数字或字母	含义				
					瓷介电容器	云母电容器	有机电容器	电解电容器	
C	电容器	G	合金电解	B					用数字表示序号，以区别电容器的外形尺寸及性能指标
		H	纸膜复合	7				无极性	
		I	玻璃釉	8	高压	高压	高压		
		J	金属化纸介	9			特殊	特殊	
		L	涤纶等极性有机薄膜（常在"L"后面再加一字母，以区分具体材料。例如，"LS"为聚碳酸酯）	G			高功率型		
				T			叠片式		
		N	铌电解						
		O	玻璃膜	W			微调型		
		Q	漆膜	J			金属化型		
		T	低频陶瓷						
		V	云母纸						
		Y	云母	Y			高压型		
		Z	纸介						

3.2 电容器的识别

电容器的识别方法主要有以下三种：

1. 直标法

直标法是指在电容器的表面直接用数字或者字母标出标称容量、额定电压以及允许偏差等主要参数，如附图 3-1 所示。

2. 文字符号法

使用文字符号法，容量的整数部分写在容量单位符号的前面，容量的小数部分写在容量单位符号的后面。允许偏差用文字符号表示：D（±0.5%）、F（±1%）、G（±2%）、J（±5%）、K（±10%）、M（±20%）。示例如附图 3-2 所示。

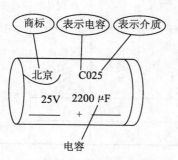

附图 3-1　电容器直标法举例

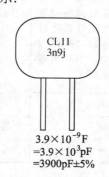

附图 3-2　电容器文字符号法举例

3. 数码法

数码法一般用三位数字表示电容器容量的大小，单位为皮法。其中第一、第二位为有效数字，第三位表示倍率。示例如附图 3-3 所示。

$68\times10^2\text{pF}=6800\text{pF}\pm5\%$

附图 3-3　电容器数码法举例

习题答案

第 1 章

1.1 略

1.2 (a) 1 W、负载(消耗电能);(b) —1 W、电源(产生电能)

1.3 —3 A

1.4 5 A

1.5 107.5 V

1.6 $R=4\ \Omega, U=10\ V, I=0.6\ A$

1.7 电流源产生 1 W、电压源消耗 0.5 W

1.8 16 V,2 Ω

1.9 3 A,9 V

1.10 (a) 8 Ω;(b) 14.2 Ω

1.11 (a) 1 Ω;(b) 4.4 Ω

1.12 0.6 Ω

1.13 等效电压源为 $U_{ab}=-5\ V, R_{ab}=25\ \Omega$

1.14 5 V

1.15 (a) 2 A;(b) —4 V;(c) 13 V

1.16 1.33 A

1.17 0.01 A

1.18 0.05 A

1.19 3.6 A

第 2 章

2.1 311 rad/s、50 Hz、0.02 s、311 V、$\frac{\pi}{4}$、220 V、—220 V

2.2 (1) i_2 超前,i_1 滞后,i_2 超前 i_1 15°;(2) u_2 超前,u_1 滞后,u_2 超前 u_1 165°;(3) u_1 超前、u_2 滞后,u_1 超前 u_2 40°

2.3 (1) $\dot{U}_m=110\angle 0°$ V;(2) $\dot{U}=20\angle -30°$ V;(3) $\dot{I}_m=5\angle -60°$ A;(4) $\dot{I}=50\angle 90°$ A

2.4 (1) $u=220\sqrt{2}\sin(314t+30°)$ V, $i=5\sqrt{2}\sin(314t-45°)$ A;(2) $u=200\sqrt{2}\sin(314t+45°)$ V、$i=2\sin(314t-30°)$ A;(3) $u=100\sqrt{2}\sin(314t+53.1°)$、$i=\sqrt{10}\sin(314t+116.6°)$ A

2.5 (1) 改成 $u=100\sin(\omega t-30°)$ V, $\dot{U}_m=100e^{-j30°}$ V;(2) 改成 $\dot{I}=10\angle 45°$ A;(3) 改成 $\dot{I}=20e^{j60°}$ A

2.6 $u=u_1+u_2=180.3\sqrt{2}\sin(\omega t+3.7°)$ V, $u=u_1-u_2=180.3\sqrt{2}\sin(\omega t+116.3°)$ V、相量图略

2.7 $u=100\sqrt{2}\sin 628t$ V, $i_2=10\sin(628t+90°)$ A, $i_1=5\sqrt{2}\sin(628t-30°)$ A、$\dot{U}=100\angle 0°$V、$\dot{I}_2=5\sqrt{2}\angle 90°$A、$\dot{I}_1=5\angle -30°$A

2.8 $i=\sqrt{2}\sin(1000t+30°)$ A、50 W、相量图略

2.9 2000 Ω

2.10 $i=68\sin(314t-90°)$ A、5.7 kvar、相量图略

2.11 $i=3.8\sin(314t+90°)$ A、1132 var、相量图略

2.12 50 V

2.13　31.1 Ω、0.1 H、785 W

2.14　0.37 A、102.9 V、196.5 V

2.15　7.33$\sqrt{2}$sin(314t+27.1°) A、1611.9 W、80.6 var、1613.9 V·A

2.16　5.77 V、55.2 kΩ

2.17　(1) 3.5 V；(2) 69.3°；(3) 减小

2.18　17.3 Ω、−10 Ω、容性

2.19　(a) 5$\sqrt{2}$ A；(b) 80 V；(c) 2 A；相量图略

2.20　25.2 Hz

2.21　(1) 25 V；(2) 15 W、−20 var、25 V·A；(3) 15 Ω、60 Ω、80 Ω

2.22　2 Ω、0.32 H 或 0.19 H、397.9 μF、0.09

2.23　10 A、15 Ω、7.5 Ω

2.24　1.33 W

2.25　(12.3+j18) Ω

2.26　0.5、99.3 μF、不变、不变、减少、不变、减少

2.27　(4.5+j5.52) kV·A、220.8 μF、5 kV·A

2.28　3.3 kW

2.29　575.7 kHz、0.5 mA、235 mV、47

2.30　101.4 μF、1.05 Ω、15.75 V

2.31　10$\sqrt{2}$ A、10$\sqrt{2}$ Ω、10$\sqrt{2}$ Ω、5$\sqrt{2}$ Ω

2.32　10$\sqrt{2}$ Ω、5$\sqrt{2}$ Ω、10$\sqrt{2}$ Ω

第3章

3.1　三相电路对称、线电压是相电压的$\sqrt{3}$倍

3.2　380∠−120°、380∠120°、220∠−30°、220∠−150°、220∠90°

3.3　(A)

3.4　(A)

3.5　$u_A=10\sin(\omega t+60°)$V、$u_C=10\sin(\omega t+180°)$V、$u_{AB}=10\sqrt{3}\sin(\omega t+90°)$V、$u_{BC}=10\sqrt{3}\sin(\omega t-30°)$V、$u_{CA}=10\sqrt{3}\sin(\omega t-150°)$V

3.6　22 A、相量图略

3.7　38 A、65.8 A

3.8　3465.6 W、1161.6 W

3.9　65.6∠−66.9°A、65.6∠−186.9°A、65.6∠53.1°A、相量图略

3.10　(1) 三角形接法；(2) 8.4 A、4.9 A；(3) 77.6∠31.8°Ω

3.11　(1) 图略；(2) 4.55 A、0 A；(3) 4.55 A、4.55 A

3.12　(1) 不能，因为负载性质不同；(2) 16.1 A、22 A

3.13　$R\approx15$ Ω、$L\approx51.3$ mH

第4章

4.1　电路由一种稳态过渡到另一种稳态所经历的过程称为过渡过程，也叫"暂态"；含有动态元件的电路在发生"换路"时一般存在过渡过程

4.2　在含有动态元件 L 和 C 的电路中，电路的接通、断开、接线的改变或是电路参数、电源的突然变化等，统称为"换路"；根据换路定律，在换路瞬间，电容器上的电压初始值应保持换路前一瞬间的数值不变

4.3 (1) 在 RC 充电及放电电路中,电容器上的电压初始值应根据换路定律求解;

(2) RC 充电电路中,电容器两端的电压按照指数规律上升;充电电流按照指数规律下降;RC 放电电路,电容电压和放电电流均按指数规律下降;

(3) 不同,RC 一阶电路的时间常数 $\tau=RC$,RL 一阶电路的时间常数 $\tau=L/R$;其中的 R 是指动态元件 C 或 L 两端的等效电阻;

(4) RL 一阶电路的零输入响应中,电感两端的电压和电感中通过的电流均按指数规律下降;RL 一阶电路的零状态响应中,电感两端的电压按指数规律下降,电感中通过的电流按指数规律上升

4.4 C

4.5 A

4.6 C

4.7 D

4.8 $u_C(0_+)=u_C(0_-)=12$ V、$i_2(0_+)=\dfrac{u_C(0_+)}{R_2}=6$ mA、$i_1(0_+)=0$、$i_C(0_+)=-i_2(0_+)=-6$ mA

4.9 $i_L(0_+)=1$ A,$u_L(0_+)=-4$ V

4.10 $u_C(t)=-5+15\mathrm{e}^{-\frac{t}{20}}(t\geqslant 0)$,$i_C(t)=-1.5\mathrm{e}^{-\frac{t}{20}}(t\geqslant 0)$. 图略

4.11 $i_L(t)=\mathrm{e}^{-5t}$ A$(t\geqslant 0)$,$u_L(t)=-5\mathrm{e}^{-5t}$ V$(t\geqslant 0)$

4.12 $i_L(t)=0.1(1-\mathrm{e}^{-250t})$ A$(t\geqslant 0)$

4.13 开关 S 在位置"1"时,$\tau_1=0.1$ ms;开关 S 在位置"2"时,$\tau_2=0.04$ ms.

4.14 (1) $u_C(0_+)=u_C(0_-)=4$ V,$i_1(0_+)=i_C(0_+)=1$ A,$i_2(0_+)=0$;(2) $u_C(t)=(6-2\mathrm{e}^{10^6 t})$ V

第 5 章

5.1 顺串等效电感 $L=L_1+L_2+2M$,反串等效电感 $L=L_1+L_2-2M$;顺串 $\omega=1.29\times 10^3$ rad/s,反串 $\omega=2.23\times 10^3$ rad/s

5.2 2.4 H

5.3 1、2 为同名端

5.4 1、2 为同名端

5.5 (1) 如下图所示为去耦等效电路,反串等效电感 $L=L_1+L_2-2M=$j5 H; (2) $\dot{U}_{ab}=8\angle 53°$ V

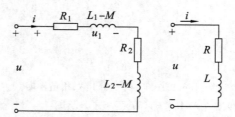

5.6 提示:顺串等效电感 $L=L_1+L_2+2M$,其他参考 5-5 题.(1) 去耦等效电路如下图所示;(2) $\dot{U}_{ab}=5\sqrt{2}\angle 45°$ V.

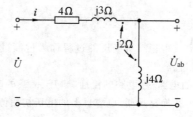

5.7　$Z_X = 10 - j20$,有功功率为 10 W

5.8　$\sqrt{5}$、$\sqrt{10}$

第 6 章

6.1　112.25 V

6.2　(1) $U = 108.4$ V,$I = 7.2$ A;(2) $P = 117.93$ W

6.3　$U = 122.47$ V,$u = (50 + 141\sin\omega t + 70.7\sin 2\omega t)$V,$P = 1500$ W

6.4　$i = [2 + 5.96\sin(1000\omega t + 71.6°)]$A,$P = 173.24$ W

6.5　$U_2 = 250.19$ V,$I = 0.98$ A

6.6　(1) $i = 0.8\sqrt{2}\sin(\omega t + 83.1°)$A,$I = 0.8$ A;(2) $u_L = 1.6\sqrt{2}\sin(\omega t + 173.1°)$ V;(3) 0.768 W

6.7　(1) 1.58 A;(2) $R = 48$ Ω,$C = 22.27$ μF

6.8　$i(t) = [20\sin(100t + 45°) - 5\sin(200t - 45°)]$A,$P = 2125$ W

高等职业教育规划教材

电工技术基础习题集

（第二版）

蔡大华　主　编

苏州大学出版社

图书在版编目(CIP)数据

电工技术基础习题集 / 蔡大华主编. —2 版. —苏州：苏州大学出版社,2017.11(2023.7 重印)
高等职业教育规划教材
ISBN 978-7-5672-2298-4

Ⅰ.①电… Ⅱ.①蔡… Ⅲ.①电工技术－高等职业教育－习题集 Ⅳ.①TM-44

中国版本图书馆 CIP 数据核字(2017)第 296068 号

电工技术基础习题集(第二版)

蔡大华　主编

责任编辑　周建兰

苏州大学出版社出版发行
(地址：苏州市十梓街 1 号　邮编：215006)
广东虎彩云印刷有限公司印装
(地址：东莞市虎门镇黄村社区厚虎路20号C幢一楼　邮编：523898)

开本 787 mm×1 092 mm　1/16　印张 15(共两册)　字数 366 千
2018 年 4 月第 2 版　2023 年 7 月第 5 次印刷
ISBN 978-7-5672-2298-4　定价：35.00 元(共两册)

苏州大学版图书若有印装错误,本社负责调换
苏州大学出版社营销部　电话：0512－67481020
苏州大学出版社网址　http://www.sudapress.com

前言 Preface

高等职业教育的任务是培养具有高尚职业道德、适应生产建设第一线需要的高技术应用性专门人才.电工技术基础是电气、电子信息类专业的一门理论性、实践性和应用性很强的技术基础课程.通过本门课程的学习,学生能够掌握电路的基本理论和基本分析方法、电路分析及应用,并进行典型电工电路实验、仿真,为后续课程的学习准备必要的电工技术理论知识、分析方法及技能操作.

本书主要介绍了直流电路及其分析方法、单相正弦交流电路的稳态分析、三相交流电路及其应用、线性电路过渡过程的暂态分析、互感电路、非正弦周期电路的分析等内容.电路的重点是基本定律的理解及应用,从直流电阻电路入手,有助学生更快地理解电路的基本规律和电路分析的基本方法;单相、三相电路以典型分析应用为主;暂态电路、互感电路及非正弦交流电路是对电路分析应用的拓展.

电工知识很多,而教学时数有限,因此本书在保证基本概念、基本原理和基本分析方法的前提下,力求精选内容,减少了复杂电路变换,以典型电路分析应用为主,并结合实验要求强化实践技能训练.

根据高职教育的特点和培养目标,教材建设要突出实用性,本书在编写过程中始终贯彻这一主导思想,做到理论联系实际应用;同时淡化公式推导,增加典型例题分析,重在让学生学会电路的分析方法,了解典型电路在实际中的应用和掌握基本分析工具.每章后附有相应的技能训练.

为帮助学生整理本章知识结构和以后的复习巩固,每章末均有本章内容小结.书中所选习题和例题着重分析和应用,习题附有参考答案.教材力求语言通顺、文字流畅、图文并茂、可读性强.本教材有配套的《电工技术基础习题集》,便于学生学完各章节后自测.

附录介绍了 Multisim 软件的使用方法,便于学生掌握电路仿真技能.同时列出了电工元器件的型号命名方法,以便于学生掌握查阅电工元器件的选型及识别能力.

本书标注了典型电路动画及仿真的二维码,以便于学生用智能手机直接观看,拓展学生学习的手段.

本书由蔡大华老师任主编并负责全书的统稿,参加编写的老师还有刘恩华、韦银、蔡万祝、秦功慧、代昌浩、左文燕、何玲、梁励康等,南京工业职业技术学院的陈敏老师也参与了教材部分内容的编写及整理工作.

在编写过程中,编者借鉴了有关参考资料.在此,对参考资料的作者以及帮助本书出版的单位和个人一并表示感谢.

由于编者水平有限,编写时间仓促,书中难免有错误和不妥之处,恳请读者批评指正.

编 者
2017 年 11 月

目 录

第 1 章　直流电路及其分析方法　……………………………………………………（1）

第 2 章　单相正弦交流电路的稳定分析　……………………………………………（14）

第 3 章　三相正弦交流电路及其应用　………………………………………………（32）

第 4 章　线性电路过渡过程的暂态分析　……………………………………………（41）

第 5 章　互感电路分析　………………………………………………………………（50）

第 6 章　非正弦周期电路分析　………………………………………………………（54）

综合练习 A　……………………………………………………………………………（60）

综合练习 B　……………………………………………………………………………（63）

参考答案　………………………………………………………………………………（65）

第1章 直流电路及其分析方法

一、本章基本要求

- 掌握电路的概念,会绘制电路原理图.
- 掌握电路的电压、电流、电位、功率等物理电学量的含义和表示方法.
- 了解电路元件的表示符号、电路的工作状态以及设备的额定值.
- 掌握基尔霍夫定律内容及应用方法.
- 掌握电阻电路的等效变换、电压源与电流源间的等效变换.
- 掌握电路分析方法:支路电流法、节点电压法、叠加定理、戴维南定理.

二、本章重点内容

1. 电路

电路由电源、负载和中间环节三部分组成.按照连接电路的目的和功能,电路分为供能电路和信号电路两大类.组成电路的电器设备或器件称为电路元件.由理想电路元件组成的电路称为电路模型.理想电路元件是对实际电路元件物理性质的科学抽象.电路分析中所涉及的电路都是模型.

2. 电压、电流及其参考方向

当电路中电压、电流为未知值时,可选定一个方向作为参考方向.电压、电流的参考方向是为分析电路而假设的.在参考方向下,电压、电流都是代数量.当选定的参考方向与实际方向一致时,计算结果数值为正,反之则为负.

3. 电路的功率

计算电路元件的功率时,要考虑其电压、电流的参考方向是否一致.一致时,用 $P=UI$ 计算;相反时,则用 $P=-UI$ 计算.无论哪种情况,若计算结果 $P>0$,说明此电路元件消耗了功率,在电路中的作用为负载;若 $P<0$,则电路元件为有源元件,在电路中的作用为电源.

4. 电路的基本状态

一个实际电路有通路、开路和短路三种基本状态.通路时,电源产生的功率减去内阻消耗的功率等于负载消耗或吸收的功率;开路时,电源不向外电路提供电流,这时端电压最大;短路即电源的端口不慎被短接,电源产生的电流和功率最大,易使电源烧毁或导致火灾事故发生,所以短路是一种事故,要尽量避免.

5. 电气设备的额定值

电气设备的额定值表示电气设备正常的工作条件和工作能力,是指导用户正确使用电气设备的技术数据.电气设备的额定值主要有额定电压、额定电流、额定功率和额定温升等.电源设备的额定功率标志着电源的供电能力,是长期运行时允许的上限值,这一点与负载设备不同.负载设备通常工作在额定状态,各项指标均为额定值.而电源设备在有载状态时供出的电流和功率由外电路的需要决定,并不一定为电源的额定值.

6. 基尔霍夫定律

基尔霍夫定律是电路的基本定律,是分析电路的依据.因此,它不仅是本章的重点内容,也是全电路的一个重点,要熟练掌握、正确运用.

基尔霍夫定律包括两条:一为电流定律(KCL),$\sum i = 0$;二为电压定律(KVL),$\sum u = 0$.使用 $\sum i = 0$ 和 $\sum u = 0$ 时必须注意两套正、负号的问题:一套是各项前的正、负号;另一套为电流 i 和电压 u 本身的正、负号. $\sum i = 0$ 中各项前的运算正、负号取决于支路电流 i 的参考方向是流入节点还是流出节点; $\sum u = 0$ 中各项前边的运算正、负号则取决于电压 u 的参考方向是否与回路的运行方向一致,一致者取正,相反者取负.而 u、i 本身的正、负号均取决于其参考方向是否和实际方向一致.

7. 电阻的串、并联及其等效变换

(1) 串联

① 特点:顺次相连;电阻中流过同一电流.

② 分压公式: $U_i = \dfrac{R_i}{\sum R} U_S$.

③ 消耗功率:各电阻消耗功率与电阻值成正比.计算公式为 $P_i = I^2 R_i$.

④ 总等值电阻: $R = \sum R_i$.

(2) 并联

① 特点:首首相接,尾尾相接;各电阻承受同一电压.

② 分流公式:适用于两电阻并联,即

$$I_1 = \dfrac{R_2}{R_1 + R_2} I_S, \quad I_2 = \dfrac{R_1}{R_1 + R_2} I_S$$

电流与电阻成反比: $\dfrac{I_1}{I_2} = \dfrac{R_2}{R_1}$.

③ 消耗功率:消耗功率与电阻值成反比,即 $P = \dfrac{U_S^2}{R_i}$.

④ 总等值电阻: $R = \dfrac{1}{\sum \dfrac{1}{R_i}}$.

(3) 电阻 Y-△网络的等效变换

利用电阻的 Y-△变换,可以将一个复杂的电阻网络变换为一个具有串联、并联和混联关系的简单的电阻网络.当 Y 形网络的三个电阻相同时,等效变换后的网络的电阻值为 $R_\triangle = 3 R_Y$;反之, $R_Y = \left(\dfrac{1}{3}\right) R_\triangle$.

8. 电源模型及其等效变换

(1) 电压源和电流源

① 理想电压源和电流源.

电压源与电流源都是理想的有源元件.当一个实际的电源的内阻远远小于负载电阻时,可近似作为电压源;而当电源的内阻远远大于负载电阻时,即使负载电阻发生改变,电源供出的电流则变化不大,可近似作为电流源.

恒压源与恒流源为对偶元件,它们都有两个基本特性.恒压源的端电压为恒定值,与它

供出的电流无关,其供出的电流根据外电路的需要决定.恒流源供出的电流为恒定值,与它的端电压无关,其端电压则由外电路决定.因此,当一个电压源与一个电流源串联时,此支路电流由电流源确定;如果一个电压源与一个电流源并联,电流源的端电压由电压源确定,而电压源提供的电流要根据 KCL 确定.

② 实际电源.

一个实际电源可由两种电路模型表示:即一个电压源与一个电阻串联的模型,或一个电流源与一个电阻并联的模型.

(2) 等值互换方法注意要点

用电压源与电流源等值互换的方法将电路化简,以求出电路中某支路的电流或电压,再回到原电路中求其他支路的电流或电压.

① 互换前后外特性相同,故互换关系为

$$I_s = \frac{U_s}{R_0} \quad \text{或} \quad U_s = I_s R_0$$

② 只对外电路等值,对电源内部不等值.

③ 理想电压源($R_0=0$)和理想电流源($R_0=\infty$)不能作等值互换.

④ 等值互换前后应保持极性和方向一致.

⑤ 与恒压源串联的任何电阻或与恒流源并联的任何电阻均可视作它们的内阻参与互换.

⑥ 与恒压源并联的电阻或恒流源,或除恒压源以外的任意支路,在作等值互换时均不起作用,可以去掉.

⑦ 与恒流源串联的电阻或恒压源,或与恒流源串联的任何部分电路,在作等值互换时均不起作用,可以去掉.

⑧ 在作电源等值互换解题时,应至少保留一条待求支路始终不参与互换,作为外电路存在;等到求出该支路电流或电压后,再将其放回原电路中去作为已知值,求其他支路的电流或电压.

(3) 含有受控源电路的分析方法

电源电压和电源电流均不受外电路的控制而独立存在的电源,称为独立电源.电子线路中还有另一类电源,其源电压和源电流均受其他电路电流或电压的控制,称为受控电源.受控电源有 4 种类型.

受控电源它们的共同特点是不能独立存在,而受其他支路电压或电流的控制,依控制电压或控制电流的存在而存在.当控制量为零时,受控电源向外提供的电压或电流也就没有了,因此这类电路的分析方法有一定特点.

受控电源也和独立电源一样,可进行电压源与电流源的等值互换,互换方法也相同.但要注意一点,控制电压或电流支路不能被互换掉.

9. 电路的分析方法

(1) 支路电流法

① 解题思路以各条支路电流为变量,然后根据电路的结构特点,利用 KCL 和 KVL 分别对电路的独立节点和独立回路列方程,联立方程组求出各支路电流.

② 方程必须是对独立节点和独立回路,否则对解题无助.对于任意电路,若有 n 个节

点,则独立节点数必定是 $n-1$ 个;而独立回路数正好就是该电路的自然的平面网孔的数目 b.并且独立节点数和独立回路数的和必定等于该电路的支路数.

③ 碰到无法用支路电流表示的量,可以再引进变量,但是同时必须引进一个约束关系,保证方程组的可解.

(2) 节点电压法

① 节点电压方程组的形式比支路电流法复杂,但是具有一定的规律性.注意下列几点:

● 方程的左边是各节点电压引起的流出节点的电流,而右边则是独立电源送入节点的电流.

● 对于节点电压方程来说,自导总是正的,互导总是负的(如果两个节点之间没有支路直接相连,则相应的互导为零).

● 在公式右边部分,对注入节点的由电流源引起的电流项来说,当电流的参考方向指向该节点时,该项前面取正号,否则取负号;对由电压源引起的电流项来说,当电压源的正极和该点相连时,该项前面取正号,否则取负号.

② 碰到无法用节点电压表示的量,可以再引进变量,但是同时必须引进一个约束关系,保证方程组的可解.如果电路中含有受控源,应该将受控源的控制量尽量用节点电压来表示,然后再按照一般的节点电压方程来求解.

(3) 叠加原理

① 叠加原理指出:对于多个独立电源作用的电路,可以单独考虑每个电源作用时的效果,然后相叠加.如果电路中含有受控源,不能将受控源当作独立电源看待,而应该当作一般元件看待.

② 在应用叠加原理时必须注意以下几点:

● 该定理仅适用于线性电路,不适用于非线性电路.

● 单独考虑每个电源单独作用,是指将电路中的其他电压源短路,其他电流源断路,除电源外的其他元件不能改变.

● 最后计算叠加结果时要注意电流和电压的参考方向.

● 由于功率是电压和电流的乘积量,所以叠加原理不适用于功率的叠加.

(4) 戴维南定理

① 戴维南定理指出任何有源线性二端口网络都可以等效成一个理想电压源和电阻的串联组合,理想电压源的大小和方向等于该一端口网络开路电压,电阻等于该二端口网络去掉电源后的等效电阻(戴维南等效电阻).这种方法比较适用于复杂电路中仅研究某一条支路上电压或电流的情况.

② 应用定理的关键是求出开路电压和戴维南等效电阻.由于是求开路电压,所以有时应该将待研究支路移去,如果电路本来已经开路,这一步可以省去.在求开路电压的过程中,不一定能够直接求出,可能还要用到其他的分析方法来求.求戴维南等效电阻时,要注意应该将所有的电源同时除去(电压源短路,电流源断路).

③ 要注意从开路的端口求等效电阻.

● 如果电路中含有受控源,在计算戴维南等效电阻时,一般采用外加电源法进行计算.

● 得到数据后,应该作原电路的等效电路图,注意等效前后大小、方向都应一致.再将待研究支路移回,求待求量.

习 题

一、判断题

1. 当电路处于通路状态时,外电路负载上的电压等于电源电动势.( )
2. 有一段电阻是 16Ω 的导线,把它对折起来作为一条导线用,电阻是 8Ω.( )
3. 电阻两端电压为 6V 时,电阻值为 6Ω;当电压升为 12V 时,电阻值将为 12Ω.( )
4. 加在用电器上的电压改变了,但它消耗的功率是不会改变的.( )
5. 若选择不同的零电位点时,电路中各点的电位将发生变化,但电路中任意两点间的电压不会改变.( )
6. 电路中任意一个节点上,流入节点的电流之和一定等于流出该节点的电流之和.( )
7. 基尔霍夫电流定律是指沿任意回路绕行一周,各段电压的代数和一定等于零.( )
8. 电阻分流电路中,电阻值越大,流过它的电流也就越大.( )
9. 理想电压源和理想电流源是可以等效变换的.( )
10. 基尔霍夫电流定律不仅适用于节点,也适用于任何假想的封闭面,即流出任一封闭面的全部支路电流的代数和等于零.( )
11. 为了保证电源的安全使用,电压源不允许短路,电流源不允许开路.( )
12. 受控源也和独立源一样,可进行电压源与电流源的等效变换,变换方法也相同;控制电压或电流支路能被互换掉.( )
13. 对有 n 个节点和 m 个回路的电路,支路电流方程组数量为 $n-1+m$ 个.( )
14. 叠加原理不适用于非线性电路.( )
15. 线性有源二端口网络可以等效成理想电压源和电阻的串联组合,也可以等效成理想电流源和电阻的并联组合.( )
16. 戴维南定理的等效是对二端口网络的内部等效.( )
17. 二端口电路仅含有受控源,也可以看作是有源二端口网络.( )

二、填空题

1. 两个电阻的伏安特性如图 1-1 所示,则 R_a 比 R_b _____(大、小). $R_a=$ _____,$R_b=$ _____.
2. 用多用表可测量电流、电压和电阻. 测量电流时应把多用表_____在被测电路里;测量电压时应把多用表和被测部分_____,测量电阻前或每次更换倍率挡时都应调节_____,并且应将被测电路中的电源_____.

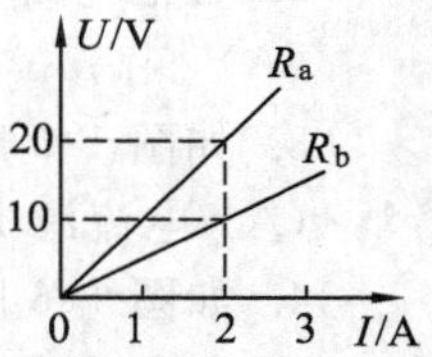

图 1-1

3. 电阻 R_1 和 R_2 串联后接入电路中,若它们消耗的总功率为 P,则电阻 R_1 消耗电功率的表达式 $P_1=$ _____,电阻 R_2 消耗电功率的表达式 $P_2=$ _____.
4. 基尔霍夫电流定律指出:流过电路任一节点_____为零,其数学表达式为_____,基尔霍夫电压定律指出:从电路的任一点出发绕任意回路一周回到该点时,_____为零,其数学表达式为_____.

5. 如图 1-2 所示,电路中有_____个节点、_____条支路、_____个回路.

6. 为电路提供一定_____的电源称为电压源,如果电压源内阻为_____,电源将提供_____,则称为恒压源;为电路提供一定_____的电源称为电流源,如果电流源内阻为_____,电源将提供_____,则称为恒流源.

7. 如图 1-3 所示,有源二端网络 A,在 a、b 间接入电压表时,其读数为 100 V;在 a、b 间接入 10 Ω 电阻时,测得电流为 5 A.则 a、b 两点间的开路电压为_____,两点间的等效电阻为_____.

8. 如图 1-4 所示电路中,a、b 间的等效电阻大小为_____.

9. 受控电源可分为_____、_____、_____、_____四种类型.

10. 若电路中有 n 个节点、b 个网孔,则该电路的独立节点数是_____个,独立回路数是_____个,支路电流方程的数量为_____.

11. 节点电压法中自导总是_____,互导总是_____.

12. 叠加原理适用于_____电路中_____和_____的计算,而不适用于功率的叠加.

13. 若已知一线性有源二端网络在端口接 15 Ω 电阻时电流为 0.5 A,端口接 5 Ω 电阻时电流为 1 A,则该电路等效电压源的电压为_____,内阻为_____.

14. 在应用戴维南定理求电路的等效内阻时,端口内的电流源应该_____,电压源应该_____.

15. 某含源二端网络的开路电压为 10 V,如在网络两端接 16 Ω 的电阻,二端网络的端电压为 8 V,此网络的戴维南等效电路为 $U_s=$_____,$R_0=$_____.

三、选择题

1. 理想电流源的外接电阻越大,它的端电压(   ).
   (A) 越高 (B) 越低 (C) 不能确定

2. 若把电路中原来为 $-3V$ 的点改为电位的参考点,则其他各点的电位将(   ).
   (A) 变高 (B) 变低 (C) 不能确定

3. 如图 1-5 所示,发出功率的电源是(   ).
   (A) 电流源 I_s (B) 电压源 U_s (C) 电压源和电流源

4. 如图 1-6 所示,U、I 之间的关系式应为(   ).
   (A) $U=RI$ (B) $U=-RI$ (C) 不能确定

5. R_1 和 R_2 为两个并联电阻,已知 $R_1=2R_2$,且 R_2 上消耗的功率为 1 W,则 R_1 上消耗的功率为(   ).
   (A) 2 W   (B) 1W   (C) 4 W   (D) 0.5 W
6. 如图 1-7 所示,$R_1=R_2=R_3=12\ \Omega$,则 A、B 间的总电阻为(   ).
   (A) 18 Ω   (B) 4 Ω   (C) 0 Ω   (D) 36 Ω
7. 如图 1-8 所示,无源二端网络的等效电阻 R_{AB} 值为(   ).
   (a) 2 Ω   (B) 4 Ω   (C) 6 Ω

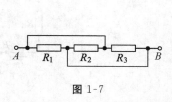

图 1-7

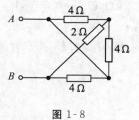

图 1-8

8. 如图 1-9 所示,电压 $U_{AB}=6$V,当 I_S 单独作用时,U_{AB} 将(   ).
   (A) 变大   (B) 变小   (C) 不变
9. 如图 1-10 所示,电路的等效电阻 R_{AB} 为(   ).
   (A) 4 Ω   (B) 5 Ω   (C) 6 Ω

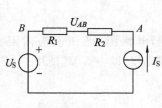

图 1-9

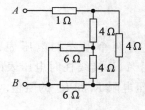

图 1-10

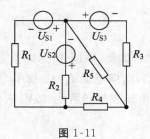

图 1-11

10. 图 1-11 中独立节点数为(   ).
    (A) 2   (B) 4   (C) 5   (D) 6
11. 图 1-12 电路中,正确的节点电压方程组是(   ).

(A) $U_{10}\left(\dfrac{1}{R_1}+\dfrac{1}{R_2}+\dfrac{1}{R_4}+\dfrac{1}{R_5}\right)-U_{20}\left(\dfrac{1}{R_2}+\dfrac{1}{R_5}\right)=\dfrac{U_1}{R_1}+\dfrac{U_2}{R_2}$

$-U_{10}\left(\dfrac{1}{R_2}+\dfrac{1}{R_5}\right)+U_{20}\left(\dfrac{1}{R_2}+\dfrac{1}{R_3}+\dfrac{1}{R_5}\right)=-\dfrac{U_2}{R_2}+\dfrac{U_3}{R_3}$

(B) $U_{10}\left(\dfrac{1}{R_1}+\dfrac{1}{R_2}+\dfrac{1}{R_4}+\dfrac{1}{R_5}\right)-U_{20}\left(\dfrac{1}{R_2}+\dfrac{1}{R_5}\right)=\dfrac{U_1}{R_1}-\dfrac{U_2}{R_2}$

$-U_{10}\left(\dfrac{1}{R_2}+\dfrac{1}{R_5}\right)+U_{20}\left(\dfrac{1}{R_2}+\dfrac{1}{R_3}+\dfrac{1}{R_5}\right)=\dfrac{U_2}{R_2}+\dfrac{U_3}{R_3}$

(C) $U_{10}\left(\dfrac{1}{R_1}+\dfrac{1}{R_2}+\dfrac{1}{R_4}+\dfrac{1}{R_5}\right)+U_{20}\left(\dfrac{1}{R_2}+\dfrac{1}{R_5}\right)=\dfrac{U_1}{R_1}-\dfrac{U_2}{R_2}$

$U_{10}\left(\dfrac{1}{R_2}+\dfrac{1}{R_5}\right)+U_{20}\left(\dfrac{1}{R_2}+\dfrac{1}{R_3}+\dfrac{1}{R_5}\right)=\dfrac{U_2}{R_2}+\dfrac{U_3}{R_3}$

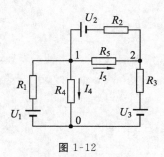

图 1-12

12. 用戴维南定理解图 1-13 所示电路，a、b 间的戴维南等效电阻为(　　)Ω．

(A) 2.4　　　　　　(B) 6
(C) 10　　　　　　 (D) 16

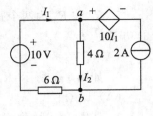

图 1-13

四、计算题

1. 某晶体管放大电路的直流电路如图 1-14 所示，已知：$R_B = 300\text{ k}\Omega$，$R_C = 2\text{ k}\Omega$，$U_{BE} = 0.7\text{ V}$，$V_{CC} = 12\text{ V}$．

(1) 求 I_B；
(2) 若 $I_C = 50 I_B$，求 U_{CE}（T 为晶体管）．

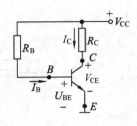

图 1-14

2. 如图 1-15 所示，这是具有两个量程的电压表内部电路图．已知表头内阻 $R_g = 500\ \Omega$，满偏电流 $I_g = 1\text{ mA}$，使用 A、B 接线柱时电压表的量程为 $U_1 = 3\text{ V}$，使用 A、C 接线柱时电压表的量程为 15 V．求分压电阻 R_1 和 R_2 的阻值．

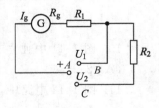

图 1-15

3. 如图 1-16 所示为直流串联电路实验图. 已知：$U_{S1}=12$ V，$U_{S2}=4.5$ V，$R_1=2.5$ Ω，$R_2=2$ Ω，$R_3=3$ Ω.

(1) 接好电路，电源开启后发现电流表的指针不动，说明电路有断处. 用电压表进行查找，先将电压表的正端接在 A 点，依次测量各点与 A 点之间的电压，分别为 $U_{AB}=0$ V，$U_{AC}=0$ V，$U_{AD}=4.5$ V，$U_{AE}=4.5$ V，$U_{AF}=-7.5$ V，试问断在何处？

(2) 将电路接好后，电流表的读数是多少？

(3) 若不小心将某一电阻短接了，电流表的读数变为 1.5A，试分析哪个电阻被短接了.

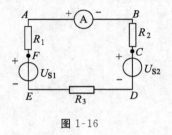

图 1-16

4. 如图 1-17 所示是某电路中的一部分，试求 I、U_S 及 R.

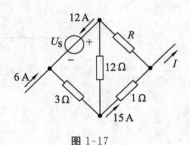

图 1-17

5. 如图 1-18 所示电路，已知 $R=1$ Ω. 若(1) $I_S=2$A，$U_S=1$ V；(2) $I_S=-1$ A，$U_S=1$ V，试分别求两种情况下各电源的功率，并判断它们是电源还是负载.

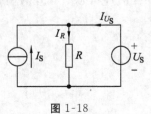

图 1-18

6. 试将图 1-19 中(a)、(b)中的电流源和电压源进行互换.

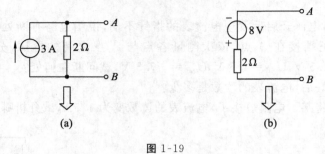

图 1-19

7. 计算图 1-20(a)、(b)所示各网络的端口电阻.

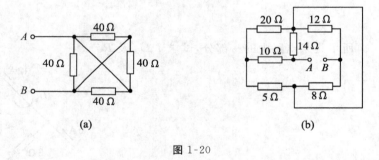

图 1-20

8. 如图 1-21 所示电路中,$R_1=R_2=R_3=R_4=30\ \Omega$,$R_5=60\ \Omega$.试求在开关 S 断开和闭合两种状态下 a、b 两端的总电阻.

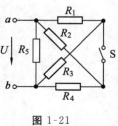

图 1-21

9. 如图 1-22 所示,用电源等效变换原理求流过 R_3 的电流 I_3. 已知:$U_{S2}=18$ V,$U_{S1}=12$ V,$R_1=3$ Ω,$R_2=3$ Ω,$R_3=1.5$ Ω.

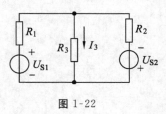

图 1-22

10. 如图 1-23 所示,用电源等效变换原理求图中电流 I_3.

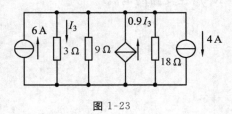

图 1-23

11. 求如图 1-24 所示电路中电压 U 的值.

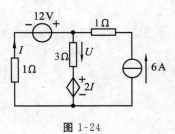

图 1-24

12. 用节点电压法求图 1-25 电路中 1 Ω 电阻上消耗的功率.

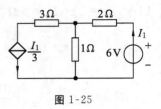

图 1-25

13. 电路如图 1-26 所示,其中 $U_S=10$ V,$R_1=1$ kΩ,$R_2=1$ kΩ,$R_3=500$ Ω,试求电阻 R_3 所在支路的电流.

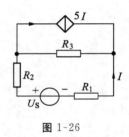

图 1-26

14. 试用弥尔曼定理计算图 1-27 中的电流 I.

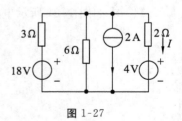

图 1-27

15. 图 1-28 所示电路中含有受控源,试用叠加原理求 30 Ω 电阻上的功率.

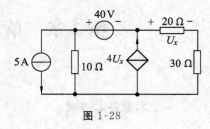

图 1-28

16. 图 1-29 是一个有源线性二端网络端口的伏安特性曲线图,请画出其戴维南等效电路模型.

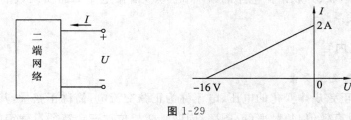

图 1-29

第 2 章 单相正弦交流电路的稳态分析

一、本章基本要求

- 了解正弦交流电的特点,理解正弦量的三要素以及相位差的概念.
- 掌握正弦交流电的各种表示方法,即解析式法、波形图法、相量表示法和相量图法及相互间对应转换关系.
- 掌握电阻、电感和电容三个单一元件在交流电路中电压和电流间的关系及元件性质.
- 掌握用相量及相量图法分析和计算较简单的交流电路,如 RLC 串联及并联电路.
- 掌握交流电路中有功功率、无功功率、视在功率和功率因数的概念以及计算公式,理解提高功率因数的意义,掌握用并联电容器提高功率因数的方法.
- 掌握 RLC 串联、并联谐振电路的条件和特点,谐振电路的品质因数的定义及与谐振电路选频特性的关系.

二、本章重点内容

1. 正弦交流电及三要素

大小、方向按正弦规律变化的电压、电流称为正弦交流电,简称正弦量,其在任意时刻的瞬时值是由幅值或有效值、角频率(或频率、周期)、初相位这三个特征量确定的. 同频率正弦量的相位差等于初相位之差. 正弦量可用瞬时值三角函数式、正弦波形、相量和相量图四种方式表示,最常用的是相量表示法.

2. 相量表示法

同一电路中不同正弦量的频率通常不变,只要确定正弦量幅值和初相位,其瞬时值也就确定了. 将正弦量的幅值或有效值及初相位用复数的模和辐角来表示的方法称为相量表示法. 正弦量用相量表示后,就可以根据复数的运算关系来进行运算.

相量还可以用相量图表示. 相量图能形象直观地表示各电量的大小和相位的关系,并可以借助相量图的几何关系求解电路. 只有同频率的正弦量才能画在同一相量图上.

3. 单一参数的正弦交流电路

电阻、电感、电容在正弦交流电路中的电压与电流的关系分别如下:

(1) 电阻

电阻是耗能元件,电压与电流的伏安关系为 $i=\dfrac{u}{R}$,相量形式为 $\dot{I}=\dfrac{\dot{U}}{R}$,电压与电流同相,电路消耗的有功功率 $P=UI=I^2R=\dfrac{U^2}{R}$.

(2) 电感

电感是储能元件,电压与电流的伏安关系为 $u=L\dfrac{\mathrm{d}i}{\mathrm{d}t}$,电感是动态元件,相量形式为 $\dot{I}=\dfrac{\dot{U}}{\mathrm{j}X_L}$,电压超前电流 $90°$,电感的无功功率 $Q_L=UI=I^2X_L=\dfrac{U^2}{X_L}$,理想电感的有功功率 $P=0$。

(3) 电容

电容是储能元件,电压与电流的伏安关系为 $i=C\dfrac{\mathrm{d}u}{\mathrm{d}t}$,电容是动态元件,相量形式为 $\dot{I}=\dfrac{\dot{U}}{-\mathrm{j}X_C}$,电流超前电压 $90°$,电容的无功功率 $Q_C=UI=I^2X_C=\dfrac{U^2}{X_C}$,理想电容的有功功率 $P=0$。

4. RLC 串联和并联电路

对 RLC 串联电路的分析,由 KVL 的相量形式,可导出相量形式的欧姆定律,即 $\dot{U}=\dot{I}Z$。Z 为电路的等效复阻抗,它表示为:$Z=\dfrac{\dot{U}}{\dot{I}}=R+\mathrm{j}X=|Z|\angle\varphi$,其中 R 为电路的电阻,$X=X_L-X_C$ 为电路的电抗。复阻抗的模 $|Z|$ 称为电路的总阻抗。其辐角 φ 称为阻抗角,也是总电压与电流之间的相位差。$|Z|$、φ 与电路参数关系为

$$|Z|=\sqrt{R^2+X^2}, \quad \varphi=\arctan\dfrac{X}{R}$$

它们之间的数值关系可用阻抗三角形来表示。

当 $\varphi>0$ 时,电路为感性;当 $\varphi<0$ 时,电路为容性;当 $\varphi=0$ 时,电路为电阻性,并发生串联谐振。

对 RLC 并联电路的分析,由 KCL 的相量形式,可导出相量式,即 $\dot{I}=\dot{U}Y$。Y 为复导纳,它可表示为

$$Y=\dfrac{\dot{I}}{\dot{U}}=G-\mathrm{j}B=|Y|\angle\varphi_y$$

其中 $G=\dfrac{1}{R}$ 为电路的电导,$B=B_L-B_C$ 为电路的电纳。复导纳的模 $|Y|$ 称为电路的总导纳,其辐角 φ_y 为导纳角,是电路总电流相量与电压相量的相位差。阻抗角与导纳角的大小相等,符号相反。

复阻抗 Z 与复导纳 Y 可以等效互换,即 $Z=\dfrac{1}{Y}$ 或 $Y=\dfrac{1}{Z}$。

5. 正弦交流电路的功率

反映正弦交流电路消耗能量的大小用有功功率 P 来表示,即 $P=UI\cos\varphi$,$\cos\varphi$ 为功率因数。

反映负载与电源之间能量交换规模用无功功率 Q 来表示,$Q=UI\sin\varphi$。电感元件的无功功率为正数,电容元件的无功功率为负数。

反映电源设备的容量及负载可能消耗的最大功率用视在功率 S 来表示,$S=UI=$

$\sqrt{P^2+Q^2}$. P、Q 与 S 间可用功率三角形来表示.

电路的功率因数 $\cos\varphi$ 的大小由负载本身的性质决定. 提高供电线路的功率因数对充分发挥电源设备的能力及减小线路的消耗有重要的意义. 可用在感性负载两端并联适当电容的方法来提高线路的功率因数.

6．复阻抗串联、并联及混联电路

在交流电路中,对复阻抗串联、并联及混联的计算,可用相量法来进行.

（1）相量分析法

即根据给定的电路参数计算电路的等效复阻抗,应用相量形式的欧姆定律求出各支路电流及电压相量,再根据题目要求求出结果.

（2）相量图法

即根据已知条件作出电压、电流的相量图,再借助相量图中的几何关系求出结果.

7．谐振电路

在含有电感和电容元件的电路中,当总电压和总电流同相时,电路会发生谐振. 按发生谐振的电路不同,可分为串联谐振和并联谐振.

RLC 串联谐振时,电路阻抗最小,电流最大,谐振频率 $f_0=\dfrac{1}{2\pi\sqrt{LC}}$,电路呈电阻性,品质因数 $Q_P=\dfrac{\omega_0 L}{R}$,$U_L=U_C=Q_P U\gg U$,因此串联谐振也称为电压谐振.

感性负载与电容并联谐振时,电路阻抗最大,总电流最小,谐振频率 $f_0=\dfrac{1}{2\pi\sqrt{LC}}$,电路呈电阻性,品质因数 $Q_P=\dfrac{\omega_0 L}{R}=\dfrac{1}{\omega_0 CR}$,$I_L=I_C=Q_P I\gg I$,因此并联谐振也称为电流谐振.

无论串联谐振还是并联谐振,电源供给的能量均是有功功率,并全部被电阻所消耗. 能量互换仅在电感和电容元件之间进行.

习　题

一、判断题

1. 两个正弦量的相位差等于其初相位之差,且与计时起点的选择无关.（　　）

2. 正弦量与相量之间是一一对应的关系,也是相等的关系.（　　）

3. 相量是用复数来表示正弦量,复阻抗和复功率也都是用复数表示的,因此,复阻抗和复功率也是正弦量.（　　）

4. 周期性交流电的最大值总是其有效值的 $\sqrt{2}$ 倍.（　　）

5. 一只电容器的耐压值为 60 V,将其接到 75 V 的正弦交流电源上,可以安全使用.（　　）

6. 在正弦交流电路中,电阻两端、电感两端或电容两端的电压 u 增加时,通过它的电流 i 也会增加.（　　）

7. 在正弦交流电路中,电压与电流的相位差只与电路元件参数（R、L、C）有关.（　　）

8. 在正弦交流电路中,电感线圈两端的电压 u_L 和电流 i_L 均为同频率正弦量,u_L 正比于 i_L 的变化率,且电压 u_L 超前 i_L 90°.(　　)

9. 在正弦交流电路中,电容两端的电压 u_C 和电流 i_C 均为同频率正弦量,i_C 正比于 u_C 的变化率,当电压 u_C 为最大值时,电流 i_C 为零.(　　)

10. 日光灯线路实验中,已知电源电压为 220 V,现测得日光灯电压为 100 V,则可知镇流器上的电压为 120 V.(　　)

11. 在 RLC 串联交流电路中,电路的电流 $I=\dfrac{U}{Z}=\dfrac{U}{\sqrt{R^2+(X_L+X_C)^2}}$.(　　)

12. 两复阻抗 Z_1 和 Z_2 串联的正弦交流电路中,电路的电流 $I=\dfrac{U}{Z_1+Z_2}$.(　　)

13. 已知电阻 R 和电感 L 串联,其复阻抗 $Z=(3+\mathrm{j}4)\ \Omega$,将其等效为电阻和电感并联,则其复导纳 $Y=\left(\dfrac{1}{3}-\mathrm{j}\dfrac{1}{4}\right)$ S.(　　)

14. 在交流电路中,只要电路处于谐振状态,电路的无功功率总是为零,与电路是串联还是并联结构无关.(　　)

15. 在感性负载两端并联电容器,可以提高感性负载的功率因数,电路总的无功功率减小.(　　)

16. 在交流电路的计算中可直接应用直流电路的一些定律和方法,只要把直流值换成交流有效值即可.(　　)

17. 在含有电感及电容的正弦交流电路中,若电路端电压和电路总电流同相,则电路处于谐振状态.(　　)

18. 如图 2-1 所示,电路已处于谐振状态,如减小电容 C,则电路将呈现电容性,即阻抗角 $\varphi<0$.(　　)

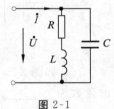

图 2-1

二、填空题

1. 正弦交流电的三要素是_____、_____、_____.

2. 正弦交流电的四种表示方法是_____、_____、_____和_____.

3. 已知 $u=141\sin\left(3140t+\dfrac{\pi}{3}\right)$ V,则 $U_\mathrm{m}=$_____ V,$U=$_____ V,$f=$_____ Hz,初相位 $\varphi=$_____.

4. 已知电压 $u=50\sqrt{2}\sin\left(\omega t+\dfrac{\pi}{3}\right)$ V,电流 $i=14.1\sin\left(\omega t+\dfrac{3\pi}{4}\right)$ A,则 $\dot{U}=$_____ V,$\dot{I}=$_____ A,电压 u 与电流 i 的相位差为_____.

5. 相量 $\dot{I}=(3+\mathrm{j}4)$ A 所表示的工频正弦电流的瞬时值表达式为_____.

6. 两频率为 100 Hz 的正弦量,已知 $U=100$ V,$\varphi_u=\dfrac{\pi}{3}$;$I=5$ A,$\varphi_i=-90°$,则 $\dot{U}_\mathrm{m}=$_____ V,$\dot{I}_\mathrm{m}=$_____ A,电压 u 与电流 i 的相位差为_____.

7. 已知 $u_1=60\sqrt{2}\sin(\omega t+90°)$ V,$u_2=80\sqrt{2}\sin\omega t$ V,则 $u_1+u_2=$_____,$u_1-u_2=$_____.

8. 两个同频率正弦电压分别为 60 V、80 V,若其和为 100 V,则其相位差为_____;若其和为 140 V,则其相位差为_____.

9. 在 RLC 串联电路中,当感抗 X_L 大于容抗 X_C 时,电路呈_____性;当感抗 X_L 小于容抗 X_C 时,电路呈_____性;当感抗 X_L 等于容抗 X_C 时,电路呈_____性.

10. 在交流电路中,感抗 X_L 与频率 f 成_____关系,容抗与频率 f 成_____关系,在直流电路中,电感元件相当于_____,电容元件相当于_____.

11. RLC 串联电路处于谐振状态时,当电容 C 减小时,电路呈_____性;当电感 L 增大时,电路呈_____性.

12. 已知一无源二端口的端电压和电流的有效值分别为 $U=200$ V,$I=10$ A,又知无功功率 $Q=-1000$ var,则该二端网络的等效阻抗 Z 为_____.

13. 已知电压 u 和电流 i 的波形如图 2-2 所示,则其瞬时值表达式 $u=$ _____,$i=$ _____,相位差为_____,电路负载性质为_____.($f=100$ Hz)

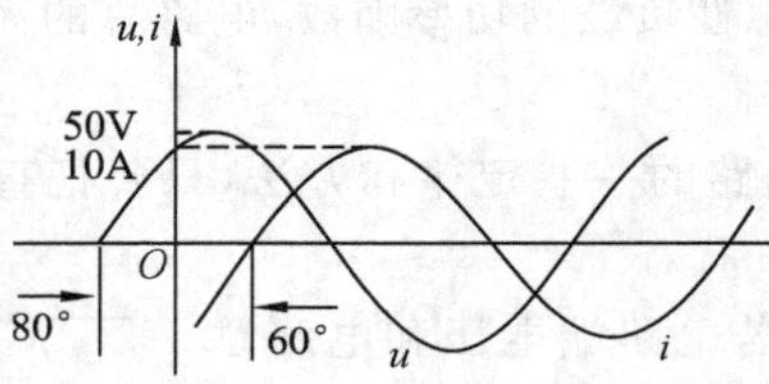

图 2-2

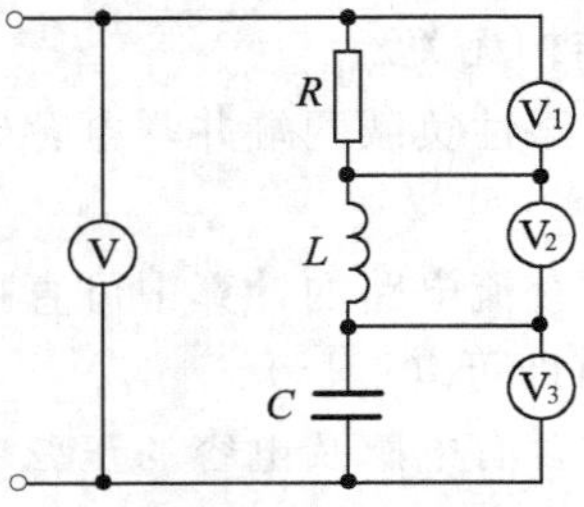

图 2-3

14. 如图 2-3 所示 RLC 串联电路中,电压表 V_1、V_2、V_3 的读数均为 50V,则电压表 V 的读数为_____.

15. 如图 2-4 所示 RLC 并联正弦交流电路中,各表读数如图所示,则 A_4 表读数为_____,A 表读数为_____,V 表读数为_____.

16. 如图 2-5 所示正弦交流电路中,已知 $R=10\ \Omega$,$X_L=X_C=20\ \Omega$,A_1 表的读数为 4 A,则 A_2 表的读数为_____,A_3 表的读数为_____,A_4 表的读数为_____,A_5 表的读数为_____,V 表的读数为_____.

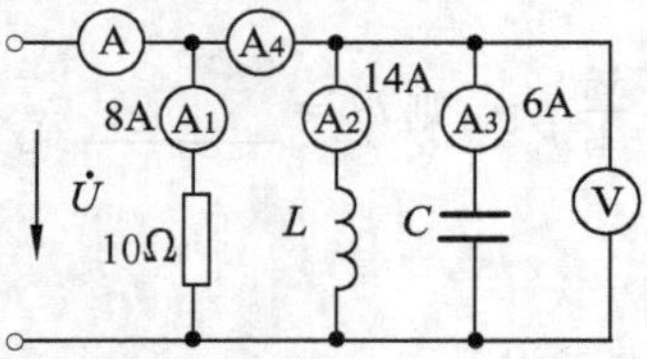

图 2-4

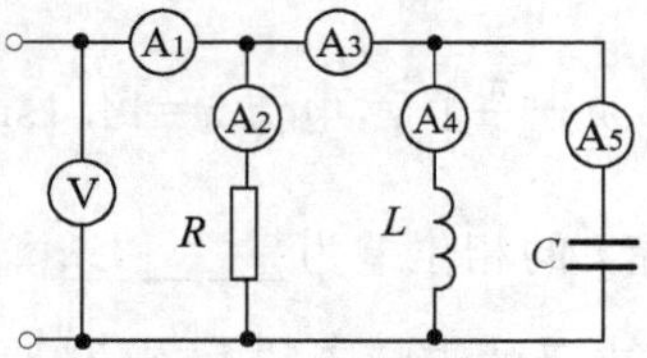

图 2-5

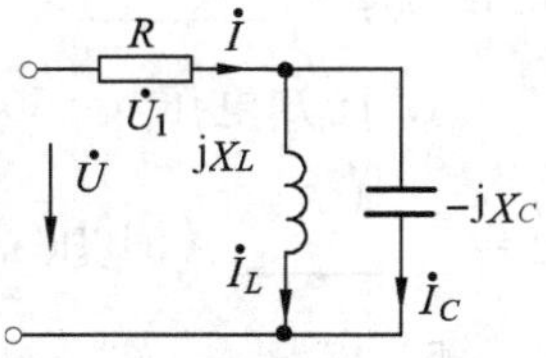

图 2-6

17. 如图 2-6 所示正弦交流电路中,$R=10\ \Omega$,$X_L=X_C=40\ \Omega$,电路电压 $\dot{U}=40\angle 30°$ V,则电路电流 $\dot{I}=$ _____ A,$\dot{I}_L=$ _____ A,$\dot{I}_C=$ _____ A,$\dot{U}_1=$ _____ V.

18. 如图 2-7 所示正弦交流电路中，则 V_1 表的读数为_____ V，V_4 表的读数为_____ V.

19. 如图 2-8 所示正弦交流电路中，电源电压 $U=10$ V，电路处于谐振状态时，电路品质因数为 30，则电感电压 $U_L=$ _____ V.

20. 如图 2-9 所示，电路的谐振角频率 $\omega_0=$ _____ rad/s.

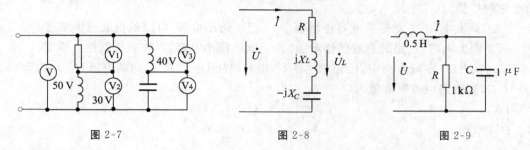

图 2-7　　　　　图 2-8　　　　　图 2-9

三、选择题

1. 将一个额定电压为 220 V 的电炉分别接到 220 V 交流电和 220 V 直流电源上，它们发出的热量(　　).
   (A) 接交流电和直流电时一样高
   (B) 接直流电时高
   (C) 接交流电时高

2. 当加在纯电感线圈的电压瞬时值为最大值时，通过线圈的瞬时电流值为(　　).
   (A) 最大值　　　(B) 零　　　(C) 不确定　　　(D) 最小值

3. 在纯电容电路中，当电压与电流为关联参考方向时，其电压与电流的关系为(　　).
   (A) $I=\dfrac{U}{\omega C}$　　(B) $i=\dfrac{u}{\omega C}$　　(C) $i=C\dfrac{\mathrm{d}u}{\mathrm{d}t}$　　(D) $\dot{I}=\dfrac{\dot{U}}{\mathrm{j}X_C}$

4. 已知某元件上，$u=100\sin(\omega t+90°)$ V，$i=5\sin(\omega t-30°)$ A，则该元件可等效为(　　).
   (A) 电阻、电容　　　　　(B) 电阻、电感
   (C) 电感　　　　　　　　(D) 电容

5. 如图 2-10 所示正弦交流电路，当电源电压不变，其频率减小至一半时，各电流表的读数(　　).
   (A) A_1 不变，A_2 减小一半，A_3 增大一倍
   (B) A_1 不变，A_2 增大一倍，A_3 减小一半
   (C) A_1 不变，A_2、A_3 均减小一半

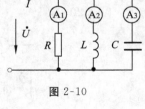

图 2-10

6. 在正弦交流电路中，电路等效复阻抗的性质取决于(　　).
   (A) 电路外加电压的大小
   (B) 电路各元件参数及电源频率
   (C) 电路的连接形式

7. 当 8.66 Ω 的电阻与 5 Ω 的电感串联时，电感电压与总电压的相位差为(　　).
   (A) 60°　　　(B) 30°　　　(C) −60°　　　(D) −30°

8. 如图 2-11 所示正弦交流电路中,已知 $u=50\sin(314t+30°)$ V,$i=5\sin(314t+60°)$ A,则复阻抗 Z 的等效元件为(　　).

(A) 电阻和电感　　　　　　　　(B) 电容

(C) 电感　　　　　　　　　　　(D) 电阻和电容

9. 在 RLC 串联正弦交流电路中,调节电路中电容 C 时,电路性质变化的趋势为(　　).

(A) 调大电容,电路的负载容性增强　　(B) 调小电容,电路的负载感性增强

(C) 调大电容,电路的负载感性增强　　(D) 调小电容,电路的负载性质不变

10. 在 RLC 串联电路中,已知总电压 U,电容电压 U_C 与 R、L 两端电压 U_{RL} 均为 50 V,$R=10$ Ω,则电路电流有效值为(　　).

(A) 5 A　　　　　　　　　　　　(B) 4.33 A

(C) 8.66 A　　　　　　　　　　 (D) 10 A

11. 已知某电路端电压 $\dot{U}=100\angle 30°$ V,流过电路的电流 $\dot{I}=10\angle 90°$ A,则该电路的复阻抗 Z 为(　　).

(A) 10 Ω　　　　　　　　　　　(B) $10\angle 120°$ Ω

(C) $10\angle -60°$ Ω　　　　　　(D) $10\angle 60°$ Ω

12. 如图 2-12 所示(a)、(b)、(c)正弦交流电路中,三只电压表的读数分别为(　　).

(A) 5 V、5 V、1 V　　　　　　　(B) 5 V、5 V、-1 V

(C) 7 V、7 V、1 V　　　　　　　(D) 7 V、7 V、-1 V

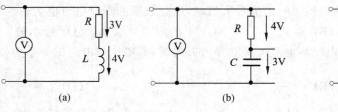

图 2-12

13. 如图 2-13 所示正弦交流电路中,已知 $X_L=20$ Ω,开关 S 闭合前后电流表的读数都为 4 A,则容抗 X_C 为(　　).

(A) 20 Ω　　　(B) 10 Ω　　　(C) 8 Ω　　　(D) 40 Ω

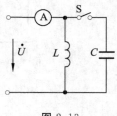

图 2-13

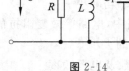

图 2-14

14. 如图 2-14 所示正弦交流电路中,当 S 闭合时,电路处于谐振状态,当 S 打开时,电路的性质为(　　).

(A) 电感性　　　(B) 电阻性　　　(C) 电容性

15. 如图 2-15 所示各正弦交流电路中,当电路感抗与容抗相等,即 $X_L=X_C$ 时,电路相当于开路的为( ).

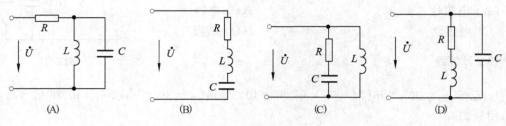

图 2-15

16. 某负载的等效复阻抗 $Z=(6+j8)$ Ω,则其等效复导纳为( ).

(A) $Y=(0.6-j0.8)$S
(B) $Y=\left(\dfrac{1}{6}-j\dfrac{1}{8}\right)$S

(C) $Y=(0.6+j0.8)$S
(D) $Y=\left(\dfrac{1}{6}+j\dfrac{1}{8}\right)$S

17. 如图 2-16 所示正弦交流电路中,当开关 S 闭合,其他参数不变时,电路的有功功率及无功功率将会( ).
(A) 有功功率与无功功率均不变
(B) 有功功率不变,无功功率减小
(C) 有功功率与无功功率均减小
(D) 有功功率不变,无功功率增大

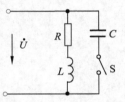

图 2-16

18. 在电阻 R 与电感感抗 X_L 串联的正弦交流电路中,当电路端电压的有效值为 U 时,电路的无功功率为( ).

(A) $\dfrac{X_L U^2}{\sqrt{R^2+X_L^2}}$
(B) $\dfrac{RU^2}{\sqrt{R^2+X_L^2}}$

(C) $\dfrac{X_L U^2}{R^2+X_L^2}$
(D) $\dfrac{RU^2}{R^2+X_L^2}$

19. 负载的电压为 U、电流为 I、有功功率为 P 时,负载的等效电阻为( ).

(A) $\dfrac{P}{I^2}$ (B) $\dfrac{P}{U^2}$ (C) $\dfrac{I^2}{P}$ (D) $\dfrac{U}{I}$

20. 某电路的端电压为 $\dot{U}=100\angle 0°$ V,电路的电流为 $\dot{I}=10\angle 30°$ A,则该电路的有功功率和无功功率分别为( ).
(A) 866 W、-500 var
(B) 500 W、-866 var
(C) 866 W、500 var
(D) 500 W、866 var

21. 如图 2-17 所示电路,当开关 S 闭合时,电路处于谐振状态,且谐振频率为 f_0,当开关 S 打开后,电路的谐振频率是( ).

(A) $3f_0$ (B) $\dfrac{1}{3}f_0$

(C) $\dfrac{8}{9}f_0$ (D) $8f_0$

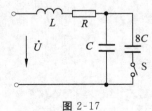

图 2-17

22. 如图 2-18 所示正弦交流电路中,当开关 S 闭合时,电路处于谐振状态,当开关 S 打开后电路的性质为( ).
(A) 电阻性　　　　　　　　　　(B) 电容性
(C) 电感性　　　　　　　　　　(D) 谐振

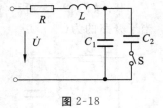

图 2-18

四、计算题

1. 已知 $u_1 = 30\sqrt{2}\sin(\omega t + 60°)$ V,$u_2 = 40\sqrt{2}\sin(\omega t - 30°)$ V,求 $u_1 + u_2$ 和 $u_1 - u_2$,并画出相量图.

2. 已知电流 $\dot{I}_1 = 6\angle 60°$ A,$\dot{I}_2 = 8\angle 150°$ A,求 $\dot{I}_1 + \dot{I}_2$ 和 $\dot{I}_1 - \dot{I}_2$,并写出 $f = 100$ Hz 时所对应的瞬时值表达式.

3. 已知在 0.159 H 的电感上加有电压 $u=100\sqrt{2}\sin(314t+30°)$ V,求通过电感的电流瞬时值表达式以及电感的无功功率,并画出相量图.

4. 在 RLC 串联电路中,已知 $R=8\ \Omega$,$L=0.045$ H,$C=398\mu$F,电源电压 $U=100$ V,频率 $f=50$Hz. 试求电路中的电流 I、有功功率、无功功率、功率因数 $\cos\varphi$,并画出相应的相量图.

5. RLC 串联电路中,已知电源电压 $u=100\sqrt{2}\sin314t$ V,电流 $I=5$ A,电路功率 $P=300$ W,电容电压 $U_C=50$ V. 试求电阻 R、电感 L、电容 C 及电路功率因数 $\cos\varphi$.

6. 在 RLC 串联电路中,已知电路电流 $I=4$ A,各元件电压为 $U_R=60$ V,$U_L=160$ V,$U_C=80$ V. 求:
   (1) 电路总电压 U;
   (2) 有功功率 P、无功功率 Q 及视在功率 S;
   (3) 电路复阻抗 Z.

7. 某线圈接到 60 V 的直流电源上时,电流为 10 A;接到 150 V 工频交流电源上时,电流为 15 A. 试求线圈的等效电阻和电感.

8. 某线圈接到 220 V 工频交流电源上时,电路功率表及电流表读数分别为 1210 W、11 A. 试求线圈的等效参数 R 及 L.

9. 已知无源二端网络输入端的电压和电流分别为 $u=220\sin(314t+120°)$ V，$i=5.5\sin(314t+83°)$ A. 试求此二端网络的串联等效电路、二端网络的功率因数及输入的有功功率和无功功率.

10. 如图 2-19 所示 RC 串联正弦交流电路，已知电阻 $R=300\ \Omega$，$\omega=500$ rad/s，如使输出电压 u_o 与输入电压 u_i 间夹角为 $30°$，试问电容 C 应为多少？u_i 与 u_o 哪个超前？

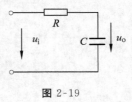

图 2-19

11. 如图 2-20 所示为一移相电路，若电容 $C=2\ \mu F$，输入电压 $u_1=10\sqrt{2}\sin(1000t+30°)$ V，现欲使输出电压 u_2 与输入电压 u_1 间的相位差为 $45°$，则电路中的电阻应为多大？写出此时输出电压 u_2 的表达式.

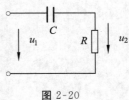

图 2-20

12. 如图 2-21 所示正弦交流电路,已知 $R=180\ \Omega$,$X_L=240\ \Omega$,电源电压 $U=220$ V,如使 $U_2=150$ V,求电阻 R_x.

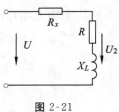

图 2-21

13. 如图 2-22 所示正弦交流电路,已知负载端电压 $U_1=200$ V,功率 $P_1=160$ W,功率因数 $\cos\varphi_1=0.8$(感性),复阻抗 $Z_2=(30+\text{j}40)\ \Omega$. 求电路总端电压 U.

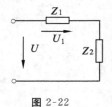

图 2-22

14. 如图 2-23 所示正弦交流电路,已知 $R=6\ \Omega$,$X_C=8\ \Omega$,$U=U_2$,求 X_L.

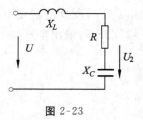

图 2-23

15. 有两个感性负载并联接到 220 V 的工频电源上，已知 $P_1=2$ kW，$\cos\varphi_1=0.6$，$S_2=4$ kW，$\cos\varphi_2=0.5$。求其总视在功率及电路的功率因数。现欲将功率因数提高到 0.9，则需并联多大电容？

16. 一台电动机接到 380 V 工频电源上，其吸收的功率为 2 kW，功率因数为 0.6，现欲将电路功率因数提高到 0.9，则需并联多大电容？

17. 如图 2-24 所示，正弦交流电路处于谐振状态，已知电路端电压 $U=50$ V，支路电流 $I_1=8$ A，$I_2=6$ A。求电路的参数 R、X_L、X_C。

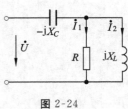

图 2-24

18. 如图 2-25 所示电路，调节电容 C 使电路发生谐振，此时 $U_1=100$ V，$U_2=60$ V，电流 $I=5$ A，求线圈等效参数 R 和 X_L 以及电源电压 U。

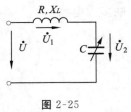

图 2-25

五、综合应用题

1. 如图 2-26 所示，已知电路电流 $\dot{I}=2\angle 0°$ A，$u=80\sqrt{2}\sin(314t+60°)$ V，电容 C 上电压 U_1 为 40 V，试求元件 A 是由哪两个元件串联组成的，并确定其参数值。

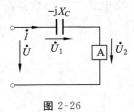

图 2-26

2. 如图 2-27 所示正弦交流电路中，电路电压为 200 V，当开关 S 闭合时电流 $I=10$ A，电路的功率为 800 W；当开关 S 打开时，电流 $I=12$ A，电路的功率为 2016 W。求电路阻抗 Z_1 和 Z_2。

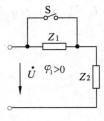

图 2-27

3. 如图 2-28 所示正弦交流电路中，电压 $U=200$ V，$R=6$ Ω，$X_L=8$ Ω，并联上支路 A 后，总电流增加 1.2 倍，功率因数提高到 0.9。求所并联支路的参数。

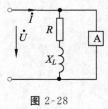

图 2-28

4. 如图 2-29 所示，已知 $u_1=8\sqrt{2}\sin 314t$ V，$u_2=40\sqrt{2}\sin(314t+53.1°)$ V。试求：
（1）i、U；
（2）二端网络的等效参数。

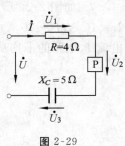

图 2-29

5. 如图 2-30 所示正弦交流电路中，已知电源电压 $U=20$ V，各支路电流有效值相等，即 $I_1=I_2=I_3=2$ A。求电路元件参数 R、L、C。（设电源角频率为 100 rad/s）

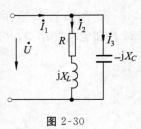

图 2-30

6. 如图 2-31 所示正弦交流电路中,已知 $R_1=R_2=5\ \Omega$,电流表 A_1、A_2 的读数分别为 10 A、6 A.试求感抗 X_L 及电路电压 U.

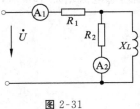

图 2-31

7. 如图 2-32 所示正弦交流电路中,已知电源电压 $U=200$ V,负载 A、B 的电流分别为 $I_1=10$ A,$I_2=20$ A,其功率因数分别为 $\cos\varphi_1=0.6(\varphi_1<0)$,$\cos\varphi_2=0.8(\varphi_2>0)$.求电路的电流 I、电路的平均功率 P 及电路的功率因数.

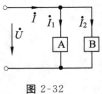

图 2-32

8. 如图 2-33 所示正弦交流电路中,已知 $\dot{U}_1=20\angle 0°$ V.求电路电压 U、电流 I、有功功率 P 和无功功率 Q,并画出相量图.

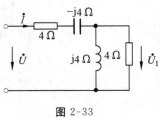

图 2-33

9. 如图 2-34 所示正弦交流电路中,已知电源电压为 220 V,感性负载为电动机且在满载下运行,它的额定功率为 12 kW,$\cos\varphi=0.8$,与其并联的电炉的电阻 R_1 为 20 Ω. 求总电流.

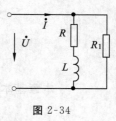

图 2-34

10. 如图 2-35 所示正弦交流电路中,已知 $R=8$ Ω,$X_L=6$ Ω,$U=U_1$,试求 X_C.

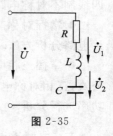

图 2-35

第3章 三相正弦交流电路及其应用

一、本章基本要求

- 了解三相对称电源的产生,掌握三相对称电源的条件和表示方法.
- 掌握三相电源的相序含义.
- 掌握三相电源星形连接的特点,线电压、相电压数值及相位关系;了解三相电源三角形连接特点及要求.
- 掌握三相对称电路的含义、三相对称负载的条件、三相负载接入电路的原则.
- 掌握三相对称星形电路组成,线电流、相电流的关系,对称电路的分析方法;掌握三相四线制不对称电路的分析方法、对中线的要求.
- 掌握对称三角形电路组成,线电流、相电流数值及相位关系,对称电路分析方法,不对称电路分析方法.
- 掌握三相电路功率分析,掌握三相对称电路有功功率、无功功率、视在功率的含义及公式,三相对称电路功率的测量;掌握用二瓦计法及三瓦计法测量功率的方法,并能对所测功率进行分析.

二、本章重点内容

1. 三相对称电路

三相对称电源的特点:最大值相等、频率相同、相位互差$120°$,并且有$\dot{U}_A+\dot{U}_B+\dot{U}_C=0$和$u_A+u_B+u_C=0$.

三相对称负载是三个数值及性质完全相同的负载.

三相对称电路是电源与负载完全对称的三相电路.

2. 三相电源的连接方式

三相电源的连接方式有星形(Y)和三角形($\triangle$).

Y形连接:线电压U_L和相电压U_P,两者关系$U_L=\sqrt{3}U_P$,线电压在相位上超前相应相电压$30°$,即$\dot{U}_{AB}$超前$\dot{U}_A$ $30°$、$\dot{U}_{BC}$超前$\dot{U}_B$ $30°$、$\dot{U}_{CA}$超前$\dot{U}_C$ $30°$.

$\triangle$形连接:线电压等于相电压.

分析计算三相电路时,一般不需知道电源的连接方式,只要知道电源的线电压.

3. 三相负载的连接方式

三相负载的连接方式有星形(Y)和三角形($\triangle$).

相电流I_P:指流过每相负载的电流.

线电流I_L:指三根端线(电源线)中流过的电流.

负载Y形连接:不论负载对称与否,不论有无中性线,线电流恒等于相应的相电流.均

用 $\dot{I}_A$、$\dot{I}_B$、$\dot{I}_C$ 表示.

负载△形连结：相电流用 $\dot{I}_{AB}$、$\dot{I}_{BC}$、$\dot{I}_{CA}$ 表示，线电流用 $\dot{I}_A$、$\dot{I}_B$、$\dot{I}_C$ 表示.

当三相负载对称时，线电流与相电流的关系由 KCL 定律得出，如 $\dot{I}_A = \dot{I}_{AB} - \dot{I}_{CA}$.

当三相负载对称时，线电流与相电流的关系为 $I_L = \sqrt{3} I_P$，线电流在相位上落后相应相电流 30°，即 $\dot{I}_A$ 落后 $\dot{I}_{AB}$ 30°、$\dot{I}_B$ 落后 $\dot{I}_{BC}$ 30°、$\dot{I}_C$ 落后 $\dot{I}_{CA}$ 30°.

对对称三相电路，常分析和计算其中一相的电压或电流（一般是 A 相），利用对称关系直接写出其他两相的电压或电流.

对不对称三相电路，各相电压、电流要分别进行计算.

4．三相电路的功率

不对称电路：有功功率 $P = P_A + P_B + P_C$，无功功率 $Q = Q_A + Q_B + Q_C$，视在功率 $S = \sqrt{P^2 + Q^2}$.

对称电路：有功功率 $P = 3U_P I_P \cos\varphi = \sqrt{3} U_L I_L \cos\varphi$，无功功率 $Q = 3U_P I_P \sin\varphi = \sqrt{3} U_L I_L \sin\varphi$，视在功率 $S = 3U_P I_P = \sqrt{3} U_L I_L$.

公式中 U_P、I_P 是每相负载的相电压和相电流，U_L、I_L 是每相负载的线电压和线电流，φ 为对称负载的阻抗角.

习　题

一、判断题

1．三相用电器正常工作时，加在各相上的端电压等于电源线电压．(　　)

2．三相四线制供电系统中，当负载对称时，可改为三相三线制而对负载无影响．(　　)

3．无论是瞬时值还是相量值，三相对称电源的三个相电压的和恒等于零，所以接上负载后不会产生电流．(　　)

4．三相对称电源星形连接时，线电压大小是相电压大小的 $\sqrt{3}$ 倍．(　　)

5．三相负载作星形连接时，线电流必等于相电流．(　　)

6．三相负载作三角形连接时，线电流大小是相电流大小的 $\sqrt{3}$ 倍．(　　)

7．三相电动机的供电方式可用三相三线制，同样三相照明电路的供电方式也可采用三相三线制．(　　)

8．在三相四线制供电系统中，为确保安全，中性线和火线上必须装设开关或熔断器．(　　)

9．三相三线制供电系统中，负载作三角形连接时，无论负载对称与否，三个线电流的相量和恒等于零．(　　)

10．三相电源的线电压与三相负载的连接方式无关，所以线电流也与三相负载的连接方式无关．(　　)

11．三相负载作三角形连接时，测得三个相电流值相等，则三相负载为对称负载．(　　)

12. 无论三相负载作星形连接还是三角形连接,三相电路的功率计算公式均为 $P=\sqrt{3}U_L I_L \cos\varphi$. （   ）

13. 在相同的电源线电压下,三相交流电动机作星形连接和作三角形连接时,所取用的有功功率相等. （   ）

14. 在三相四线制供电系统中,三相功率的测量一般采用三瓦计法. （   ）

15. 在三相三线制供电系统中,三相功率的测量一般采用三瓦计法. （   ）

16. 三相用电器正常工作时,加在各相上的端电压等于电源线电压. （   ）

17. 在三相四线制供电系统中,负载为带中性线的星形连接,只要电源对称,则无论负载对称与否,其线电压都等于相电压的$\sqrt{3}$倍. （   ）

18. 三相电源向电路提供的视在功率为 $S=S_A+S_B+S_C$. （   ）

19. 在三相三线制供电系统中,无论负载对称与否,三个线电流的瞬时值之和及相量值之和都等于零. （   ）

20. 三相负载作星形连接时,只有在负载对称时,线电流才等于相电流. （   ）

二、填空题

1. 三相电压到达最大值(或零值)的先后次序称为三相交流电的_____.

2. 对称三相电路,设 B 相电压 $\dot{U}_B=220\angle 90°$ V,则 A 相电压 $\dot{U}_A=$ _____,C 相电压 $\dot{U}_C=$ _____.

3. 三相四线制供电系统中可以提供两种电压,即_____和_____,它们之间的数值关系是_____.

4. 三相电源两端线之间的电压称为_____,端线与中性线之间的电压称为_____;三相电路中,流过电源端线中的电流称为_____,流过每相负载的电流称为_____.

5. 三相对称电路是指_____的电路.

6. 三相四线制供电系统中,当三相负载对称时,中线电流等于_____;当三相负载不对称时,中线电流 $\dot{I}_N=$ _____.

7. 三相负载作星形连接时,根据三相负载的对称与否,可分为_____和_____两种方式.当三相负载不对称时,应采用_____方式.

8. 当三相对称负载的相电压等于电源线电压时,此三相负载应采用_____连接方式,此时线电流为相电流的_____倍.

9. 三相异步电动机的每相绕组的复阻抗 $Z=(30+j40)$ Ω,三角形连接在线电压为 220 V 的电源上,则电动机从电源处吸收的总有功功率是_____,电路的功率因数 $\cos\varphi=$ _____.

10. 功率表的主要结构有_____线圈和_____线圈,其中_____线圈必须串联在被测电路中,_____线圈必须并联在被测电路中.

11. 三相对称电源,设线电压 $u_{AB}=380\sqrt{2}\sin(\omega t+30°)$ V,则线电压 $u_{BC}=$ _____,线电压 $u_{CA}=$ _____,相电压 $u_A=$ _____.

12. 三相四线制供电系统是指由三根_____和一根_____组成的系统.其中相电压是指_____与_____之间的电压,线电压是指_____与_____之间的电压.

13. 三相负载的每相负载的复阻抗都相同,则此三相负载称为_____.

14. 在三相四线制电路中,中性线的重要作用是_____,因此中性线上不能安装_____和_____.

15. 在三相三线制电路中,负载为星形连接的三相对称负载,电源线电压为 U_L,若输电线上的阻抗忽略不计,则负载相电压是电源线电压的_____倍,负载相电流等于线电流的_____倍.若一相短路后,其余两相负载的相电压等于 U_L 的_____倍;若一相负载开路后,其余两相负载的相电压等于 U_L 的_____倍.

16. 对称三相电路,负载为星形连接,线电流为 10 A,则中性线电流为 $I_N=$ _____A;当其中一相负载断开时,中性线电流 $I_N=$ _____A.

17. 三相交流电动机的每相绕组的复阻抗 $Z=(30+40j)$ Ω,三角形连接在线电压为 380 V 的电源中,则三相电路的功率 $P=$ _____,功率因数 $\cos\varphi=$ _____.

18. 实际生产和生活中,工厂的一般动力电源电压标准为_____;生活照明电源电压的标准一般为_____;_____V 以下的电压称为安全电压.

19. 一台三相电动机绕组为三角形连接,线电压为 380 V,线电流为 19 A,总功率为 10 kW,则功率因数 $\cos\varphi=$ _____,每相负载的复阻抗 $Z_P=$ _____.

20. _____功率的单位是 W,_____功率的单位是 var,_____功率的单位是 V·A.

三、选择题

1. 在三相四线制电路的中线上,不准安装开关和熔断器的原因是( ).
(A) 中线上没有电流
(B) 开关接通或断开对电路无影响
(C) 安装开关和熔断器会降低中线的机械强度
(D) 开关断开或熔丝熔断后,三相不对称负载的相电压不对称,无法正常工作

2. 三相对称电路是指( ).
(A) 三相电源对称的电路
(B) 三相负载对称的电路
(C) 三相电源和三相负载都对称的电路

3. 有一台三相交流电动机,每相绕组的额定电压为 220 V,三相对称电源的线电压为 380 V,则电动机的三相绕组应采用的连接方式是( ).
(A) 星形连接,有中线 (B) 星形连接,无中线
(C) 三角形连接 (D) A、B 均可

4. 三相四线制电路中,电源线电压为 380 V,不考虑端线阻抗,则负载的相电压为( )V.
(A) 380 (B) 220 (C) $190\sqrt{2}$ (D) 无法确定

5. 一台电动机绕组是星形连接,接到线电压为 380V 的三相电源上,测得线电流为 10A,则电动机每相绕组的阻抗值为( )Ω.
(A) 38 (B) 22 (C) 66 (D) 11

6. 三相四线制电路中,对称三相负载星形连接时线电流为5A,当其中两相负载电流减小到2A时(负载变成了不对称),中性线上的电流变为(　　)A.
(A) 0　　　　(B) 5　　　　(C) 3　　　　(D) 8

7. 有一台三相交流电动机,每相绕组的额定电压为380V,三相对称电源的线电压为380V,则电动机的三相绕组应采用的连接方式是(　　)
(A) 星形连接,有中线　　　　(B) 星形连接,无中线
(C) 三角形连接　　　　(D) A、B均可

8. 三相对称电路,负载作三角形连接,电源线电压为380 V,负载复阻抗为 $Z=(8+6j)$ Ω,则线电流为(　　)A.
(A) 38　　　　(B) 22　　　　(C) 54　　　　(D) 66

9. 三相对称电路,负载作三角形连接,线电流 $\dot{I}_A=22\angle-53°$ A,则负载相电流 $\dot{I}_{AB}$ 为(　　) A.
(A) $12.7\angle-23°$　(B) $38.1\angle-83°$　(C) $38.1\angle-23°$　(D) $12.7\angle-83°$

10. 三相对称电路,电源电压 $u_{AB}=380\sqrt{2}\sin(\omega t+30°)$ V,负载作星形连结,已知 B 相线电流 $i_B=20\sqrt{2}\sin(\omega t-60°)$ A,则三相电路总功率 P 为(　　)W.
(A) 660　　　　(B) 127　　　　(C) $220\sqrt{3}$　　　　(D) $660\sqrt{3}$

11. 同一三相对称负载,先后用两种接法接入同一电源中,则三角形连接时的有功功率等于星形连接时的(　　)倍.
(A) 3　　　　(B) $\sqrt{3}$　　　　(C) $\sqrt{2}$　　　　(D) 1

12. 三相对称交流电路的瞬时功率是(　　).
(A) 一个随时间变化的量
(B) 一个常量,其值恰好等于有功功率
(C) 0

13. 三相四线制中,中线的作用是(　　).
(A) 保证三相负载对称　　　　(B) 保证三相功率对称
(C) 保证三相电压对称　　　　(D) 保证三相电流对称

14. 在电源对称的三相四线制电路中,若三相负载不对称,则负载各相电压(　　).
(A) 不对称　　　　(B) 仍然对称　　　　(C) 不一定对称

四、计算题

1. 星形连接的对称负载,每相阻抗 $Z=(24+j32)$ Ω,接于线电压 $U_L=380$ V 的三相电源上,求各相电流、线电流和电路的有功功率,并画出电压、电流的相量图.

2. 电源线电压为 380 V,三相对称负载 $Z=(40+\mathrm{j}30)\ \Omega$,作三角形连接,求各相电流、线电流和三相负载的有功功率.

3. 如图 3-1 所示的电路中,电源线电压 $U_L=380$ V,各相电流为 $I_A=I_B=I_C=10$ A. 求:
(1) 各相负载的复阻抗;
(2) 中线电流 $\dot{I}_N$;
(3) 电路的有功功率 P;
(4) 画出电压、电流的相量图.

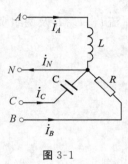

图 3-1

4. 三相对称负载的功率为 5.5 kW,△形连接后接在线电压为 220 V 的三相电流上,测得线电流为 19.5 A.
(1) 求负载的相电流、功率因数以及每相复阻抗 Z;
(2) 若将此负载改接为 Y 形连接,接到线电压为 380 V 的三相电源上,则负载的相电流、线电流、吸收的有功功率各是多少?

5. 已知三相电动机的功率为 3.2kW，功率因数 $\cos\varphi=0.8$，接在线电压为 380 V 的电源上．试画出用二瓦计法测量功率的电路图，并求两功率表的读数．

6. 如图 3-2 所示的电路中，$Z=(10+j10\sqrt{3})$ Ω，电源线电压 $\dot{U}_{AB}=380\angle 0°$ V，求线电流 $\dot{I}_A$、$\dot{I}_B$、$\dot{I}_C$ 及两组负载的总有功功率 $P_{总}$、无功功率 $Q_{总}$、视在功率 $S_{总}$．

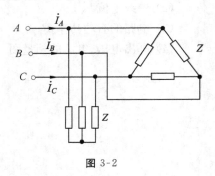

图 3-2

7. 一组复阻抗 $Z=(76+j56)$ Ω 的负载，星形连结于线电压为 380 V 的三相对称电源上，若各端线的复阻抗 $Z_L=(4+j4)$ Ω，求负载的相电流、相电压．

8. 有一台三相交流电动机,其绕组为三角形连接,设每相绕组的等效电阻 $R=11.22\ \Omega$, $X_L=4.76\ \Omega$,将电动机接在线电压为 220 V 的三相对称电源上,求各相电流、线电流,并画出电压、电流的相量图.

9. 三相四线制电路中,线电压为 380 V,设 A 相接 100 只灯,B 相接 150 只灯,C 相接 300 只灯,灯泡额定值均为 220 V、40 W,求:
   (1) 各相电流、线电流;
   (2) 中线电流;
   (3) 三相有功功率.

10. 有一台三相交流电动机,其绕组的额定电压为 380 V,电源线电压为 $U_L=380$ V,试选择电动机绕组的连接方式.若电动机从电源所取用的功率为 12 kW,功率因数为 0.866,求电动机的相电流和线电流.

11. 已知三相对称负载连接成三角形，接在线电压为 220 V 的三相电源上，火线上通过的电流均为 17.3 A，三相功率为 4.5 kW．求各相负载的电阻和感抗．

12. 如图 3-3 所示的三相对称电路中，电源线电压 $U_L = 380$ V，其中一组对称感性负载的有功功率为 5.5 kW，功率因数为 0.866，另一组星形连接的负载，其复阻抗 $Z = 10 \angle 30° \Omega$．求：

(1) 线电流 $\dot{I}_A$、$\dot{I}_B$、$\dot{I}_C$；

(2) 电路总有功功率．

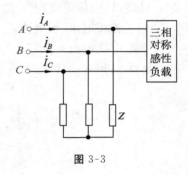

图 3-3

第4章　线性电路过渡过程的暂态分析

一、本章基本要求

- 了解电路稳态的概念、过渡过程的含义、发生的原因和实质.
- 熟练掌握换路定律及一阶电路电压、电流初始值的计算.
- 掌握一阶线性电路的零输入响应、零状态响应和全响应的三要素分析方法.
- 理解过渡过程中时间常数的物理意义.

二、本章重点内容

1. 过渡过程产生的原因与换路定律

（1）过渡过程及产生的原因

稳定状态：电路中电流和电压在给定条件下已达到某一稳定值，该稳定状态亦称稳态.

过渡过程：从一个稳定状态过渡到另一个稳定状态的中间过程称为过渡过程.

过渡过程产生的原因：

① 系统中的能量不能发生跃变，即电路中含有电感、电容储能元件.

② 开关接通、断开，电路参数变化，电源电压变化等.

（2）换路定律与电路电压、电流初始值的确定

换路定律：

① 电感中电流不能跃变：$i_L(0_+) = i_L(0_-)$.

② 电容两端电压不能跃变：$u_C(0_+) = u_C(0_-)$.

注意：换路定律只能用来确定电路过渡过程中电容电压 u_C 和电感电流 i_L 的初始值，只适用于换路时刻瞬间，而该时刻只有 u_C、i_L 不能跃变，除此之外电路中其他电学量，如电容电流 i_C、电感电压 u_L 及电阻电压和电流等，在换路时刻是可以跃变的，即它们 $t=0_+$ 时的值与 $t=0_-$ 时的值无关. 其次，换路时刻电路中 i_C 和 u_L 均为有限值.

利用换路定律可以直接求出 $u_C(0_+)$ 和 $i_L(0_+)$. 对于其他电量的初始值，应作出 $t=0_+$ 的等效电路，在此电路中，将 $u_C(0_+)$ 视为电压源，$i_L(0_+)$ 视为电流源，再进行计算.

2. 一阶电路的三要素法

（1）三要素的概念

一阶电路是指含有一个储能元件的电路. 一阶电路的瞬态过程是电路变量由初始值按指数规律趋向新的稳态值的过程，趋向新稳态值的速度与时间常数有关. 其过渡过程的通式为

$$f(t) = f(\infty) + [f(0_+) - f(\infty)]e^{-\frac{t}{\tau}}$$

式中 $f(0_+)$ 为瞬态变量的初始值，$f(\infty)$ 为瞬态变量的稳态值，τ 为电路的时间常数.

可见，只要求出 $f(0_+)$、$f(\infty)$ 和 τ 就可写出过渡过程的表达式.

把 $f(0_+)$、$f(\infty)$ 和 τ 称为三要素，这种方法称为三要素法.

$f(0_+)$ 由换路定律求得，$f(\infty)$ 是电容相当于开路、电感相当于短路时求得的新稳态值. $\tau=RC$ 或 $\tau=\dfrac{L}{R}$，R 为换路后从储能元件两端看进去的电阻.

(2) 三要素的意义

① 稳态值 $f(\infty)$：换路后，电路达到新稳态时的电压或电流值. 当直流电路处于稳态时，电路的处理方法是：电容开路，电感短路，用求稳态电路的方法求出所求量的新稳态值.

② 初始值 $f(0_+)$：$f(0_+)$ 是指任意元件上的电压或电流的初始值.

③ 时间常数 τ：用来表征暂态过程进行快慢的参数，单位为 s.

τ 的意义在于：

① τ 越大，暂态过程的速度越慢；τ 越小，暂态过程的速度则越快.

② 理论上，当 t 为无穷大时，暂态过程结束；实际中，当 $t=3\tau\sim5\tau$ 时，即可认为暂态过程结束.

时间常数的求法是：对于 RC 电路 $\tau=RC$，对于 RL 电路 $\tau=\dfrac{L}{R}$. 这里 R、L、C 都是等效值，其中 R 是把换路后的电路变成无源电路，从电容（或电感）两端看进去的等效电阻（同戴维南定理求 R 的方法）.

③ 同一电路中，各个电压、电流量的 τ 相同，充、放电的速度是相同的.

3．三种响应

电路分析中，外部输入电源通常称为激励；在激励下，各支路中产生的电压和电流称为响应. 不同的电路换路后，电路的响应是不同的时间函数.

(1) 零输入响应是指无电源激励，输入信号为零，仅由初始储能引起的响应，其实质是电容元件放电的过程，即 $f(t)=f(0_+)e^{-\frac{t}{\tau}}$.

(2) 零状态响应是指换路前初始储能为零，仅由外加激励引起的响应，其实质是电源给电容元件充电的过程，即 $f(t)=f(\infty)(1-e^{-\frac{t}{\tau}})$.

(3) 全响应是指电源激励和初始储能共同作用的结果，其实质是零输入响应和零状态响应的叠加.

$$f(t)=f(0_+)e^{-\frac{t}{\tau}}+f(\infty)(1-e^{-\frac{t}{\tau}})$$

4．一阶 RC 电路的暂态过程及其应用

(1) RC 电路的零输入响应

$$u_C=U_0 e^{-\frac{t}{\tau}}, \quad t\geqslant 0$$

(2) RC 电路的零状态响应

$$u_C=U_S(1-e^{-\frac{t}{\tau}}), \quad i_C=\dfrac{U_S}{R}e^{-\frac{t}{\tau}}$$

(3) RC 电路的全响应

$$u_C=U_S(1-e^{-\frac{t}{\tau}})+U_0 e^{-\frac{t}{\tau}}=(U_0-U_S)e^{-\frac{t}{\tau}}+U_S$$

其中 $\tau=RC$.

5．一阶 RL 电路的暂态过程及其应用

(1) RL 电路的零输入响应，即直流电路中电感线圈磁场能量的释放过程.

$$i_L=I_0 e^{-\frac{t}{\tau}}, \quad u_L=-RI_0 e^{-\frac{t}{\tau}}$$

其中 $I_0 = i_L(0_+) = i_L(0_-)$，$\tau = \dfrac{L}{R}$，$R$ 为释放电路总电阻，即换路后的电路除去电感 L 所得二端网络等值内阻.

(2) RL 电路零状态响应，即电感线圈接入直流电路的过程.

$$i_L = \dfrac{U_S}{R}(1 - e^{-\frac{t}{\tau}}), \quad u_L = U_S e^{-\frac{t}{\tau}}$$

其中 U_S 为换路后的电路除去电感后所得有源二端网络的等值电压源源电压，R 为等值电压源内阻，$\tau = \dfrac{L}{R}$.

(3) RL 电路的全响应.

$$i_L = I_0 e^{-\frac{t}{\tau}} + \dfrac{U_S}{R}(1 - e^{-\frac{t}{\tau}})$$

6. RC 微分及积分电路

(1) RC 微分电路.

取 RC 串联电路中的电阻两端为输出端，并选择适当的电路参数，使得时间常数 $\tau \ll t_w$.

$$u_0 = iR = C\dfrac{du_C}{dt} \times R = RC\dfrac{du_C}{dt}.$$

(2) RC 积分电路.

取 RC 串联电路中的电容两端为输出端，并选择适当的电路参数，使得时间常数 $\tau \gg t_w$.

$$u_0 = u_C = \dfrac{1}{C}\int i\, dt = \dfrac{1}{RC}\int u_i\, dt.$$

习　题

一、判断题

1. 换路定律指出：电感两端的电压是不能发生跃变的，只能连续变化. (　　)
2. 换路定律指出：电容两端的电压是不能发生跃变的，只能连续变化. (　　)
3. 单位阶跃函数除了在 $t = 0$ 处不连续，其余都是连续的. (　　)
4. 一阶电路的全响应等于其稳态分量和暂态分量之和. (　　)
5. 一阶电路中所有的初始值，都要根据换路定律进行求解. (　　)
6. RL 一阶电路的零状态响应，u_L 按指数规律上升，i_L 按指数规律衰减. (　　)
7. RC 一阶电路的零状态响应，u_C 按指数规律上升，i_C 按指数规律衰减. (　　)
8. RL 一阶电路的零输入响应，u_L 按指数规律衰减，i_L 按指数规律衰减. (　　)
9. RC 一阶电路的零输入响应，u_C 按指数规律上升，i_C 按指数规律衰减. (　　)
10. 三要素法可适用于任何电路分析过渡过程. (　　)

二、填空题

1. ＿＿＿＿态是指从一种＿＿＿＿态过渡到另一种＿＿＿＿态所经历的过程.
2. 换路定律指出：在电路发生换路后的一瞬间，＿＿＿＿元件上通过的电流和

_____元件上的端电压,都应保持换路前一瞬间的原有值不变.

3. 换路前,动态元件中已经储有原始能量.换路时,若外激励等于_____,仅在动态元件_____作用下所引起的电路响应,称为_____响应.

4. 只含有一个_____元件的电路可以用_____方程进行描述,因而称作一阶电路.仅由外激励引起的电路响应称为一阶电路的_____响应;只由元件本身的原始能量引起的响应称为一阶电路的_____响应;既有外激励、又有元件原始能量的作用所引起的电路响应叫作一阶电路的_____响应.

5. 一阶 RC 电路的时间常数 $\tau=$_____;一阶 RL 电路的时间常数 $\tau=$_____. 时间常数 τ 的取值决定于电路的_____和_____.

6. 一阶电路全响应的三要素是指待求响应的_____值、_____值和_____.

7. 在电路中,电源的突然接通或断开,电源瞬时值的突然跳变,某一元件的突然接入或被移去等,统称为_____.

8. 换路定律指出:一阶电路发生换路时,状态变量不能发生跳变.该定律用公式可表示为_____和_____.

9. 由时间常数公式可知,RC 一阶电路中,C 一定时,R 值越大,过渡过程进行的时间就越_____;RL 一阶电路中,L 一定时,R 值越大,过渡过程进行的时间就越_____.

三、选择题

1. 由于线性电路具有叠加性,所以(   ).
   (A) 电路的全响应与激励成正比 (B) 响应的暂态分量与激励成正比
   (C) 电路的零状态响应与激励成正比 (D) 初始值与激励成正比

2. 动态电路在换路后出现过渡过程的原因是(   ).
   (A) 储能元件中的能量不能跃变 (B) 电路的结构或参数发生变化
   (C) 电路有独立电源存在 (D) 电路中有开关元件存在

3. 如图 4-1 所示,电路在换路前处于稳定状态,在 $t=0$ 瞬间将开关 S 闭合,则 $i(0_+)$ 为(   ).
   (A) 0 A   (B) 0.6 A   (C) 0.3 A

4. 在图 4-2 所示电路中,开关 S 在 $t=0$ 瞬间闭合,若 $u_C(0_-)=0$ V,则 $i_C(0_+)$ 为(   ).
   (A) 1.2 A   (B) 0 A   (C) 2.4 A

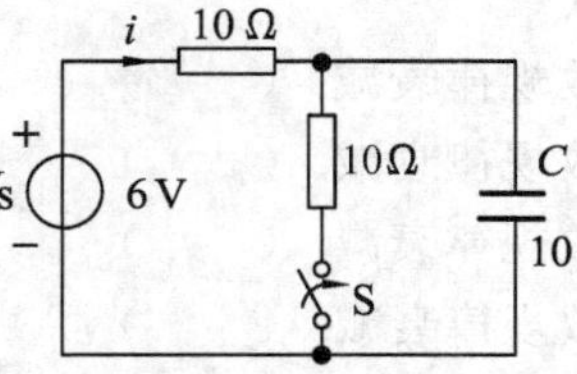

图 4-1 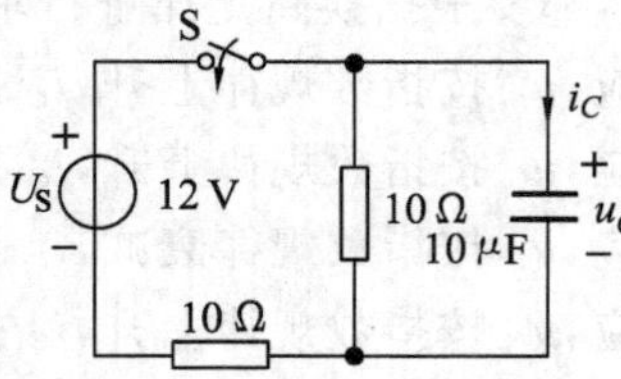   图 4-2 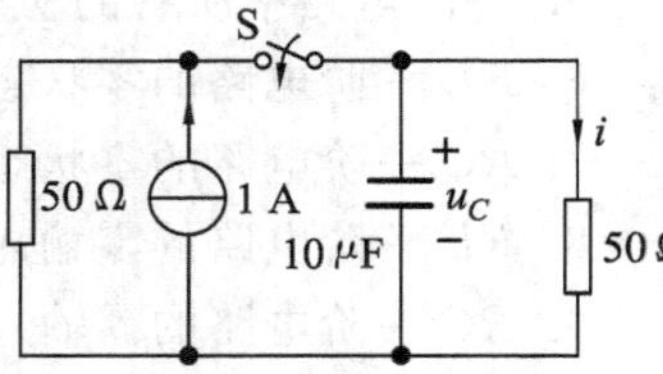   图 4-3

5. 在图 4-3 所示电路中,开关 S 在 $t=0$ 瞬间闭合,若 $u_C(0_-)=0$ V,则 $i(0_+)$ 为(   ).
   (A) 0.5 A   (B) 0 A   (C) 1 A

6. 在图 4-4 所示电路中,开关 S 在 $t=0$ 瞬间闭合,若 $u_C(0_-)=4$ V,则 $i(0_+)=($).
(A) 0.6 A　　　　(B) 0.4 A　　　　(C) 0.8 A

7. 在图 4-5 所示电路中,开关 S 在 $t=0$ 瞬间闭合,则 $i_2(0_+)=($).
(A) 0.1 A　　　　(B) 0.05 A　　　　(C) 0

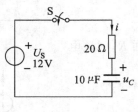
图 4-4

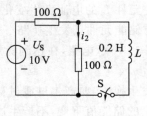
图 4-5

8. 在图 4-6 所示电路中,开关 S 在 $t=0$ 瞬间闭合,则 $i_L(0_+)=($).
(A) 1 A　　　　(B) 0.5 A　　　　(C) 0 A

9. 在图 4-7 所示电路中,开关 S 断开前已达稳定状态. 在 $t=0$ 瞬间将开关 S 断开,则 $i_1(0_+)=($).
(A) 2 A　　　　(B) 0 A　　　　(C) -2 A

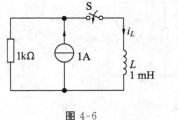
图 4-6

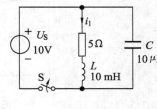
图 4-7

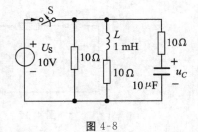
图 4-8

10. 在图 4-8 所示电路中,开关 S 在 $t=0$ 瞬间闭合,若 $u_C(0_-)=0$ V,则 $i(0_+)=$ (   ).
(A) 3 A　　　　(B) 2 A　　　　(C) 1 A

11. 储能元件的初始储能在电路中产生的响应(零输入响应)(   ).
(A) 仅有稳态分量
(B) 仅有暂态分量
(C) 既有稳态分量,又有暂态分量

12. 在 RL 串联电路中,激励信号产生的电流响应(零状态响应)$i_L(t)$ 中(   ).
(A) 仅有稳态分量
(B) 仅有暂态分量
(C) 既有稳态分量,又有暂态分量

13. 如图 4-9 所示电路,在稳定状态下闭合开关 S,该电路 (   ).
(A) 不产生过渡过程,因为换路未引起 L 的电流发生变化
(B) 要产生过渡过程,因为电路发生换路

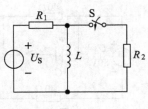
图 4-9

(C) 要发生过渡过程,因为电路有储能元件且发生换路

14. 如图 4-10 所示,电路在稳定状态下闭合开关 S,该电路将产生过渡过程,这是因为(　　).

(A) 电路发生换路

(B) 换路使元件 L 的电流发生变化

(C) 电路有储能元件且发生换路

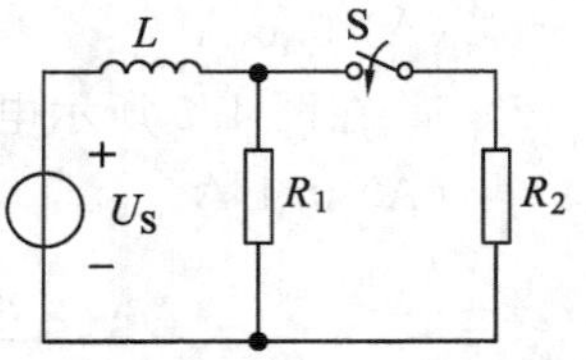

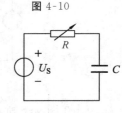

图 4-10

15. 如图 4-11 所示电路,在达到稳定状态后增加 R,则该电路(　　).

(A) 因为发生换路,要产生过渡过程

(B) 因为 C 的储能值不变,不产生过渡过程

(C) 因为有储能元件且发生换路,要发生过渡过程

图 4-11

16. 在图 4-12 所示电路中,$U_S=12$ V,在 $t=0$ 时把开关 S 闭合,若 $u_C(0_-)=12$ V,则在开关 S 闭合后该电路将(　　).

(A) 产生过渡过程

(B) 不产生过渡过程

(C) 不一定产生过渡过程

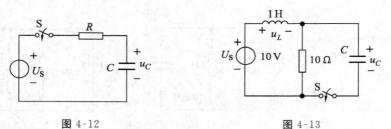

图 4-12　　　　　　　　图 4-13

17. 如图 4-13 所示电路,在换路前已处于稳定状态,在 $t=0$ 瞬间将开关 S 闭合,且 $u_C(0_-)=-6$ V,则 $u_L(0_+)=$(　　).

(A) 4 V　　　　　(B) 16 V　　　　　(C) -4 V

18. 如图 4-14 所示,电路在换路前已处于稳定状态,在 $t=0$ 瞬间将开关 S 闭合,且 $u_C(0_-)=20$ V,则 $i(0_+)=$(　　).

(A) 0 A　　　　　(B) 1 A　　　　　(C) 0.5 A

19. 在图 4-15 所示电路中,开关 S 在位置 "1" 的时间常数为 τ_1,在位置 "2" 的时间常数为 τ_2,τ_1 和 τ_2 的关系是(　　).

(A) $\tau_1=2\tau_2$　　　　(B) $\tau_1=\dfrac{\tau_2}{2}$　　　　(C) $\tau_1=\tau_2$

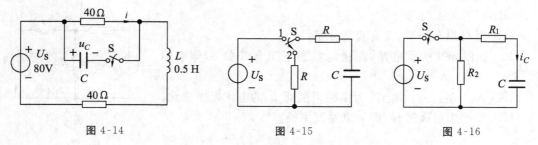

图 4-14　　　　　　　图 4-15　　　　　　　图 4-16

20. 如图 4-16 所示，电路在开关 S 闭合后的时间常数 τ 值为（　　）．
(A) $(R_1+R_2)C$　　　(B) R_1C　　　(C) $(R_1 /\!/ R_2)C$

四、计算题

1. 如图 4-17 所示电路，电容原未充电，$U_S=100$ V，$R=500$ Ω，$C=10$ μF．$t=0$ 时开关 S 闭合，求：
(1) $t \geqslant 0$ 时的 u_C 和 i；
(2) u_C 达到 80 V 所需时间 t．

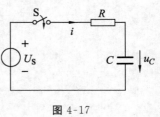

图 4-17

2. 如图 4-18 所示电路，开关 S 在 $t=0$ 时刻闭合，开关动作前电路已处于稳态，求 $t \geqslant 0$ 时的 $i(t)$．

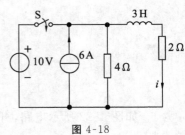

图 4-18

3. 如图 4-19 所示电路，开关闭合之前电路已处于稳定状态，已知 $R_1=R_2=2$ Ω，用三要素法求解开关闭合后电感电流 i_L 的全响应表达式．

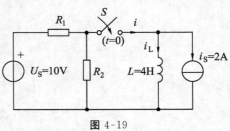

图 4-19

4. 如图 4-20 所示电路，$t=0$ 时开关闭合，闭合之前电路已处于稳定状态，用三要素法求解开关闭合后电容电压 u_C 的全响应表达式.

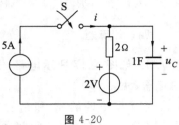

图 4-20

5. 如图 4-21 所示电路，当开关 S 闭合后，求 $t \geq 0$ 时的 $u_C(t)$.

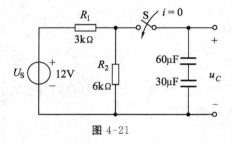

图 4-21

6. 如图 4-22 所示电路，开关 S 在 $t=0$ 时刻从 a 掷向 b，开关动作前电路已处于稳态.求：
(1) $i_L(t)(t \geq 0)$；
(2) $i_1(t)(t \geq 0)$.

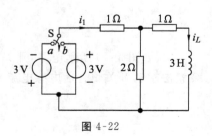

图 4-22

7. 图 4-23 中，$C=0.2$ F 时零状态响应 $u_C=20(1-e^{-0.5t})$ V. 若电容 C 改为 0.05 F，且 $u_C(0_-)=5$ V，其他条件不变，再求 $u_C(t)$.

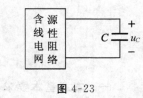

图 4-23

8. 如图 4-24 所示电路，电路已处于稳态，$t=0$ 时开关 S 闭合，求 $t \geqslant 0$ 时的电流 $i(t)$.

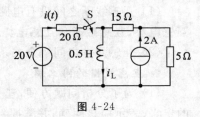

图 4-24

第5章 互感电路分析

一、本章基本要求

- 掌握互感的概念.
- 掌握同名端的概念及其判别方法.
- 掌握互感线圈串、并联的分析和计算方法.
- 了解理想变压器的概念.

二、本章重点内容

1. 互感概念

(1) 互感线圈之间没有电路上的联系,而是通过磁路耦合.施感电流在互感线圈上产生互感电势,互感磁通和互感电势之间符合右螺旋关系.

(2) 互感元件之间耦合关系大小通常采用互感系数 M 和耦合因数 k 来表示.

2. 互感线圈的同名端

(1) 为了分析问题方便,建立同名端的概念,从而不必再画出线圈的绕向.关于同名端的定义、表示应该明确,并掌握判断同名端的方法.同名端一般用"*"或者"·"在图中标注.

(2) 在建立互感电压的参考方向时,规定与产生该电压的电流参考方向相对同名端一致的原则.

3. 互感线圈的串、并联

(1) 互感线圈有两种串联方式,即顺串和反串;有两种并联方式,即同侧并联和异侧并联.

(2) 顺串时,增加了电路的等效电感($L=L_1+L_2+2M$);反串时,削弱了电路的等效电感($L=L_1+L_2-2M$).利用这一特点,可以用来判断线圈的同名端,并能通过测量有关数据来计算互感线圈的互感系数.

(3) 对于互感线圈的串并联电路进行分析时,必须注意,除了需考虑电流流过线圈本身引起的电压外,还要考虑由于其他线圈所引起的互感电压的影响.

4. 变压器

(1) 空芯变压器是通过非铁磁性材料耦合起来的,当副边接负载时,会对原边电流产生影响.

(2) 副边开路时,对原边没有影响,原边电流仅决定于原边外加电压和线圈阻抗.副边接负载时,副边的阻抗(包括线圈和负载)反映到原边线圈,使得原边的电流发生变化;尤其当副边线圈短路时,引入阻抗会大大地削弱原边的电抗,使得原边阻抗减小,从而导致原边电流的增加.

(3) 变压器的作用是:变换电压、变换电流、变换阻抗.

习 题

一、判断题

1. 一个互感元件中只有一对同名端.（　）
2. 理想变压器就是指空芯变压器.（　）
3. 电流从互感线圈的同名端流进,线圈中的自感磁通和互感磁通的方向是不同的.（　）
4. 空芯变压器的副边负载阻抗呈容性,反映到原边一定呈感性.（　）
5. 只有空芯变压器的负载阻抗才会反映到原边,副边线圈阻抗与此无关.（　）
6. 在互感线圈中插入铁芯,会增加线圈之间的耦合程度,对电路没有影响.（　）
7. 互感线圈串联时,由于都是感性元件,电路不可能呈现容性.（　）
8. 在互感电路的分析中,可以任意假设互感电压的参考方向,但必须注意应用不同的公式.（　）
9. 互感线圈的互感阻抗决定于线圈的互感系数,电压、频率与它无关.（　）
10. 两个线圈反串连接时,由于存在 $L=L_1+L_2-2M$,所以有可能出现线路呈现容性.（　）
11. 在空芯变压器原边加上额定大小的直流电压,副边回路阻抗就不会反映到原边.（　）
12. 两个绕向相同的线圈,若相对位置发生变化,同名端可能会发生变化.（　）
13. 互感只存在于同一铁芯的线圈中.（　）
14. 互感元件串联时,因为它们之间存在互感,所以串联等效电感肯定大于各自自感之和.（　）
15. 变压器可以改变交流电的电压和频率,可以用于变频空调.（　）

二、填空题

1. 当互感线圈之一通以施感电流后,在原线圈上产生_____电压,在另一线圈上产生_____电压.
2. 若线圈之间通过非铁磁性材料耦合,则互感电压可以表示为_____,其中 M 称为_____.
3. 互感线圈的同名端是指_____.
4. 判断图 5-1 中同名端有:端点_____、_____和_____互为同名端,同时剩余的端点_____、_____和_____也互为同名端,它们之间互相对应.

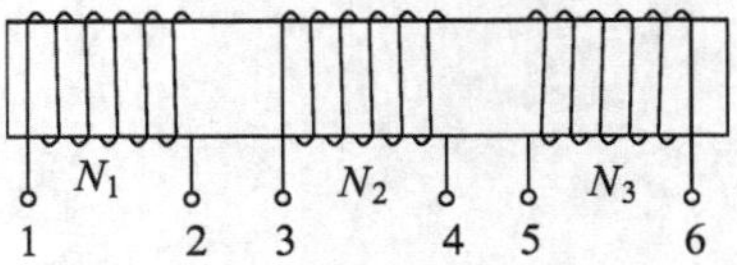

图 5-1

5. 在互感串联中,两个互感线圈可以有_____种方式串联,其中_____方式可以增加等效电感，_____方式可以削弱等效电感.

6. 变压器有_____、_____和_____的作用.

7. 变压器的电压之比与匝数成_____，电流与匝数成_____.

8. 互感元件的并联方式有_____和_____.

9. 空芯变压器的芯子是_____材料，接电源边称为_____，接负载边称为_____.

10. 变压器之间虽然没有_____的联系，但是可以传输_____功率.

三、计算题

1. 判断图 5-2 中各个互感的同名端，说明判断依据，并在图中标注出来.

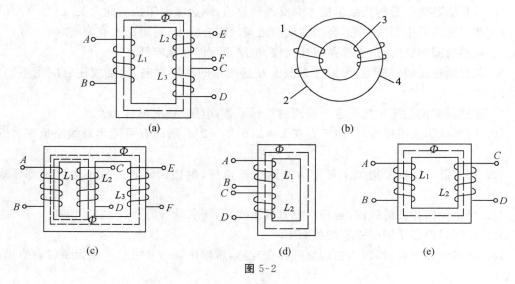

图 5-2

2. 在同名端直流法判别实验中，接线正确，3 号端子接电流表的正极，如图 5-3 所示. 当开关 S 闭合瞬间，电流表反偏，请分析判断同名端，并说明依据.

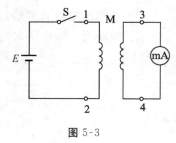

图 5-3

3. 一台理想变压器如图 5-4 所示，匝数比为 1∶10，已知 $U_S=10\cos(10t)$ V，$R_1=1$ Ω，$R_2=100$ Ω. 求 u_2.

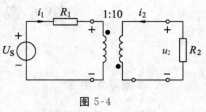

图 5-4

4. 已知两耦合线圈，$L_1=1$ H，$L_2=25$ H，$k=0.1$，求互感系数 M.

5. 如图 5-5 所示电路中，正弦电压 $U=100$ V，$R_1=6$ Ω，$\omega L_1=15$ Ω，$R_2=10$ Ω，$\omega L_2=25$ Ω，$\omega M=16$ Ω. 求该互感电路的电流和耦合因数.

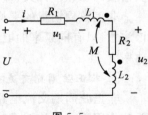

图 5-5

第6章 非正弦周期电路分析

一、本章基本要求

- 了解非正弦周期信号的概念以及形成原因.
- 掌握谐波分析的方法.
- 掌握非正弦周期量的有效值和平均功率的概念及其分析和计算方法.
- 掌握用相量法计算各次正弦谐波分量的方法.

二、本章重点内容

1. 非正弦周期信号

非正弦周期信号形成的原因可以分为两类:一是电源本身;二是负载原因.掌握写出一般非正弦周期信号的函数形式.

2. 非正弦周期信号的分解形式

对于非正弦周期量,我们可以利用傅里叶级数进行分解,将其分解成一个恒定分量和各次谐波的和.

各次谐波的频率从基波开始,依次增加,其中偶数次谐波称为偶次谐波,奇数次谐波称为奇次谐波.除基波外,各次谐波统称为高次谐波.谐波的频率越高,幅值就越小,所以一般只需要分析到3~5次谐波即可.对于不同的非正弦周期信号,分解形式中不一定包含所有的项,根据信号的形式,会有所简化.

3. 非正弦周期电流、电压的有效值及平均功率

非正弦周期电流或电压的有效值等于各次谐波分量有效值的平方和的平方根,而与各次谐波的初相位无关,即 $U=\sqrt{U_0^2+U_1^2+U_2^2+\cdots}$,$I=\sqrt{I_1^2+I_2^2+I_3^2+\cdots}$.

非正弦周期量的平均功率是恒定分量的平均功率和各次谐波的平均功率的和.这里应该注意:只有同频率的电压和电流才会产生平均功率,不同频率的电压和电流不会产生平均功率.

4. 非正弦周期交流电路的分析与计算

非正弦周期交流电路的分析和计算是根据叠加原理进行的,计算时分别考虑各个分量单独作用于电路的效果,计算出每一次谐波的电流,然后进行叠加,求出各次谐波共同作用的电流,这就是谐波分析法.

注意:电路中的元件在各次谐波分量作用下产生不同的谐波阻抗,尤其是电感元件和电容元件.对于各次正弦谐波分量,单独分析时,可以利用相量法.但最后叠加时,不同频率的相量不能直接相加,否则没有意义,而应该将瞬时表达式叠加.

习　　题

一、判断题

1. 基波是谐波中与非正弦周期波具有相同频率的分量.（　　）
2. 非正弦周期信号的形成完全是由于负载的非线性造成的.（　　）
3. 如果一个非正弦周期信号的波形关于横轴对称,则它的平均值为零.（　　）
4. 任何一个非正弦周期信号按照傅里叶级数分解后必然包含所有分量.（　　）
5. 在非正弦交流电路的计算中,最后的结果应该是各次谐波的相量叠加.（　　）
6. 非正弦周期量的各次谐波的振幅都是相同的.（　　）
7. 非正弦周期信号的峰值大,则其有效值也一定大.（　　）
8. 非正弦周期电流通过纯电阻电路,电流不会失真.（　　）
9. $u=3\sin\omega t+4\cos\omega t$ 是一个非正弦交流电压.（　　）
10. 电压 $u=3\sqrt{2}\sin\omega t+2\sqrt{2}\sin(3\omega t+60°)$ 可以写成相量形式.（　　）
11. 非正弦周期函数的最大值就是其有效值的 $\sqrt{2}$ 倍.（　　）
12. 非正弦周期量的平均功率就是直流分量消耗的功率.（　　）
13. 同一电路中的电感和电容会对不同的谐波表现出不同的电抗.（　　）
14. 非正弦交流电路中,只有相同频率的电压、电流才会产生平均功率.（　　）
15. 非正弦周期信号的有效值和正弦交流周期信号的有效值的定义相同,含义相同.（　　）
16. $U=30+40\sin\omega t$ 是一个正弦交流电压.（　　）
17. 电容的耐压,要考虑的是电压的有效值.（　　）
18. 两个或两个以上不同频率的正弦波,叠加后依然是正弦波.（　　）
19. 非正弦周期电压一定能分解成傅里叶级数的形式.（　　）

二、填空题

1. 非正弦周期信号是指信号不按＿＿＿＿＿＿变化,但还是按＿＿＿＿＿,电路中产生非正弦周期信号的原因主要有两方面：＿＿＿＿＿＿＿＿＿和＿＿＿＿＿＿＿＿＿．
2. 非正弦周期信号可以利用＿＿＿＿＿级数分解成频率不同的谐波分量的和,其中直流分量又叫＿＿＿＿＿谐波,频率与非正弦周期信号相同的谐波叫作＿＿＿＿＿波.
3. 对称函数的傅里叶级数中,有些谐波成分是不存在的,如关于原点对称的奇函数,其傅里叶级数中不含＿＿＿＿＿和＿＿＿＿＿分量；关于纵轴对称的偶函数,其傅里叶级数中不含＿＿＿＿＿分量.
4. 非正弦周期信号的有效值等于＿＿＿＿＿＿＿＿＿＿＿的平方根,非正弦周期信号的平均功率等于＿＿＿＿＿＿＿＿＿＿＿的和.（将直流分量看成是零次谐波）
5. 已知非正弦周期电压的表达式为 $u=U_m\left[\dfrac{1}{2}-\dfrac{1}{\pi}\left(\sin\omega t+\dfrac{1}{2}\sin2\omega t+\dfrac{1}{3}\sin3\omega t\right)\right]$ V,其中直流分量为＿＿＿＿＿,基波为＿＿＿＿＿,偶次谐波为＿＿＿＿＿,奇次谐波

为_____.

6. 感抗为 $\omega L=2\ \Omega$ 的电感元件上流过的电流为 $i=(10+5\sin\omega t+3\cos 2\omega t)$ A,则在关联参考方向下,其两端电压 $u=$_____.

7. 当 $R=10\ \Omega$、$\omega L=2\ \Omega$,它们串联后接到电压 $u=[100+50\sin(5\omega t+50°)]$ V 的电路上,电路消耗的平均功率为_____.

8. 一直流电压 $U=5$ V 和一个正弦电压 $u=7\sin\omega t$ V,该两电压串联叠加后的电压表达式为_____.

9. 周期为 T 的函数 $f(t)$ 展开成的傅里叶级数表达式为 $f(t)=$_____,或 $f(t)=$_____.

10. 非正弦电压 $u=(5+2\sin\omega t)$ V,该电压的有效值为_____.

11. 已知一电路的 $\omega L=1\ \Omega$,$\dfrac{1}{\omega C}=9\ \Omega$,并联后接到外加电压为 $u=[9\sin(\omega t-30°)+\sin(2\omega t+60°)]$ V 的电路上去,则关联参考方向下的总电流 $i=$_____.

三、选择题

1. 大小为 $u=7\sin 314t$ V 和 $U=3$ V 的两个电源同时作用于电路,电路的电压有效值为(   ) V.
   (A) 7   (B) 3   (C) 7.6   (D) 5.79

2. 若一非正弦周期电流 $i=[3+4\sin(\omega t+45°)-4\sin(3\omega t+15°)]$ A,则其有效值为(   ) A.
   (A) 11   (B) 5   (C) 6.4   (D) 4.53

3. RLC 串联电路中,$R=50\ \Omega$,$\omega L=3\ \Omega$,$\dfrac{1}{\omega C}=27\ \Omega$,则三次谐波阻抗为(   ) Ω.
   (A) 80   (B) 50+j90   (C) 50−j72   (D) 50

4. 若一非正弦周期电流的三次谐波分量为 $i_3=30\sin(3\omega t+60°)$ A,则其三次谐波分量的有效值 $I_3=$(   ) A.
   (A) 30   (B) $3\sqrt{2}$ (C) $15\sqrt{2}$ (D) $7.5\sqrt{2}$

5. 下列表达式中属于非正弦周期量的是(   ).
   (A) $i=7\sin\omega t+3\sin(\omega t+30°)$ (B) $i=10\sin\omega t+10\cos\omega t$
   (C) $i=100\sin\omega t-20\sin 2\omega t$ (D) $i=77\cos 5\omega t-2\cos(5\omega t+6°)$

6. 图 6-1 中,(   )不属于非正弦周期波.

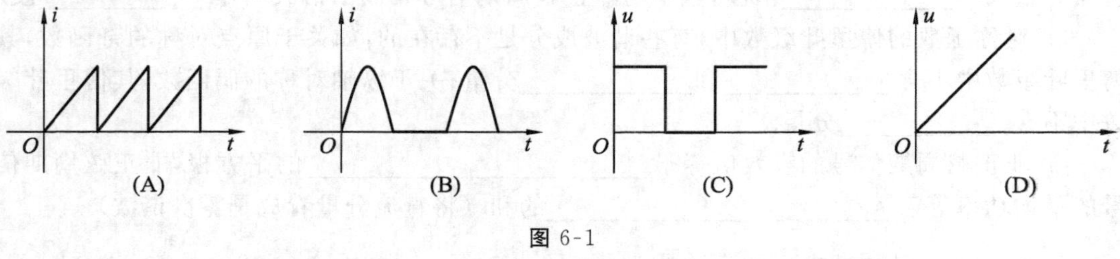

图 6-1

四、计算题

1. 求图 6-2 所示波形的有效值.

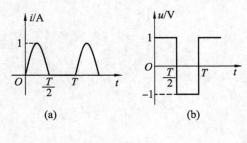

图 6-2

2. 在图 6-3 所示电路中,已知 $R=10\ \Omega$, $\omega L=5\ \Omega$, $\dfrac{1}{\omega C}=15\ \Omega$,外加电压为 $u(t)=(100+50\sqrt{2}\sin\omega t+10\sin3\omega t)$ V. 试求 $i(t)$.

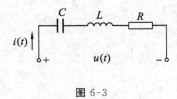

图 6-3

3. 当有效值为 100 V 的正弦电压加在纯电感 L 两端时,得电流 $I=10$ A;当一电压中有基波和三次谐波分量,而电压有效值仍为 100 V 时,得电流 $I=8$ A. 试求这一电压的基波和三次谐波的有效值.

4. 如图 6-4 所示,已知 $R=100\ \Omega$, $L=0.1$ H, C 为可变电容,外加非正弦电压 $u(t)=(50+100\sqrt{2}\sin1000t+10\sqrt{2}\sin3000t)$ V. 求基波谐振和三次谐波谐振时,电容值各为多少?

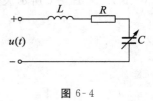

图 6-4

5. 已知 $R=10\ \Omega$, $\omega L=\dfrac{1}{\omega C}=10\ \Omega$, $u_{S1}=100\sqrt{2}\sin\omega t$ V, $u_{S2}=200$ V,电路如图 6-5 所示,求 U_R 及 R 上消耗的功率.

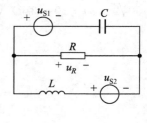

图 6-5

6. 二端网络,其端口电压为 $u=[100+40\sqrt{2}\sin(\omega t-75°)+12\sqrt{2}\sin(2\omega t+90°)]$ V,试求该电压的有效值. 如将该电压加在 RLC 串联电路上,且已知 $R=5\ \Omega$, $\omega L=5\ \Omega$, $\dfrac{1}{\omega C}=10\ \Omega$,求电路中的电流及其有效值,并计算该电路的功率.

7. 一无源二端网络是 R、L、C 串联电路,设网络端口的电压和电流(取关联参考方向)分别为 $u(t)=[100\sin10t+50\sin(30t-30°)]$ V, $i(t)=[25\sin10t+10\sin(30t+\alpha)]$ A. 试求:

(1) R、L、C 的值;

(2) α 的值;

(3) 该网络消耗的平均功率.

8. 如图 6-6 所示电路, $u=[300+100\sin(\omega t+30°)+70\sin3\omega t]$ V, $R=\omega L=5\ \Omega$, $\dfrac{1}{\omega C}=30\ \Omega$,求 i_L 及 u_L.

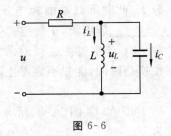

图 6-6

综合练习 A

一、填空题

1. 电路有_____、_____和_____三种工作状态. 当电路中电流 $I=\dfrac{U_S}{R_0}$、端电压 $U=0$ 时, 此种状态称为_____, 这种情况下电源产生的功率全部消耗在_____上.

2. 若已知一线性有源二端网络在端口接 20 Ω 电阻时电流为 0.5 A, 端口接 5 Ω 电阻时电流为 1 A, 则该电路等效电压源的电压为_____, 内阻为_____.

3. 在 RLC 串联电路中, 当感抗 X_L 大于容抗 X_C 时, 电路呈_____性; 当感抗 X_L 小于容抗 X_C 时, 电路呈_____性; 当感抗 X_L 等于容抗 X_C 时, 电路呈_____性.

4. 如综图 A-1 所示正弦交流电路, 已知 A_1、A_2 和 A_3 三个电流表的读数都是 5 A. 则表 A 的读数为_____.

综图 A-1

5. 三相四线制不对称电路中线的作用是_____, 因此中线上不允许_____.

6. 如综图 A-2 所示两个线圈, 则这两个线圈的同名端为_____或_____.

7. 对称三相负载作 Y 形连接, 接在 380 V 的三相四线制电源上. 此时负载端的相电压等于线电压的_____倍, 相电流_____线电流, 中线电流等于_____.

综图 A-2

8. 产生过渡过程的条件为:_____、_____; 在换路瞬间, 能量不能发生跃变, 因此有换路定律:_____,_____.

9. 如综图 A-3 所示电路中, a、b 间的等效电阻大小为_____.

10. 三相交流电动机每相绕组的复阻抗 $Z=(30+40j)$ Ω, 以 △ 形连接在线电压为 380 V 的电源中, 则三相电路的功率 $P=$_____, 功率因数 $\cos\varphi=$_____.

综图 A-3

二、分析计算题

1. 如综图 A-4 所示电路中, $R_1=R_2=R_3=R_4=3$ Ω, $R_5=6$ Ω, 试求在开关 S 断开和闭合两种状态下 a、b 两端的总电阻.

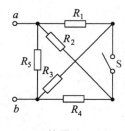

综图 A-4

2. 如综图 A-5 所示，求电流 I 及电源的功率．

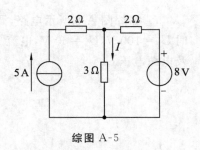

综图 A-5

3. 利用交流电流表、交流电压表和交流单相功率表可以测量实际线圈的电感量．设加在线圈两端的电压为工频 110 V，测得流过线圈的电流为 5 A，功率表读数为 400 W．则该线圈的电感量为多大？

4. 如综图 A-6 所示，已知 $U_S=10$ V，$R_1=150$ Ω，$R=50$ Ω，$L=10$ mH，电路原先处于直流稳态，$t=0$ 时开关 S 断开．求电流 i 并作出过渡过程波形．

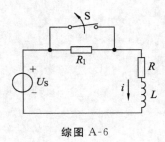

综图 A-6

5. 一 RLC 串联谐振电路，已知 $R=2$ Ω，$L=30$ mH，$C=3.38$ μF，电源电压为 10 V．试计算 f_0、I_0、品质因数 Q、电感电压 U_L 以及电路消耗的功率．

6. 如综图 A-7 所示，某无源二端网络的等效复阻抗 $Z=20\angle 60°$ Ω，端钮处的电流为 5 A．试计算 P、Q、S、$\cos\varphi$．

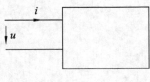

综图 A-7

7. 如综图 A-8 所示电路,调节电容 C 使电路发生谐振,此时 $U_1=100$ V,$U_2=60$ V,电流 $I=5$ A,求线圈等效参数 R、X_L 及电源电压 U.

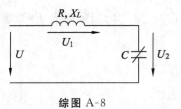

综图 A-8

8. 如综图 A-9 所示的正弦交流电路中,A、B、C 为三个相同的白炽灯.若保持电源电压有效值不变,而频率上升,那么各灯泡的亮度将如何变化?试说明理由.

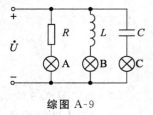

综图 A-9

综合练习 B

一、填空题

1. 电路由_____、_____和_____组成.
2. 受控源有四种类型,分别为_____、_____、_____和_____.
3. 正弦交流电路的三要素为_____、_____和_____.
4. 在电感元件中储有磁场能_____,在电容元件中储有电场能_____,在换路的瞬间能量不能发生跃变,此即为换路定律,用公式表示为_____和_____.
5. 已知 $i=-5\sin\omega t$ A,$u=12\sin(\omega t+210°)$ V,那么_____超前_____,超前_____度.
6. 如综图 B-1 所示,该电路的开路电压为_____ V,戴维南等效电阻为_____ Ω.

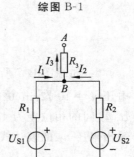

综图 B-1

二、分析计算题

1. 如综图 B-2 所示,已知 $I_1=3$ A,$I_3=6$ A,$U_{S1}=6$ V,$U_{S2}=8$ V,$R_1=1$ Ω,$R_2=2$ Ω,$R_3=3$ Ω,求 U_{CD}.

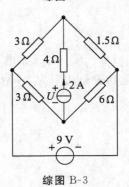

综图 B-2

2. 如综图 B-3 所示,求 U.

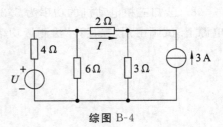

综图 B-3

3. 如综图 B-4 所示,已知 $U=20$ V,求电流 I.

综图 B-4

4. 如综图 B-5 所示,某对称三相负载,每相负载为 $Z=5\angle 45°\Omega$,接成三角形,接在线电压为 380 V 的电源上,求 $\dot{I}_U$、$\dot{I}_V$、$\dot{I}_W$.

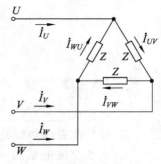

综图 B-5

5. 如综图 B-6 所示电路,$t=0$ 时电路处在稳态(S 在位置"1");此时将 S 打到位置"2". 求 $i(t)$、$i_L(t)$ 表达式,并画出波形.

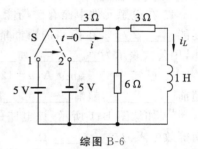

综图 B-6

6. 如综图 B-7 所示为一移相电路,如电容 $C=10~\mu F$,输入电压 $u_1=10\sqrt{2}\sin(628t+30°)V$,现欲使输出电压 u_2 与输入电压 u_1 间的相位差为 45°,则电路中的电阻应为多大?写出此时输出电压 u_2 的表达式,要求画出对应的相量图.

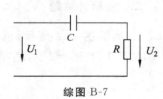

综图 B-7

7. 有一台三相电动机绕组为三角形连接,测得其线电压为 380 V,线电流为 20 A. 已知电动机总功率为 8 kW. 试求电动机每相绕组的参数 R 与 X_L 值.

8. 已知三相电动机的功率为 3.2 kW,功率因数 $\cos\varphi=0.866$,接在线电压为 380 V 的电源上. 试画出用"二瓦计"法测量功率的电路图,并求出两功率表的读数.

参 考 答 案

第1章

一、判断题

1. 大、× 2. × 3. × 4. × 5. √ 6. √ 7. × 8. × 9. × 10. √ 11. √ 12. ×
13. × 14. √ 15. √ 16. × 17. ×

二、填空题

1. 大、10 Ω、5 Ω

2. 串联、并联、零点、切断

3. $P_1 = \dfrac{R_1}{R_1+R_2}P$,$P_2 = \dfrac{R_2}{R_1+R_2}P$

4. 电流的代数和、$\sum I = 0$、各段电压的代数和、$\sum U = 0$

5. 4、6、7

6. 电压、零、恒定电压、电流、无穷大、恒定电流

7. 100 V、10 Ω

8. 3.5 Ω

9. 电压控制电压源（VCVS）、电流控制电压源（CCVS）、电压控制电流源（VCCS）、电流控制电流源（CCCS）

10. $n-1$、b、$b+(n-1)$

11. 正、负

12. 线性、电压、电流

13. 10 V、5 Ω

14. 断路,短路

15. 10 V、4 Ω

三、选择题

1. (A) 2. (A) 3. (A) 4. (B) 5. (D) 6. (B) 7. (A) 8. (C) 9. (C) 10. (A)
11. (A) 12. (B)

四、计算题

1. (1) 0.04 mA；(2) 8 V

2. $R_1 = 2.5$ kΩ、$R_2 = 12$ kΩ

3. (1) A、F 之间有断处；(2) 1 A；(3) R_1 被短接了

4. $I = 6$ A,$U_S = -90$ V,$R = 2.33$ Ω

5. (1) 电流源功率 -2 W、是电源,电压源功率 1 W、是负载；(2) 电流源功率 1 W、是负载,电压源功率 -2 W、是电源

6. 略

7. (a) 10 Ω；(b) 11.8 Ω

8. S 断开时,$R_{ab} = 20$ Ω；S 闭合时,$R_{ab} = 20$ Ω

9. -1 A

10. 3.33 A

11. 15 V

12. 2.25 W

13. 12 mA
14. 1 A
15. 6.1 W
16. 略

第 2 章

一、判断题

1. ×　2. ×　3. ×　4. ×　5. ×　6. ×　7. ×　8. √　9. √　10. ×　11. ×　12. ×
13. ×　14. √　15. √　16. ×　17. √　18. ×

二、填空题

1. 有效值(或最大值)、频率(或周期、角频率)、初相

2. 解析式、波形图、相量法、相量图法

3. 141、100、500、$\dfrac{\pi}{3}$

4. $50\angle 60°$、$10\angle 135°$、$-75°$

5. $i=5\sqrt{2}\sin(314t+53°)$ A

6. $100\sqrt{2}\angle 60°$、$5\sqrt{2}\angle -90°$、$150°$

7. $100\sqrt{2}\sin(\omega t+36.9°)$ V、$100\sqrt{2}\sin(\omega t+143.1°)$ V

8. $90°$、$0°$

9. 感、容、电阻(谐振)

10. 正比、反比、短接、断开

11. 容、感

12. $20\angle -30°$ Ω

13. $50\sin(628t+80°)$ V、$100\sin(628t-60°)$ A、$140°$、感性

14. 50 V

15. 8A、$8\sqrt{2}$ A、80 V

16. 4A、0A、2A、2A、40V

17. 0、$1\angle -60°$、$1\angle 120°$、0

18. 40、90

19. 300

20. 1000

三、选择题

1. (A)　2. (B)　3. (C)　4. (B)　5. (B)　6. (B)　7. (A)　8. (D)　9. (C)　10. (B)　11. (C)
12. (A)　13. (B)　14. (A)　15. (A)　16. (A)　17. (B)　18. (C)　19. (A)　20. (A)　21. (A)
22. (B)

四、计算题

1. $u_1+u_2=50\sqrt{2}\sin(\omega t+6.9°)$ V、$u_1-u_2=50\sqrt{2}\sin(\omega t+113.1°)$ V、相量图略

2. $\dot{I}_1+\dot{I}_2=10\angle 113°$ A、$\dot{I}_1-\dot{I}_2=10\angle 6.9°$ A、$i=i_1+i_2=10\sqrt{2}\sin(628t+113°)$ A、$i'=i_1-i_2=10\sqrt{2}\sin(628t+6.9°)$ A

3. $i=2\sqrt{2}\sin(314t-60°)$ A、$Q=200$ var、相量图略

4. 10 A、800 W、600 var、0.8、相量图略

5. 12 Ω、0.083 H、318 μF、0.6

6. (1) 100 V;(2) 240 W、320 var、400 V·A;(3)25∠53.1° Ω

7. 6 Ω、0.025 H

8. 10 Ω、0.055 H

9. $R=32$ Ω、$X_L=24$ Ω、$L=0.076$ H、等效电路略、$\cos\varphi=0.8$、$P=484$ W、$Q=363$ var

10. 3.85 μF、u_i 超前

11. $R=500$ Ω、$u_2=10\sin(1000t+75°)$ V

12. $R_x=188.8$ Ω

13. $U=248.4$ V

14. $X_L=16$ Ω 或 0 Ω

15. 7.3 kV·A、0.55、$C=275.2$ μF

16. $C=37.4$ μF

17. $R=7.8$ Ω、$X_L=10.4$ Ω、$X_C=3.75$ Ω

18. $R=16$ Ω、$X_L=12$ Ω、$U=80$ V

五、综合应用题

1. A 由电阻与电感组成;$R=20$ Ω,$L=0.17$ H

2. $Z_1=(6+j27.4)$Ω 或 $Z_1=(6+j9.2)$Ω,$Z_2=(8-j18.3)$Ω

3. $Z_A=(7.8-j3.5)$ Ω

4. (1) $i=2\sqrt{2}\sin314t$ A,$U=38$ V;(2) $Z_P=(12+j16)$Ω

5. $R=8.7$ Ω,$L=8$mH,$C=159$μF

6. $X_L=3.75$ Ω,$U=72.1$ V

7. $I=22.4$ A,$P=4400$ W,$\cos\varphi=0.98$

8. $U=44.7$ V,$I=7.1$ A,$P=300$ W,$Q=-100$ var、相量图略

9. $I=77.5$ A

10. $X_C=12$ Ω 或 0 Ω

第 3 章

一、判断题

1. × 2. √ 3. × 4. √ 5. √ 6. × 7. × 8. × 9. √ 10. × 11. × 12. ×
13. × 14. √ 15. × 16. × 17. √ 18. × 19. √ 20. ×

二、填空题

1. 相序

2. 220∠-150° V、220∠-30° V

3. 线电压、相电压、$U_L=\sqrt{3}U_P$

4. 线电压、相电压、线电流、相电流

5. 三相电源对称、三相负载相同

6. 0 A、$\dot{I}_A+\dot{I}_B+\dot{I}_C$

7. 三相三线制、三相四线制、三相四线制

8. 三角形、$\sqrt{3}$

9. 1742.4W、0.6

10. 电流、电压、电流、电压

11. $380\sqrt{2}\sin(\omega t-90°)$ V、$380\sqrt{2}\sin(\omega t+150°)$ V、$220\sqrt{2}\sin\omega t$ V

12. 火线、中线、火线、中线、火线、火线

13. 三相对称负载

14. 保证不对称负载上有对称电压、开关、保险丝

15. $\frac{\sqrt{3}}{3}$、1、$\sqrt{3}$、$\frac{1}{2}$

16. 0、10

17. 5198.4 W、0.6

18. 380 V、220 V、36

19. 0.8、20$\sqrt{3}\angle 36.9°$ Ω

20. 有功、无功、视在

三、选择题

1.（D） 2.（C） 3.（B） 4.（B） 5.（B） 6.（C） 7.（C） 8.（D） 9.（A） 10.（A） 11.（A）
12.（B） 13.（C） 14.（B）

四、计算题

1. $I_L=I_P=5.5$ A，$P=2178$ W、相量图略

2. $I_P=7.6$ A，$I_L=13.2$ A，$P=6950.4$ W

3. (1) $Z_A=$j22 Ω，$Z_B=22$ Ω，$Z_C=-$j22 Ω；(2) $\dot{I}_N=27.4\angle-120°$A；(3) $P=2200$ W；(4) 略

4. (1) $I_P=11.3$ A，$\cos\varphi=0.74$，$Z=19.5\angle 42.3°$ Ω；(2) $I_L=I_P=11.3$ A，$P=5500$ W

5. 电路图略、$P_1=906$ W、$P_2=2293$

6. $\dot{I}_A=43.9\angle-90°$ A、$\dot{I}_B=43.9\angle 150°$ A、$\dot{I}_C=43.9\angle 30°$ A、$P_总=14447$ W、$Q_总=25023$ var、
   $S_总=28894.1$ V·A

7. 2.2 A，208 V

8. $I_P=18.1$ A、$I_L=31.3$ A、相量图略

9. (1) $I_A=18.2$ A、$I_B=27.3$ A、$I_C=54.6$ A；(2) $\dot{I}_N=32.9\angle 133.9°$ A；(3) $P=22000$ W

10. 三角形、$I_P=12.2$ A，$I_L=21.1$ A

11. $R\approx 15$ Ω，$X_L\approx 16.1$ Ω

12. (1) $\dot{I}_A=31.6\angle-30°$ A、$\dot{I}_B=31.6\angle-150°$ A、$\dot{I}_C=31.6\angle 90°$ A；(2) $P=18$ kW

第4章

一、判断题

1. × 2. √ 3. √ 4. √ 5. × 6. × 7. √ 8. √ 9. × 10. ×

二、填空题

1. 暂、稳、稳

2. 电感、电容

3. 零、原始能量、零输入

4. 动态、一阶微分、零状态、零输入、全

5. RC、L/R、结构、电路参数

6. 初始、稳态、时间常数

7. 换路

8. $i_L(0_+)=i_L(0_-)$、$u_C(0_+)=u_C(0_-)$

9. 长、短

三、选择题

1.（C） 2.（A） 3.（A） 4.（A） 5.（A） 6.（B） 7.（B） 8.（C） 9.（A） 10.（B） 11.（B） 12.（C） 13.（A） 14.（B） 15.（B） 16.（B） 17.（B） 18.（C） 19.（B） 20.（B）

四、计算题

1. (1) $u_C = 100(1-e^{-200t})$ V$(t \geqslant 0)$，$i = 0.2e^{-200t}$ A$(t \geqslant 0)$；(2) $t = 8.045$ ms

2. $i(t) = (5-e^{-\frac{2t}{3}})$ A$(t \geqslant 0)$

3. $i_L(t) = (3-5e^{-\frac{t}{4}})$ A$(t \geqslant 0)$

4. $u_C(t) = (12-10e^{-\frac{t}{2}})$ V$(t \geqslant 0)$

5. $u_C(t) = (8-8e^{-25t})$ V$(t \geqslant 0)$

6. (1) $i_L(t) = 1.2 - 2.4e^{-\frac{5}{9}t}$ A$(t \geqslant 0)$；(2) $i_1(t) = (1.8 - 1.6e^{-\frac{5}{9}t})$ A$(t \geqslant 0)$

7. $u_C(t) = (20 - 15e^{-2t})$ V$(t \geqslant 0)$

8. $i(t) = (1 - 0.5e^{-20t})$ A$(t \geqslant 0)$

第5章

一、判断题

1. × 2. × 3. × 4. × 5. × 6. √ 7. √ 8. × 9. × 10. × 11. √ 12. × 13. × 14. × 15. ×

二、填空题

1. 自感、互感

2. $U_M = M\dfrac{di}{dt}$、互感系数

3. 施感电流流进线圈的端子与其互感电压的正极性端之间具有一一对应的关系的端子

4. 1、3、6、2、4、5

5. 两、正向串联、反向串联

6. 变换电压、变换电流、变换阻抗

7. 正比、反比

8. 同侧并联、异侧并联

9. 非铁磁、原边、副边

10. 电、电

三、计算题

1. (a) A、E、D；(b) 1、3；(c) A、C、E；(d) A、C；(e) A、C

2. 同名端1、4；依据：电流流进端

3. $u_2 = -50\cos(10t)$ V

4. $M = 0.5$ H

5. $i = 5.59\angle -26.57°$ A，$k = 0.826$

第6章

一、判断题

1. √ 2. × 3. √ 4. × 5. × 6. × 7. × 8. √ 9. × 10. × 11. × 12. × 13. √ 14. √ 15. × 16. × 17. × 18. × 19. ×

二、填空题

1. 正弦规律、周期性变化、电源、负载

2. 傅里叶、零次、基

3. 直流、余弦、正弦

4. 各次谐波有效值平方和、各次谐波功率

5. $\dfrac{U_m}{2}$ V、$-\dfrac{U_m}{\pi}\sin\omega t$ V、$-\dfrac{U_m}{2\pi}\sin2\omega t$ V、$-\dfrac{U_m}{3\pi}\sin3\omega t$ V

6. $[10\sin(\omega t+90°)-12\sin2\omega t]$ V

7. 1062.5 W

8. $u=(5+7\sin\omega t)$ V

9. $f(t)=a_0+\sum\limits_{k=1}^{\infty}(a_k\cos k\omega t+b_k\sin k\omega t)$,$f(t)=A_0+\sum\limits_{k=1}^{\infty}A_{km}\sin(k\omega t+\varphi_k)$

10. 5.2 V

11. $i=[8\sin(\omega t-120°)+0.28\sin(2\omega t-30.3°)]$ A

三、选择题

1. D 2. B 3. D 4. C 5. C 6. C

四、计算题

1. (a) 0.57 A；(b) 0.97 V

2. $i(t)=\left[5\sin(\omega t+45°)+\dfrac{\sqrt{2}}{2}\sin(3\omega t-45°)\right]$ A

3. 77 V、63 V

4. 10 μF、0.12 μF

5. $u_R=[200+100\sqrt{2}\sin(\omega t+90°)]$ V，5000 W

6. 108.4 V，$i=[8\sin(\omega t-30°)+2.4\sin(2\omega t+45°)]$ A、5.9 A、174.4 W

7. (1) $R=4$ Ω，$L=0.11$ H，$C=0.09$ F；(2) $\alpha=-66.9°$；(3) 1450 W

8. $i_L=[60+15.36\sin(\omega t-20.2°)+4.6\sin(3\omega t-10°)]$ A，$u_L=[76.9\sin(\omega t+69.8°)+69\sin(3\omega t+80°)]$ V

结合练习 A

一、填空题

1. 负载、短路、断路、短路状态、内阻

2. 15 V，10 Ω

3. 感、容、电阻

4. 5 A

5. 保证不对称负载有对称电源电压、开关和保险丝

6. (1、4)、(2、3)

7. $\dfrac{\sqrt{3}}{3}$、等于、0

8. 换路、有储能元件；$i_L(0_-)=i_L(0_+)$、$u_C(0_-)=u_C(0_+)$

9. 3.5 Ω

10. 5198.4 W、0.6

二、分析计算题

1. (1) S 断开，$R_{ab}=2$ Ω；(2) S 闭合，$R_{ab}=2$ Ω

2. $U=\dfrac{5+4}{\dfrac{1}{2}+\dfrac{1}{3}}$ V$=\dfrac{54}{5}$ V，$I=\dfrac{U}{3}$ A$=3.6$ A，$U_1=20.8$ V，$I_1=$

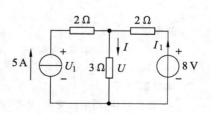

-1.4 A,电流源,$P=-5\times20.8$ W$=-104$ W,发出功率;电压源,$P=1.4\times8$ W$=11.2$ W,吸收功率

3. 由 $P=I^2R$ 得 $R=16$ Ω,$|Z|=\dfrac{U}{I}=22$ Ω,$X_L=\sqrt{22^2-16^2}$ Ω$\approx$ 15.1 Ω,$L=\dfrac{15.1}{314}$ H≈0.048 H

4. S 打开前,$I_{(0)}=\dfrac{10}{50}$ A$=0.2$ A,S 打开后,$I_\infty=\dfrac{10}{200}$ A$=0.05$ A, $\tau=\dfrac{L}{R+R_1}=0.05$ ms,$i=0.05+0.15e^{-20000t}$,$t\geq0$,过渡过程波形如右图所示

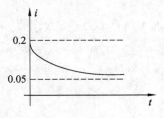

5. $f_0=\dfrac{1}{2\pi\sqrt{LC}}=\dfrac{1}{2\times3.14\times\sqrt{30\times10^{-3}\times3.38\times10^{-6}}}$ Hz≈500 Hz,$I_0=\dfrac{U}{R}=\dfrac{10}{2}$ A$=5$ A,$Q=\dfrac{\omega_0 L}{R}=\dfrac{94.2}{2}=47.1$,$U_R=U=10$ V,$U_L=U_C=QU=47.1\times10$ V$=471$ V,$P=RI_0^2=2\times5^2$ W$=50$ W

6. 解 分别由阻抗三角形和功率三角形可得 $R=|Z|\cos\varphi=20\times\cos60°=10$ Ω,$P=RI^2=10\times5^2$ W$=250$ W,$Q=P\tan\varphi=250\tan60°=433$ var,$S=\dfrac{P}{\cos\varphi}=\dfrac{250}{\cos60°}$ V·A$=500$ V·A,$\cos\varphi=\cos60°=0.5$

7. 如右图所示,$U=80$ V,$R=\dfrac{U}{I}=\dfrac{80}{5}$ Ω$=16$ Ω,$X_L=\dfrac{60}{5}$ Ω$=12$ Ω

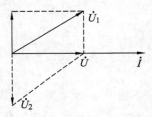

8. A 灯不变、B 灯变暗、C 灯变亮,因为 f 增大,R 不变,X_L 变大,X_C 变小

综合练习 B

一、填空题

1. 电源、负载、中间环节
2. CCCS、CCVS、VCCS 和 VCVS.
3. 幅值、频率和初相位
4. $\dfrac{1}{2}Li_L^2$、$\dfrac{1}{2}Cu_C^2$、$u_C(0_-)=u_C(0_+)$、$i_L(0_-)=i_L(0_+)$
5. u、i、30
6. 16、4

二、分析计算题

1. $U_{CD}=-U_{S2}+I_2R_2-I_1R_1+U_{S1}=1$ V
2. $U=5$ V
3. $I=0.41$ A
4. $\dot I_U=\sqrt{3}\dot I_{UV}\angle-30°=13.2\angle-75°$A,$\dot I_V=13.2\angle175°$ A,$\dot I_W=13.2\angle45°$A
5. $i_L(0_+)=i_L(0_-)=\dfrac{2}{3}$ A,$\tau=\dfrac{L}{R}=\dfrac{1}{5}$ s,$i_L(\infty)=-\dfrac{2}{3}$ A,$i_L(t)=-\dfrac{2}{3}+\dfrac{4}{3}e^{-5t}(t\geq0)$,$i=-1+\dfrac{8}{9}e^{-5t}(t\geq0)$,波形图略
6. $R=\dfrac{1}{628}\times10^5$ Ω$=159$ Ω,$u_2=10\sin(628t+75°)$ V,相量图略
7. $\cos\varphi=\dfrac{8000}{\sqrt{3}\times380\times20}\approx0.61$,$\sin\varphi\approx0.79$,$|Z|=\dfrac{380}{\frac{20}{\sqrt{3}}}\approx32.9$ Ω,$R=|Z|\cos\varphi=32.9\times0.61$ Ω$\approx$ 20 Ω,$X_L=|Z|\sin\varphi=32.9\times0.79$ Ω≈26 Ω

8. $P=\sqrt{3}U_L I_L \cos\varphi, \cos\varphi=0.8, \varphi=37°, I_L=\dfrac{P}{\sqrt{3}U_L\cos\varphi}=\dfrac{3200}{\sqrt{3}\times 380\times 0.866}$ A≈ 6 A,$U_L=380$ V,$U_P=220$ V. 令$\dot{U}_A=220\angle 0°$ V,则$\dot{U}_{AB}=380\angle 30°$ V,$\dot{U}_{BC}=380\angle -90°$ V,$\dot{U}_{CA}=380\angle 150°$ V,$\dot{U}_{AC}=380\angle -30°$ V,$\dot{I}_A=6\angle -37°$ A,$\dot{I}_B=6\angle -83°$ A,$P_{AC}=U_{AC}I_A\cos(\varphi_{U_{AC}}-\varphi_{I_A})=380\times 6\times \cos(-30°+37°)$ W≈ 2263 W,$P_{BC}=U_{BC}I_B\cos(\varphi_{U_{BC}}-\varphi_{I_B})=380\times 6\times \cos(-90°+157°)$ W≈ 891 W